光触媒/光半導体を利用した
人工光合成

―最先端科学から実装技術への発展を目指して―

監修　堂免 一成　瀬戸山 亨

NTS

カラー画像閲覧のご案内

本書内に掲載されている図表のうち、カラーの表現が必要なものを
ウェブサイト上でご覧いただけます。

エヌ・ティー・エス ウェブサイト　http://www.nts-book.co.jp

図内に「※カラー画像参照」と記してあるものはもちろん、
それ以外にも色彩があることで理解が深まるものなどを掲載しております。

サイト内本書籍の概要ページ
http://www.nts-book.co.jp/item/detail/summary/kagaku/20170100_167.html

もしくは 

https://www.nts-book.com/　にてご覧ください。

執筆者一覧

【監修者】

堂免　一成　　東京大学大学院工学系研究科　教授
DOMEN KAZUNARI

瀬戸山　亨　　株式会社三菱化学科学技術研究センター　瀬戸山研究室　室長
SETOYAMA TOHRU

【執筆者】(執筆順)

瀬戸山　亨　　株式会社三菱化学科学技術研究センター　瀬戸山研究室　室長
SETOYAMA TOHRU

堂免　一成　　東京大学大学院工学系研究科　教授
DOMEN KAZUNARI

井上　晴夫　　首都大学東京人工光合成研究センター　センター長 / 特任教授
INOUE HARUO

塚谷　祐介　　東京工業大学地球生命研究所　研究員
TSUKATANI YUSUKE

民秋　均　　立命館大学大学院生命科学研究科　教授
TAMIAKI HITOSHI

沈　建仁　　岡山大学異分野基礎科学研究所　教授
SHIN JIAN-REN

髙島　舞　　北海道大学触媒科学研究所　助教
TAKASHIMA MAI

大谷　文章　　北海道大学触媒科学研究所　教授
OHTANI BUNSHO

酒多　喜久　　山口大学大学院創成科学研究科　教授
SAKATA YOSHIHISA

荒川　裕則　　東京理科大学　名誉教授
ARAKAWA HIRONORI

伊藤　繁　　名古屋大学　名誉教授
ITOH SHIGERU

野地　智康　　大阪市立大学複合先端研究機構　特任講師
NOJI TOMOYASU

井上　和仁　　神奈川大学理学部　教授
INOUE KAZUHITO

倉持　悠輔　　東京理科大学理学部第二化学科　助教
KURAMOCHI YUSUKE

石谷　治　　東京工業大学理学院　教授
ISHITANI OSAMU

正岡　重行　分子科学研究所生命・錯体分子科学研究領域　准教授
MASAOKA SHIGEYUKI

近藤　美欧　分子科学研究所生命・錯体分子科学研究領域　助教
KONDO MIO

出羽　毅久　名古屋工業大学大学院工学研究科　教授
DEWA TAKEHISA

稲垣　伸二　株式会社豊田中央研究所稲垣特別研究室　室長 / シニアフェロー
INAGAKI SHINJI

工藤　昭彦　東京理科大学理学部応用化学科　教授
KUDO AKIHIKO

岩瀬　顕秀　東京理科大学理学部応用化学科　講師
IWASE AKIHIDE

髙山　大鑑　東京理科大学理学部応用化学科　博士研究員
TAKAYAMA TOMOAKI

久富　隆史　東京大学大学院光学系研究科　助教
HISATOMI TAKASHI

阿部　竜　京都大学大学院工学研究科　教授
ABE RYU

佐山　和弘　国立研究開発法人産業技術総合研究所太陽光発電研究センター　首席研究員
SAYAMA KAZUHIRO

山方　啓　豊田工業大学大学院工学研究科　准教授
YAMAKATA AKIRA

御子柴　智　株式会社東芝研究開発センタートランデューサ技術ラボラトリー　研究主幹
MIKOSHIBA SATOSHI

小野　昭彦　株式会社東芝研究開発センタートランデューサ技術ラボラトリー　主任研究員
ONO AKIHIKO

田村　淳　株式会社東芝研究開発センタートランデューサ技術ラボラトリー　研究主務
TAMURA JUN

菅野　義経　株式会社東芝研究開発センタートランデューサ技術ラボラトリー　主事
SUGANO YOSHITSUNE

北川　良太　株式会社東芝研究開発センタートランデューサ技術ラボラトリー　研究主務
KITAGAWA RYOTA

首藤　直樹　株式会社東芝研究開発センター研究企画部エコテクノロジー推進担当　参事
SHUTOH NAOKI

藤田　朋宏　株式会社ちとせ研究所　代表取締役 /Chief Executive Officer
FUJITA TOMOHIRO

星野　孝仁　株式会社ちとせ研究所事業開発部　シニアマネージャー
HOSHINO TAKANORI

目次

序 論 人工光合成が拓く Green Sustainable Technology ～世界に先んずる技術確立を～

瀬戸山 亨／堂免 一成

第 1 編 光合成から人工光合成へ

第 1 章 光合成科学の歴史：人工光合成を実現するために光合成から何を学ぶか？反応メカニズムの解明の底から期待されるもの

井上 晴夫

第 2 章 光化学系 I

塚谷 祐介／民秋 均

序

人工光合成が拓く Green Sustainable Technology
～世界に先んずる技術確立を～

株式会社三菱化学科学技術センター　瀬戸山　亨
東京大学　堂免　一成

1．気候変動問題の深刻化

21世紀の地球が抱える最大の問題の1つが，地球規模の気候変動であり，その大きな原因が人類の産業活動に伴い化石資源の利用・燃焼によって発生するCO_2の大気中の濃度上昇にあることは多くの科学者が認め，かつ国際認識としても定着してきている。実際このCO_2濃度の上昇は目を疑うほどのレベルであり，2016年には400ppm以上となり，産業革命以前の2倍以上のレベルに到達している。このCO_2の濃度上昇により，その温室効果によって気温が上昇し，南極圏，北極圏，グリーンランドなどでの大規模な氷河の融解・後退，それによる海面上昇，降水量の増加に伴う被害，ハリケーン・台風の大型化，一部地域での干ばつなど，自然災害の深刻化が進んでいる。IPCC（Intergovernmental Panel of Climate Change）第5次報告書（2015年）においては，**図1**に示すような20世紀末と21世紀末の平均気温変化，降水量の変化の予測が示されているが，このまま放置すれば，地球，人類にとって想像を絶する未来が待ち構えることになりかねない。

気候変動問題にいち早く取り組み始めたEUに対し，アメリカは伝統的にGas-guzzling（ガソリンをザブザブ使うという意味）の生活様式が続いている一方，21世紀に入り，中国・インドに代表される開発途上国での工業の発展はめざましく，そのエネルギー源として安価な化石資源が使用される傾向にあり，エネルギー需要は拡大が続くと予想されている。

実際IEA（International Energy Agency）の予測では，**図2**に示すように，世界全体のエネ

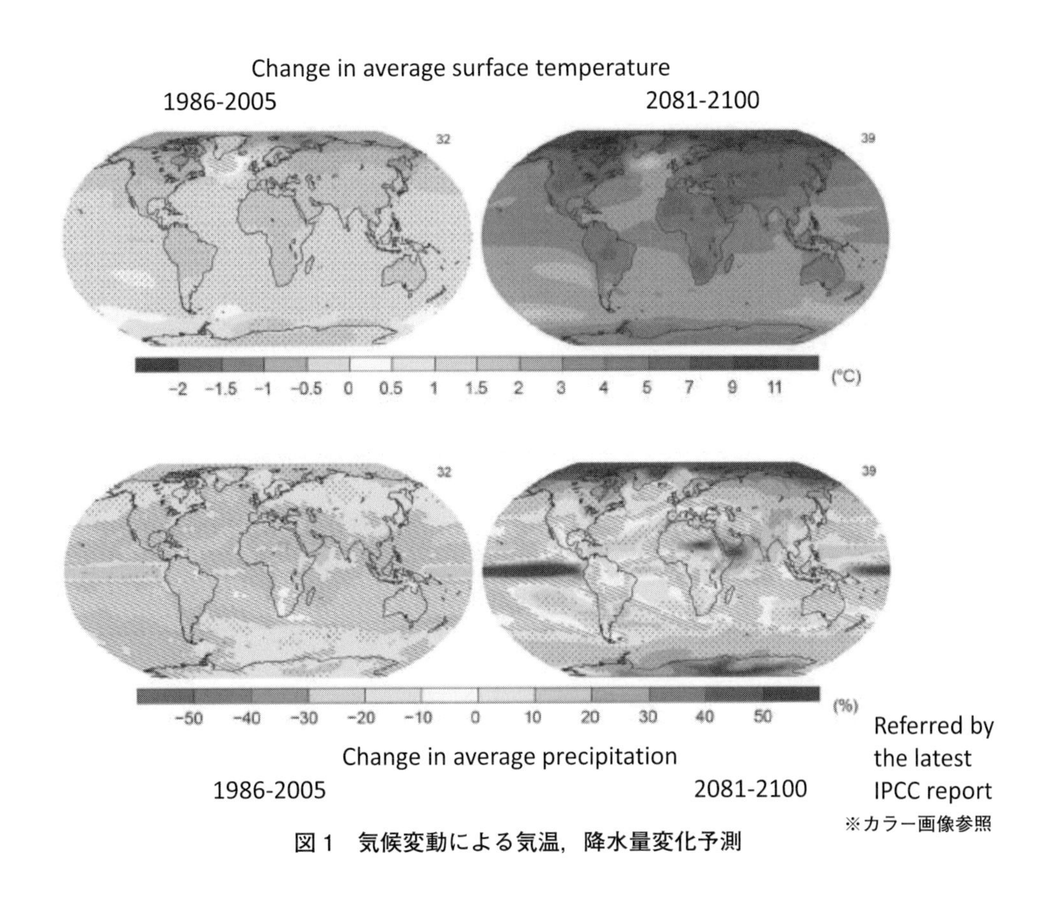

図1　気候変動による気温，降水量変化予測

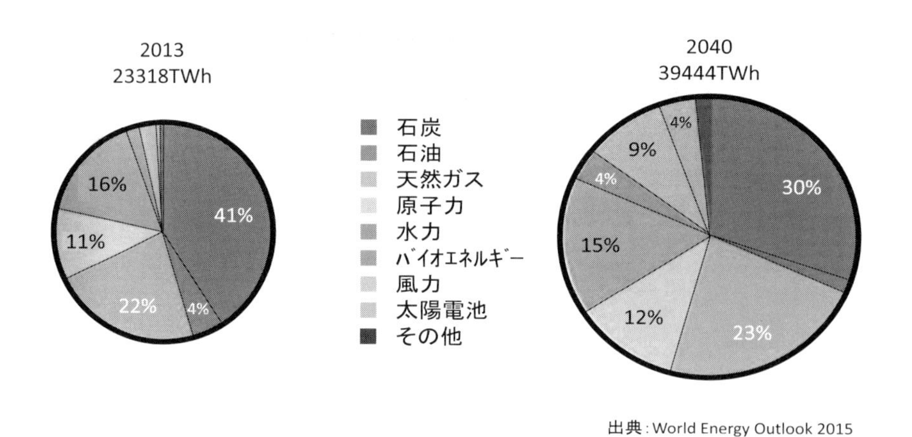

図２　New policy シナリオの基づく Energy 予測 [1)]

ルギー消費量は2040年には2013年の約1.6倍に増大し，その化石資源依存度は依然として7割以上であろうと予測している。

2015年末にパリで開催されたCOP21により，世界190以上の国および地域がこの気候変動の問題に真剣に取り組むことを決定・採択したことは大きな前進であり，2016年に世界の1位，2位の CO_2 排出国である中国，アメリカがこれに批准することを宣言し，気候変動に取り組もうという流れが定着し，2016年末には世界全体の総排出量の55%に関与する国々が批准するめどが立つに至った。これ自身は歓迎すべき大きな成果と考えて良いだろう。しかしながら，先進国の2030年までの CO_2 排出削減目標は，平均25%程度であり、これは図２に示した化石資源依存から脱却できないエネルギー供給の未来像と大きく矛盾する。

地球の気候が今世紀末までに致命的な生態環境破壊に至ることを回避するには，気温の上昇を2℃以下に抑える必要があるとされている。これに対しCOP21での世界の主な CO_2 排出国の2030年の目標値はこれにつながらない。**図3**に示すような50%超の CO_2 排出削減が必要になるのである。現在の世界全体の CO_2 排出量は約300億t/年に達しており，2050年に約150億t/年のレベルまで削減することができれば，何とか2℃の上昇以内で収まるだろうとされている。

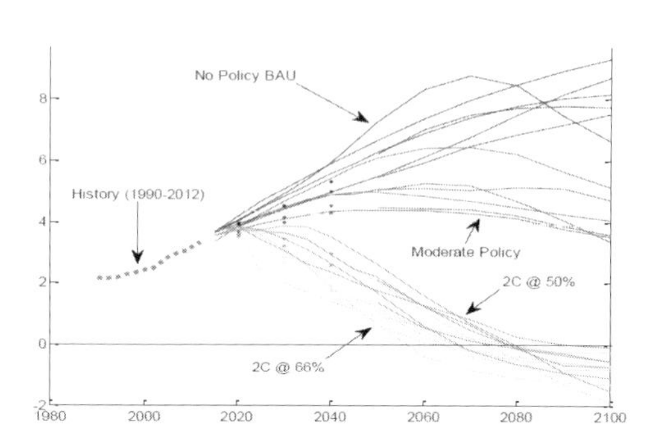

図３　気温上昇抑制に必要な CO_2 削減量推算
※カラー画像参照

2. CO_2 排出削減の対策

何ら対策を打たずに，成り行き任せにすれば2050年には500億t/年以上に CO_2 排出量が予測されており，これを前提にすればとてつもない探源量が必要になる。化石資源を使用するのであれば，限りなく省エネ化を進める必要があるし，また再生可能資源の活用も進めていくべきであろう。しかしながらこれだけ大規模なCO_2削減を実現するのであれば，これらの堅実な努力もさることながら，CCS（Carbon Capture and Storage）によって，火力発電，製鉄などによって発生する高濃度のCO_2を直接的に捕集し，地下深くに埋設するようなより直截的な方法論を実行することが必要である。こうしたCCS実用化のための研究・開発も進められてきたが，これにはそのインフラ整備の莫大な投資が必要であることに加え，捕集・貯蔵にさらにエネルギーを使うだけであり，経済的な利益を上げる仕組みが描きにくいことから，その限界を指摘する声も大きい。実際，2016年においてEU域ではこの研究開発を国としては実施しないと決定した国も出始めている。これに対し，近年このCCSに代わり，CCU（UはUtilizationの頭文字）という考え方が注目を集めている。これはCO_2を埋設するのではなく，炭素資源として利用しようという考え方である。

具体的には，炭酸塩として大量に固定する，カーボネートとして化学物質のなかに取り込むというCO_2自身を単独で利用とする手法と，CO_2と石油よりもH/Cが大きくCO_2排出量の少ないましな化石資源であるCH_4などの化石資源を組み合わせて化学品を製造する手法，太陽光のエネルギーを利用してCO_2と水から化学品を製造する3種類に大別できる。

人工光合成はこの最後の方法論に相当する。自然界の光合成は植物が太陽の光によって水とCO_2から酸素を放出しながら糖類を生成する巧妙な仕組みであり，これが生態系をささえる基本原理の1つである。しかしながら，太陽光の変換効率は1%をかなり下回り，0.1%を少し超えるレベルである。植物類が地球の陸地，海に大量に存在することによって，この低い効率であっても生態系がみごとに維持されているのである。

CCUは，CO_2を資源化することを意味するので，自然界の光合成もこれに分類できなくもないが，自然界の光合成の変換効率では，前述のように広い面積を必要とすることになり現実的ではない。

具体的な数字として紹介する。太陽光の地球への照射量は5.5×10^{24}J/年，地球表面への供給量は3.0×10^{24}J/年，このなかで光合成に利用されているのは3.0×10^{21}J/年程度とされている。前述のように全太陽光供給量の0.1%程度に過ぎない。これに対して，現在の人類の産業活動によるエネルギー使用量は3.0×10^{20}J/年と，自然界の光合成の1/10程度にすでに到達しているのである。この比較で考えれば，自然界の光合成に頼るのではその生産性という意味で，莫大な面積を必要とすることになり，人口増加に伴う食糧増産の必要性との関係から，その積極的利用にはかなり無理があるということはよく理解できると思う。同時に，今後も人類の産業活動によるエネルギー使用量がこのまま増加すれば，地球全体の光合成の量と比較せざるを得ないレベルに到達するのは明らかであり，気候変動が人類の産業活動に影響を受けているという説明には説得性があるし，何らかの手立てが必要だということも納得できるのではないだろうか？

こうした立場に立って，その革新的な対応策として，**“人工光合成”とは，光合成の生産性をはるかに凌駕する太陽光の存在下でCO_2と水から炭化水素類を生産する仕組み**と定義する。

それではどの程度，光合成を凌駕すれば良いのだろうか？　たとえば，太陽光のエネルギー変換効率10%が達成された場合，現在の人類のエネルギー使用量全量をまかなうには50万km^2で事足りる。日本の国土面積の1.4倍程度，あるいは地球の砂漠の総面積の2%程度である。この面積は人工光合成の大規模社会実装が実現した姿が見えない現在においては，非常に広く，実現不可能と見えるかもしれないが，2010年頃まではほとんど普及が進まなかった太陽電池が数平方キロメートル規模のプラントも実現し始めた現状を考えれば，人工光合成も気候変動という地球規模の21世紀の世界が直面する大問題に対して，有望な革新技術として，国際間の協力体制でその実現を考えれば，それほど非現実的なものではないと考えるべきではないだろうか？

人工光合成は先行する再生可能資源を利用したエネルギー・燃料製造の手法とどう違うのだろうか？　太陽光発電，風量発電，バイオエタノールなどは，あくまで目的がエネルギー製造であり，前述のように化石資源由来のエネルギーが今後も大勢を占める状態が続くとすると，エネルギー価格は化石資源に支配されると考えるのが妥当であろう。したがって，最終生成物としてエネルギー・燃料をターゲットとした場合，化石資源由来のそれと少なくとも同等程度であることが必要となる。エネルギーは基本的にその発熱量が価値の基準であり，それ以上に付加価値を与えることが難しい。これは民間企業の投資意欲を大きく損ねる。実際このことは多結晶Si太陽電池の普及が遅れた大きな理由の1つであると考えて良いだろう。光半導体物理学を駆使して作り上げた太陽電池にもかかわらず，それから生産されるものが電気エネルギーというのでは費用対効果という意味で決して良い環境にない。太陽電池のモジュールコストに比較し，15%程度の変換効率では，コスト回収に長期間を必要とする儲からない本質を抱えているのである。人工光合成は最終生成物に付加価値を与えうるという点で，再生可能エネルギーと差異化できるものである。

3. 水素社会を目指して

さて，2016年から開始された“第5期科学技術基本計画”は，未来社会として，日本経済の再生と日常生活の利便性/合理性を追求した“超スマート社会”の実現を目指している。その具体的な形として“水素社会”の実現を掲げている。実際，経済産業省，NEDO（国立研究開発法人新エネルギー・産業技術総合開発機構）主導の水素ステーションの導入や燃料電池自動車（FCV）の計画も進みつつあるが，現状では水素原料はLNG（液化天然ガス）や都市ガスであり，あくまで化石資源である。こうした化石資源由来の水素利用は，人工光合成の実現に至るまでの中途の形態であるとみなすべきであろう。暫定的に，普及の進みつつある太陽電池や風力発電で得られる電力を利用した電気分解で水素を得るという方法論もあるが，化石資源由来の水素と同等レベルの製造コストを実現するのは相当工夫をこらさないと難しいだろう。やはり究極的には，太陽光と水から作る真の“人工光合成”による水素（ソーラー水素）であるべきであるが，その導入シナリオは具体性のあるレベルではない。今後，人工光合成の研究が進み，こうした**“未来の日本社会の基盤構築”**の一部に寄与することを期待したい。その後のさらなる技術革新をベースとして，**“CO_2の資源化を組み込んだ究極の人工光合成社会”**が実現するのではないだろうか？

前述したとおり，太陽光エネルギーを利用してCO_2と水から化学物質（糖類に限らない）を製造する場合，エネルギー用途の燃料に限らず，付加価値の高い化学品を目標生成物と考えることが可能になる。これは社会実装という意味では大きな価値がある。たとえばCO_2と水を原料としてエチレンなどの化学原料を作ることを最終目標とせず，触媒反応などによって得られる高付加価値品を目的物とすることができれば化学企業にとってその導入の大きなインセンティブとなる。すなわち人工光合成は化学企業にとって十分投資意欲を掻き立てる革新技術になり得るということを意味している。

これに加えて，CO_2 削減という意味において桁外れの意味を持つはずである。化石資源から化学原料を作る場合，ナフサクラッカーの CO_2 排出量は，油田での採掘，精製，反応，商品化，燃焼までの総排出量（CFP：Carbon Foot Print）を見積ると，エチレン＋プロピレン＋C4 留分（ブテン類＋ブタジエン）の合計 1kg あたり，約 4.5kg の CO_2 排出がある（ナフサクラッカーは世界で標準化が進んでいる proven-technology であり，この数値は世界中どこでもこのレベルにあるはずである。その計算根拠についてはここでは省略するが後段の人工光合成プロジェクトで紹介する）。これに対し，水の分解で得られたソーラー水素と CO_2 から 100％の効率で同様のオレフィンが製造できた場合，CFP は－2.2kg-CO_2/kg-オレフィン程度になる。その差は 1kg のオレフィン製造あたり 6kg 以上になる。これは非常に大きな意味を持つ。この差分は経済価値として十分に価値を持ち得る。さらに **“マイナス”** 2.2kg という数字は化石資源由来ではどういう場合でも CO_2 排出量が正であったのに対し，唯一負に踏み込むことができる革新技術になり得るのである。

現在，NEDO などで開発中の CCS プロセスが実用化された場合，その運転コストは 1.5～2 円 /kg- CO_2 程度を目標としている。この 6kg 超の CO_2 削減量と，この運転コストの積は，得られる化学品の化石資源由来の対応物に対して明らかにコスト上の優位性を与えると考えることができるだろう。**図 4** に CO_2 削減効果のイメージ図を示す。

人工光合成の手法として，植物における機能の増幅という手法（糖類の生産性向上），それを模したバイオミメティックな手法（錯体科学的），ホンダ‐フジシマ効果を起源とする，光半導体的手法の 3 種類に大きく分類される。このなかで，最も高い生産性レベルに到達しているのは光半導体的手法である。**図 5** に，IPCC の第 5 次報告書に記載されている CO_2 削減目標を示す。前述の気温上昇を 2℃以内に収めるためには，少なくとも 2030 年までに最低 25％程度の削減を実現し，その後 21 世紀末まで，革新的 CO_2 削減技術の導入を継続する必要がある。2030 年までにはいろいろな技術，たとえば省エネ・原料転換などによって，ある程度の CO_2 削減は可能かもしれない。しかしながら現状においては，その後の抜本的な CO_2 削減技術は存在しない。これまで述べてきたように，革新技術の社会実装の可能性の鍵は，経済合理性があるかにつきるといって良い。その意味で，高付加価値を付与し得る人工光合成の技術確立，なるべく早い時期での社会実装，その普及規模の過程で，高付加価値品から，燃料用途への量的拡大というシナリオが実現されるべきであろう。

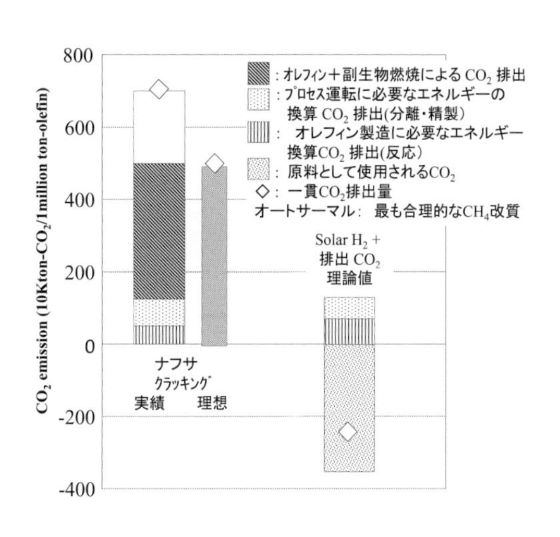

図 4　人工光合成プロセスの CO_2 削減効果

日本の国力としての経済力の停滞は，従来のテクノロジー主導の方法論が，技術の普及速度が今世紀に入り非常に早まったため，発展途上国でも最先端技術も短期間で獲得可能であったことによるところが大きい。2015年時点での日本のCO_2排出量は，13億t/年程度であり，世界全体の4%弱である。地球温暖化抑制のためのCO_2排出削減は，日本固有の問題ではない。日本が国内問題として25%削減を目指すよりも，削減余地の大きい国においてどれだけ削減できるかを考えるべき課題である。

図6に先進国と，開発途上国のCO_2排出量とそのGDP（国内総生産）を併記する。その各国のGDP占有率を，各国のCO_2排出量を割った数字を比較すると，アメリカ，EU，日本はいずれも1.5前後であるのに対し，中国，インドは0.5以下である。すなわちエネルギーの効率向上の余地はこれらの国では非常に大きい。

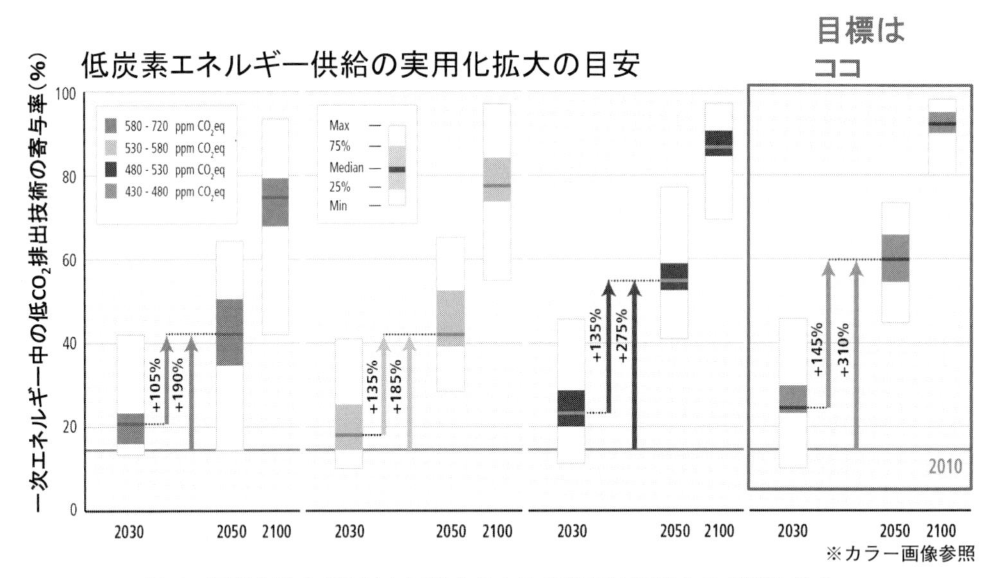

図5　気温上昇を2℃以内に抑えるための革新技術導入の必要条件2つ

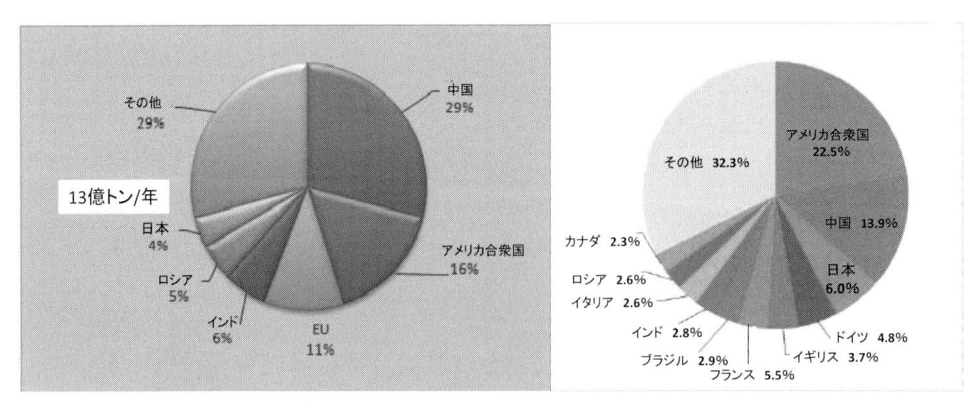

図6　世界各国のCO_2排出量とGDP

4. おわりに

日本の人工光合成の研究は，今日において世界をリードする数少ない最先端科学である。光半導体触媒，バイオミメティック錯体触媒，メタボリックエンジニアリング的手法による微生物/酵素などの遺伝子改変，光合成の活性中心の構造解析，いずれにおいても世界に誇れる研究成果が数多くあり，これらの発展的展開として最先端科学を，革新的差異化テクノロジーとして確立できれば，前述の開発途上国などへの技術輸出の対象になることも十分可能なはずである。以上のように，“人工光合成”は日本の将来の経済力維持・発展に寄与できる可能性を十分に有しており，着実かつ積極的な技術開発が待望される。

文　献

1) World Energy Outlook 2015.
2) IPCC 第5次報告書（2015）.

第１編

光合成から人工光合成へ

第1章　光合成科学の歴史：人工光合成を実現するために光合成から何を学ぶか？反応メカニズムの解明の底から期待されるもの

首都大学東京　井上　晴夫

1. 光合成の歴史

地球の歴史は約46億年と言われている。一方，生命の歴史はどうか。その痕跡は，グリーンランドの岩石中に38億年前の水の痕跡と有機炭素として残されているらしい[1)]。約27億年前頃には地球に大きい環境変化が起こった。地球の豊富な鉄により地球周囲に磁気圏（地磁気）が形成されたことで，太陽風（陽子や電子などの荷電粒子）が遮蔽されて生命の存続に有利な条件が整った。そのおかげで生命は進化し，その頃に光合成の歴史が始まったとされている。

地球のほとんどの生命は地上の緑，植物の光合成によって支えられていることは，古来より生活実感として暗黙の裡に理解はされてきたと思われるが，科学的には17世紀以降の近代科学の発展の流れのなかで明確になった。多数の科学者による実験や仮説などを経て，熱力学の創始者の1人であるJ. R. von Mayerがエネルギー保存則を提唱した際，緑色植物の生命活動（化学エネルギー）は太陽光をエネルギー入力としていると考察している[2)]。つまり植物は太陽エネルギーを吸収して生きていると考察したのである。ここに太陽光エネルギーの生命活動エネルギーへの変換という概念の端緒が現れたと言える。約20年後にはJ. von Sachsが太陽光を当てた植物の葉がヨウ素デンプン反応により紫色に変色したことを見出し，緑色植物が太陽光によりデンプンを合成することを見出した。このことにより，光エネルギーで物質を合成していると結論した。これらはそれぞれ，①エネルギー変換，②物質合成の両面を植物は営むことを示したのである。つまり光合成（Photosynthesis）は光（Photo-）による合成（Synthesis）として定義されたのである。その後，光合成という用語はC. R. Barnesが初めて使用している[3)]。

20世紀に入って近代科学による光合成への検討は続き，1905年，F. F. Blackmanは光合成速度が温度の影響を受けない光化学反応の部分と，温度の影響を受ける暗反応があることを実験で示した。R. Hillは葉緑体に光を当てると，CO_2（二酸化炭素）がなくても，電子を受け取る試薬があれば酸素が発生することを発見している（ヒル反応：1939年）。さらに，1941年，S. RubenとM. D. Kamenは，酸素の同位体^{18}Oを用いて，光合成で生じる酸素分子が水分子の酸素原子に由来し，二酸化炭素中の酸素原子には由来しないことを証明している。光合成の本質を理解するうえで，これらの一連の研究はそれぞれがマイルストーン研究と呼ぶにふさわしい。要するに光合成は，光が原因で水から酸素を作る反応と，光を必要とせずに二酸化炭素を炭水化物に変える反応の2つで構成されていることが明らかになっている。他にも二酸化炭素の還元固定についてのカルビン・ベンソンサイクルの解明など光合成への科学的理解は膨大な研究努力の蓄積によってより深く，より確かなものに進化しつつある。

2. 光合成のポイント

緑色植物の営む光合成の化学反応としてのポイントは何であろうか？　原料となる水と二酸化炭素から可視光照射により水分子が酸化され（電子を奪われる），酸素（O_2）と二酸化炭素が還元されて（電子を受け取る）炭水化物（$(CH_2O)_n$）（デンプン）を生成することに要約される。さらに詳しく言えば，水分子から光エネルギーで取り出された電子（明反応）が，段階的に二酸化炭素に移動する（暗反応）ことが鍵となっている。この反応はエネルギーが蓄積される登り坂の過程である。その逆反応として，動物は食料としてのデンプンを食べて（消化・代謝・呼吸）エネルギーを得る。あるいは，薪を燃やすことにより熱エネルギーを取り出すことができるとともに，水分子と二酸化炭素が再生される。これらは下り坂の反応である。つまり光合成は，エネルギーを縦軸にとれば，山の麓（ふもと）から光のエネルギーで山の上に飛び上がり，物質の形態を変えて（物質変換という）エネルギーを蓄えている。麓と山の頂上の行き来では無駄なものや有害なものを副生することなく，エネルギーの出し入れと物質の相互変換のみが進行する。構成元素としての水素，炭素，酸素は可逆的に循環して使用できる。つまり，エネルギー変換の視点からも，物質循環の視点からも光合成は理想的なシステムといえる。これが人工光合成のお手本となる光合成のポイントである。

3. 人工光合成とは：その定義

さて，人工光合成とは何か？　その定義を明確にしておこう。天然の光合成は狭義には緑色植物が可視光を利用して水から電子を汲み出して酸素を発生させ，汲み出した電子を二酸化炭素に運んで還元固定する活動と理解されている。したがって人工光合成とは，やはり狭義には天然の光合成と同様に水と二酸化炭素を原料にして可視光エネルギーを用いて酸素と二酸化炭素の還元物を得る人工的な方法として定義するのが一見自然に思える。しかし，生命の進化の系列を見ると古細菌（光吸収によりプロトン放出を行うロドプシン型光合成を行う種がある）：真正細菌（緑色および紅色細菌（H_2Sを電子源とし酸素は発生しない光合成），緑色および紅色非硫黄細菌（アルコールを電子源とし酸素は発生しない光合成），シアノバクテリア（水を電子源とし酸素を発生する光合成）：真核生物（菌類，植物（酸素発生型の光合成），動物）とさまざまな菌類が行う光合成では必ずしも電子源は水とは限らない[1)]。また光合成の還元末端についても，二酸化炭素の還元に加えて，生体内にはヒドロゲナーゼ（水素やメタンの生成に関与する），ニトロゲナーゼ（窒素の還元固定に関与する）などの酵素があり，これも多種多様である。つまりは多様な天然の光合成に共通する機能としては，「光エネルギーを駆動力，入力エネルギーとして登り坂方向に電子を運ぶ」ことにあると要約できる。「人工光合成とは何か」について定義する際に，あまり狭義に定義するとその本質への理解を損ねかねないのである。[1.］で述べたように，J. R. von. Mayerによる「太陽光のエネルギー変換」に通じる解釈とJ. von. Sachsによる「太陽光による物質変換」としての解釈，歴史的経緯を鑑みると人工光合成とは，改めて

①　太陽光をエネルギー源とし

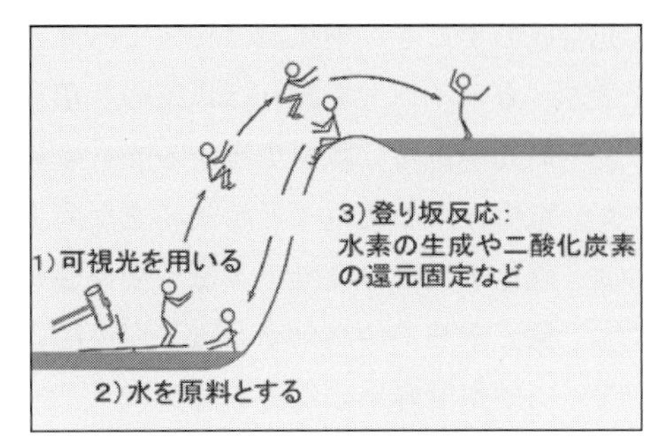

図1　人工光合成の定義

②　水を原料とする
③　登り坂反応により有用生成物を得る
この3条件を満たす系として定義することができる。「有用生成物」としては還元側では，水素や二酸化炭素の還元生成物などの生成が目標になる。また，酸化側では，水を原料にするので4電子酸化生成物として分子状酸素，2電子酸化生成物としては過酸化水素，その他，有用酸素化生成物などが生成の目標となる。この定義は現代における「持続する地球」のエネルギー・環境問題を解決し得る科学技術課題としての趣旨からも明快である（**図1**）。

4. 近代の人工光合成研究の始まり

近代における人工光合成研究は日本が誇るホンダ-フジシマ効果の発見に始まる。1967年藤嶋は半導体電極に光を照射する光電気化学手法の研究途上，水中，二酸化チタン電極に紫外光を当てると酸素が発生し，電流が流れるとともに，対極の白金電極からは水素が発生することを発見した。光で水が分解し酸素と水素が発生したのだ。この新現象は，光合成の人工モデルと呼ぶにふさわしい発見として，ホンダ-フジシマ効果と呼ばれるようになっている[4]。発見の数年後の『Nature』誌への報告は，世界中に大きい衝撃を与え世界中で人工光合成研究が開始された。続いてMeyerらによる分子触媒の化学酸化による水からの酸素発生（1982年）[5]，Lehnらによる紫外光による二酸化炭素の光還元（1983年）[6]が報告されるに至り，人工光合成研究の確かな潮流が形成されたと言える。これらの3つの発見は近代人工光合成科学のマイルストーンとして位置付けられるものである。

5. 人工光合成へのアプローチ

ホンダ-フジシマ効果の発見以後，世界中で膨大な研究努力が蓄積されてきたが，人工光合成実現へのアプローチは大きく分類すると次の3つに分けることができる。本書においても下記の項目ごとの内容紹介がなされている。
①　光合成を利用し，超えるアプローチ：生物化学からのアプローチ
②　金属錯体触媒や有機色素など分子触媒からのアプローチ
③　ホンダ-フジシマ効果の一層の展開としての半導体光触媒からのアプローチ

6. 光合成から学ぶ人工光合成

さて，本稿の本論である「人工光合成を実現するために光合成から何を学ぶか？」に移ろう。

光合成のすごさ，不思議は膨大でありとても数えきれないが，人工光合成の実現という視点で学ぶべきポイントを絞れば以下の６項目にまとめることができる。

① 高効率電荷分離を実現する光合成反応中心
② 電荷分離した電子とホールを反応末端まで運ぶ高効率伝達系
③ 酸化末端での高効率多電子変換触媒系
④ 還元末端での高効率多電子変換触媒系
⑤ 高効率触媒系の保護システム
⑥ 光子の到着時間と触媒系の反応サイクル時間のタイミングを整合する光捕集系

これらの項目の①～④は本書でも内容紹介があるので本稿では項目を挙げるのみにとどめるが，項目⑤，⑥に注目した視点，解説はこれまでにほとんど見られない。実はこの２点にこそ，特に分子触媒を中心とする人工光合成へのアプローチで過去約30年間，膨大な研究努力がありながらも必ずしも期待どおりには研究進展してこなかった理由が潜んでいるのである。

7. 人工光合成では何がボトルネック課題なのか？：Photon-flux-density problem をいかにして解決するか？保護機能の構築をどうするか？

Meyer らによる金属錯体，分子触媒による水の化学酸化の発見[3] 当時は，分子触媒を化学酸化する過程を光化学過程に置き換えれば人工光合成系の最も重要な水の光化学的酸化活性化が容易にできると考えられたが，期待に反してその後長い間，困難な状況が続いている。もちろん，注目すべき研究報告が多数なされてきてはいるが，現時点では水の光化学的酸化の困難さがいわば人工光合成のボトルネック課題となっていると言わざるを得ない。それはなぜなのか？　従来，露わには気付かれることがなかった問題がある。それは，太陽光の光子束密度の低さである。"Photon-flux-density problem" と呼ぶ[7) 8)]。以下，その要点を述べよう。

天然の光合成過程に学んで，水の酸化について同じ反応形式で人工系を構築しようとすれば，もちろん水を酸化して分子状酸素を生成する反応形式に固執することになる。水を含む系で分子触媒への可視光照射で酸素が発生すれば，水自身が電子源になっていることの直接証明にもなるのでなおさらである。水分子から酸素を発生するには下記（反応式（1））のように４電子酸化の化学過程となる。

$$2H_2O \rightarrow O_2 + 4H^+ + 4e \qquad (1)$$

つまり，４電子を水から可視光照射で引き抜く必要がある。通常，光照射により生成する分子の励起状態からの電子移動では１電子が移動する。分子は１個の光子のみを吸収して反応する（Stark-Einstein の光化学当量の法則）ので４電子を引き抜くには４光子が必要となるが，その場合，光子は１個ずつ段階的に４光子を照射することになる。それでは，太陽光から降り注ぐ光子はどのくらいの空間・時間間隔（光子束密度：Photon-flux density）を有するのか？　分子触媒がどのくらいの頻度で光子を吸収するのか？　典型例として，たとえば，金属錯体のなかでは非常に大きい吸光係数を有する Sn テトラフェニルポルフィリン（SnTPP, ε_{max}：5.53×10^5（420 nm））がデバイス膜上に吸着固定されている場合について概算してみよう[9)]。もし，

分子触媒（S）を用いて水の４電子酸化を進行させようとすると，式（2）のように分子触媒（S）を＋4の状態まで酸化活性化する必要がある。

$$\mathrm{S}\ (0) \underset{-e}{\overset{h\nu}{\rightarrow}} \mathrm{S}\ (+1) \underset{-e}{\overset{h\nu}{\rightarrow}} \mathrm{S}\ (+2) \underset{-e}{\overset{h\nu}{\rightarrow}} \mathrm{S}\ (+3) \underset{-e}{\overset{h\nu}{\rightarrow}} \mathrm{S}\ (+4) \qquad (2)$$

もちろん，各過程で水分子の関与やプロトン放出過程が含まれるが，本質の理解のために段階的な４電子酸化のみに注目して考察する。

コラム
太陽光の放射エネルギー分布と光子数分布

ここで注目してほしいのは，図2の縦軸として光子数を採っている点である。通常，太陽光の放射分布を概観し，光反応系の光吸収特性と比較・考察する際には，縦軸は放射エネルギーとすることが多いが，光化学反応は光子を吸収して誘起されるので，人工光合成系の考察には当然，縦軸は光子数としなければならない。当然のことながら波長に対する分布は縦軸が放射エネルギーか光子数かで異なってくる。放射エネルギーの極大は500 nm 付近にあるが（下図左），興味深いのは，縦軸が光子数の場合，その極大は波長が680 nm となることである（下図右）。まさに光合成クロロフィルのP680の吸収極大に合致する。天然の光合成は，太陽光から最も多くの光子が届く波長にその吸収特性を調節しているのである。

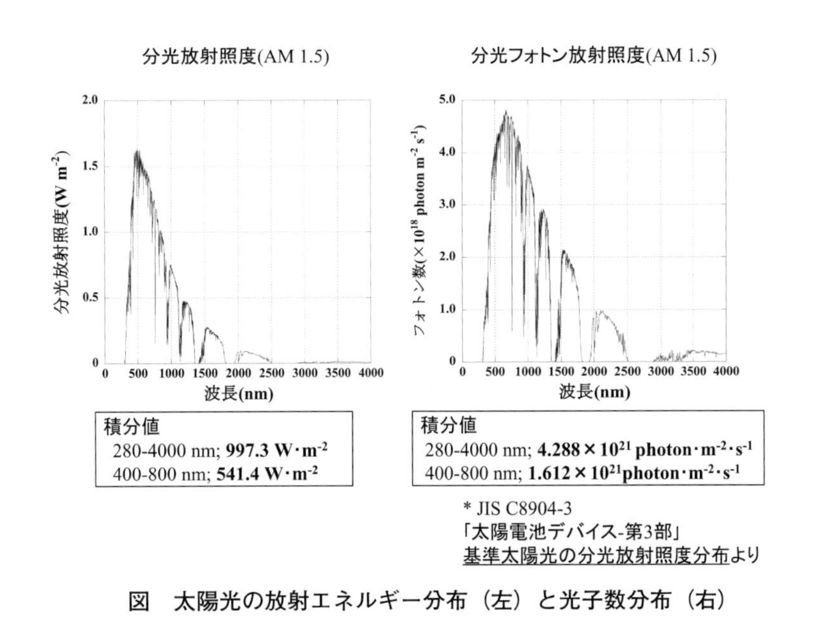

図　太陽光の放射エネルギー分布（左）と光子数分布（右）

図２に太陽光の放射分布（AM1.5の条件の際の光子数／面積・時間を300〜800 nmの部分を

拡大して表示）とSnTPPの光吸収断面積を示す[8]。両者の積を全波長に渡って積分すれば，全太陽光照射の下でデバイス上に固定されたSnTPPが吸収する光子数/時間を評価することができる。SnTPPのように非常に強く可視光を吸収する分子触媒の場合でも1s 間に5.75光子しか吸収できない。つまり　SnTPPは0.17s ごとに1回，光子を吸収して励起状態になることができる。

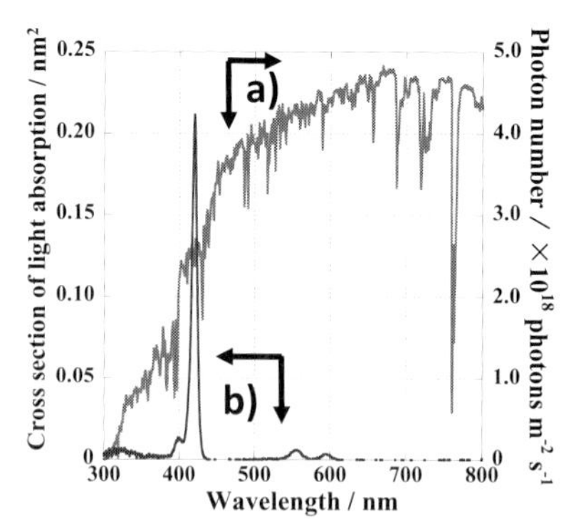

図2　太陽光（AM1.5）の光子数分布 a）とSnTPP の吸収断面積 b）[8]

段階的に4光子を吸収するには，その4倍の0.68s かかるということになる。つまり，水の4電子酸化に必要な状態（S（+4））を生成するには，分子触媒（S）にとっては秒の単位で次の光子が分子に到着するのを待たなければならない。この時間間隔は分子の時間スケールからは，極端に長い時間と言える。たとえば，溶液中では1M の溶質に対し分子拡散速度定数（~1×10^{10} $M^{-1}\cdot s^{-1}$）から計算すると，1s の間に10^{10}回もの頻度で分子間衝突をするはずである。次の光子を待つ間に分解や副反応が起きてもおかしくない。分子の酸化，還元状態を観測する電気化学的手法としてサイクリックボルタンメトリーがよく知られているが，通常，酸素がない状態では還元波は可逆波として観測されることが多いのに対し，酸化波は不可逆波として観測されることが非常に多いことに気が付くはずである。つまり，酸化された状態は（1電子酸化状態（S（+1））ですら）電位を高速逆掃引して再還元するまでの時間の間に分解することが多いのである。ましてや高い酸化活性化状態にある分子触媒（S（+n））は秒の単位で次の光子を待つ前に分解や副反応を起こす確率が極めて高くなるに違いない。とても次の光子を待つことができないのである。このような課題を“Photon-flux-density problem”（光子束密度条件の問題）という。上では，典型例としてSnTPPのような分子触媒が膜などのデバイス上に固定されている[9]として推算，考察をしたが，溶液中での分子触媒反応では，同一分子上に光子が到着する時間はさらに長くなるので一層の困難さが増すことになる。光子束密度条件の問題は，光合成にとっても重大なものであるし，人工光合成が目指している多電子変換反応には宿命的なものと言える。しかし一方で，太陽電池のように，本質的に1電子のみの関与で完結するシステムでは実はこの問題は起きないのである。

8．天然の光合成のすごさ，不思議

それでは，天然の光合成ではこれらの光子束密度条件の問題をいったいどのように解決しているのだろうか？　光合成で水の酸化を行うPSIIの構造解明は長年の懸案であったが，最近，沈，神谷らの日本研究グループがX線構造解析に見事に成功している[10, 11]。本書でもその詳細が述べられている。**図3**に光合成PSIIにおいて水の酸化触媒として働くMnクラスター（$CaMn_4O_5$）の反応機構として知られるKokサイクルを示す。水を4電子酸化して酸素を発生するMnクラスター全体の価数は，式（2）と同じように，S_0（出発状態），S_1（出発状態から

1電子酸化された状態：＋1），S_2（＋2），S_3（＋3），S_4（＋4）が知られており，段階的に4つの光子が関与して順番に高い酸化状態へと移行し，最終的にS_4（＋4）状態が水を4電子酸化して酸素を発生するとされている。種によって微妙に異なるが，各段階に要する時間も測定されている。一例として示す図3の例では，4つの光子が関与して水を酸化して酸素を発生する1サイクルに要する時間の総和は約2ミリ秒であることがわかる。これは触媒サイクルとして捉えれば，光合成の触媒回転速度（Turnover frequency s^{-1}）は～500 s^{-1}ということになる。Kokサイクルのなかで最も時間がかかるのは4個目の光子の吸収後の過程の1.3ミリ秒である。つまり，光合成では，次の光子を待たなければならない時間の最大は約1ミリ秒ということになる。これは水を酸化する触媒側の条件であるが，一方，励起エネルギーが光合成反応中心に届く時間間隔はどうだろう？　光合成反応中心の周囲には，多くの色素分子がタンパク質中に埋め込まれて配置されており効率良く光を捕捉する光捕集系として機能している。反応中心を囲む色素分子（クロロフィルやカロテノイド色素）の数も実測されており，これも種によって異なるが（つまり生息する光強度の環境によってことなるが）典型例として約150分子程度の色素が配置されていると報告されている[12]。約150個の光捕集色素のどれかが太陽光の光子を吸収して光合成反応中心に効率良くその励起エネルギーを伝達しているとすると，大変興味深い計算結果が得られる。つまり，励起エネルギーが太陽光の光子束密度条件で光合成反応中心に届けられる時間は，約1ミリ秒の時間間隔なのである。見事に，Mnクラスターによる Kokサイクルで律速となる過程の反応時間（約1ミリ秒）に合致している。天然の光合成系では太陽光の光子束密度条件に合うように，Kokサイクルの反応時間と光捕集色素分子数を調節していると理解することができる。あるいは，調節できた種が生き残ったと言えるのではないか。この点にこそ，人工光合成系は学ぶべきであろう。

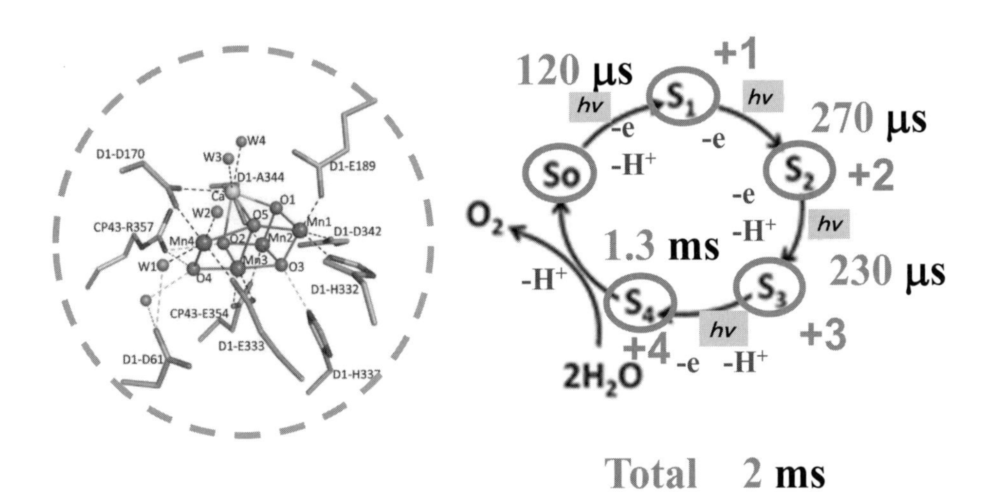

図3　光合成反応中心PSIIにおける段階的4光子の励起による水の4電子酸化過程（Kokサイクル）：図中の左に示す円（点線）内部はMnクラスターの構造[8]

9. 人工光合成が取り組むべき課題とは

それでは人工光合成系ではどうすれば良いのだろうか。解決策は2通りあり得るはずだ。1つは，上記の光子束密度条件に適合した反応速度を有する分子触媒系を構築することであり，もう1つは光子束密度条件を回避することであろう。

前者への取り組みとしては，到着する光子の時間間隔を分子触媒系の触媒反応回転速度といかにして適合させるかである。天然の光合成系はこのためにこそ光補集系を用意していると解釈できるのである。光合成反応中心は約30 minごとに新しく作り替えられているとされる。Mnクラスターが500s^{-1}の触媒回転速度で30 minの間触媒が活性を維持しているとすると，その触媒回転数は約100万回に達することになる。この数字も，触媒の視点から見ると極めて高性能であることが理解できる。触媒サイクルの各過程で，ほとんど分解反応や副反応過程がないことを意味している。光合成では，なぜそのような高性能が発揮されるのだろうか。ここにも自然のすごさ，不思議が潜んでいる。PSIIのMnクラスター触媒はタンパク質の中に埋め込まれている[10) 11)]。つまり，Mnクラスター触媒が高酸化状態にある際に分解しないようタンパク質環境が保護していると考えられるのである。一方，人工光合成系はどうか？　研究例のほとんどは溶液中に分子触媒が溶解した状態での反応系についてである。これでは，溶液中の溶媒分子を始め，第3分子が自由に高酸化状態にある分子触媒に接近することができ，上述したように分解反応や副反応を起こしてしまうことを防ぎようがないのである。人工光合成系の構築で天然の光合成に学ぶべきポイントがここにもあるのである。**図4**に金属錯体などの分子触媒による人工光合成系の構築の際，今後の取り組み課題を示す。

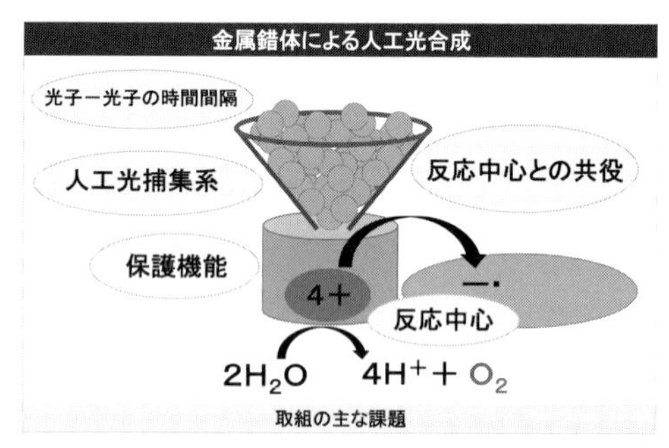

図4　金属錯体などの分子触媒による人工光合成系構築における取り組み課題

一方，後者の光子束密度条件を回避する方法はあり得るのか？　これには1光子のみで水の酸化活性化が誘起できれば良いことになる。つまり，次の光子の到着を待たなくて済めば良いのである。筆者らは，水の1光子による酸化活性化反応をこれまでにすでに提唱してきているが[13)]，ここではその詳細は省く。

10. おわりに

以上のような光子束密度条件の問題は分子触媒からのアプローチのみにかかわる問題ではなく，半導体上や電極上に分子触媒を吸着させて反応促進を図ろうとする際にも非常に重要な因子となる。

光子束密度条件の問題をいかにして解決するかの視点は今後の戦略的な取り組みに極めて示唆に富んでいる。

文　献

1）伊藤滋：光合成研究，**22**(1)（2012）．

2）J. R. Mayer：*Annalen der Chemie and Pharmacie*，**42**，233-240（1842）．

3）C.R. Barnes：*Bot Gaz*，**18**, 403–411（1893）

4）A. Fujishima and K. Honda：*Nature*，**238**，37（1972）．

5）S. W.Gersten, G. J. Sasmuels and T. J. Meyer：*J. Am. Chem. Soc.*，**104**，4029（1982）．

6）(a) J. Howecker, J.-M. Lehn and R. Ziessel：*J. Chem. Soc., Chem. Commun.*, 536（1983）(b) J. Hawecker, J.-M. Lehn and R. Ziessel：*Helv. Chim. Acta.*，**69**，1990（1986）．

7）H. Inoue, T. Shimada, Y. Kou, Y. Nabetani, D. Masui, S. Takagi and H. Tachibana：*ChemSusChem.*，**4**，173（2011）．

8）F. Kuttassery, S. Mathew, D. Yamamoto, S. Onuki, Y. Nabetani, H. Tachibana and H. Inoue：*Electrochemistry.*，**82**，475（2014）．

9）天然の光合成反応中心はチラコイド膜の中に固定されている。

10）Y. Umena, K. Kawakami, J.-R. Shen and N. Kamiya：*Nature*，**473**，55（2011）．

11）M. Suga, F. Akita, K. Hirata, G. Ueno, H. Murakami, Y. Nakajima, T. Shimizu, K. Yamashita, M. Yamamoto, H. Ago and J.-R. Shen：*Nature*，**517**，99（2015）．

12）X. Qin, M. Suga, T. Kuang and J.-R. Shen：*Science.*，**348**，989（2015）．

13）たとえば，H. Inoue, M. Sumitani, A. Sekita and M. Hida：*J. Chem. Soc. Chem. Commun.*, 1681(1987)．S. Takagi, M. Suzuki, T. Shiragami and H. Inoue：*J. Am. Chem. Soc.*，119，8712（1997）．S. Funyu, T. Isobe, S. Takagi, D. A. Tryk and H. Inoue：*J. Am. Chem. Soc.*，**125**，5734（2003）．など

第2章　光化学系Ⅰ

東京工業大学　塚谷　祐介，立命館大学大学院　民秋　均

1. はじめに

光合成は，直接的にせよ間接的にせよ，地球上にいる全ての生物に恩恵をもたらす重要な反応系（エネルギー変換システム）である。光合成の反応様式としては，「反応副産物として酸素を発生するかどうか」によって，酸素発生型光合成（Oxygenic Photosynthesis：OP）と酸素非発生型光合成（Anoxygenic Photosynthesis：AP）に二分される。OP 生物としては，植物や藻類の他，原核生物であるシアノバクテリアが含まれる。これらの OP 生物の共通祖先が，今からおよそ35～27億年前に出現して酸素を大量に放出したことによって，私たち人類が住める現在の地球の大気酸素分圧になったと考えられている（0から20％にまで上昇）[1) 2)]。一方 AP 生物は，現在までに単離されているもの全てが原核生物（真性細菌）であり，しばしば「光合成細菌」と総称される。酸素を発生するかどうかの他に，OP 生物と AP 生物のもう1つの大きな違いは，「エネルギー変換を担う光化学系を何種類持つか」という点がある。OPは，光化学系Ⅰと光化学系Ⅱという2つが機能している一方で，APはどちらかに類似した1つの光化学系（系Ⅰ型と系Ⅱ型）だけを用いて，よりシンプルで原始的な光合成反応を行う[3)]。つまり，光合成細菌を研究対象とする利点として，エネルギー変換機構の基本原理や最小構成単位，光合成器官の進化などを解明するための基礎研究に適していることが挙げられる。これらの点は，よりシンプルなモジュールで構成される人工光合成系を研究開発するうえでも土台となる重要な項目でもあり，基礎だけでなく応用面においても光合成細菌研究は重要であると言える。本稿のタイトルは「光化学系Ⅰ」としたが，内容としては光化学系Ⅰだけでなく系Ⅰ型についても広く取り上げる。

2. 光化学系反応中心

光化学系反応中心とは，光エネルギーによって電荷分離反応を中心的に担う膜タンパク質複合体である。単に「反応中心」と略されることも多い。電荷分離反応は，反応中心のタンパク質内に結合している色素（OPではクロロフィル，APではバクテリオクロロフィル）の「スペシャルペア」とも呼ばれる特別な二量体が，光によって励起されて電子を放出することで開始される（ことが多い）(**図1**)。光化学系ⅠとⅡの大きな違いの1つは，この「二量体」からの電子を受け取るコファクターの違いである。光化学系Ⅰでは最終電子受容体が鉄硫黄クラスターであるのに対して，光化学系Ⅱではキノン分子である（図1）。一次電子供与体である「二量体」からの電子放出によって，一連の光合成電子伝達反応（OPでは「Zスキーム」と呼ばれる）が

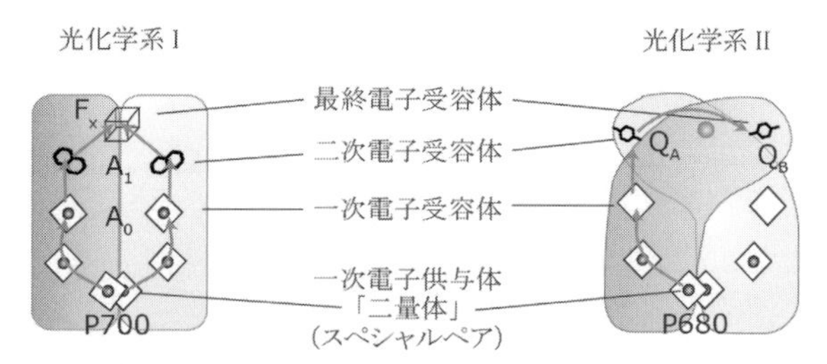

図１　光化学系Ⅰと光化学系Ⅱ反応中心のコファクターと内部電子伝達経路の比較
作画：中川麻悠子（東京工業大学・地球生命研究所）

駆動され，細胞膜を介したプロトン濃度形成や生体還元力NADPHの生成が起こり，吸収した光エネルギーの化学エネルギーへの変換が達成される。

OP生物の光合成電子伝達系では，光化学系Ⅱ（**図２**(a)PSII），シトクロムb_6f複合体（cyt b_6f complex），および光化学系Ⅰ（PSI）が細胞膜中で協奏的に機能している[4]。細胞膜中のキノンプール（Q）を介して光化学系Ⅱから電子を受け取ったシトクロムb_6f複合体は，次に可溶性電子伝達タンパク質（プラストシアニン（PC）や可溶性シトクロム（C_6））を介して酸化された光化学系Ⅰのクロロフィル「二量体」を還元する（図2(a)）。光励起された光化学系Ⅰの「二量体」から放出された電子は，光化学系Ⅰ内で鉄硫黄クラスターに渡り，さらに細胞質（葉緑体ではストロマ）中の可溶性タンパク質フェレドキシン（Fd）を還元する。還元されたフェレドキシンは，ストロマ中を遊離して，フェレドキシン：$NADP^+$酸化還元酵素（FNR）の触媒により，$NADP^+$をNADPHへ還元する。NADPHは，二酸化炭素固定回路などにおいて還元力として利用される。光化学系Ⅱが光を利用したATP生産，つまり「光リン酸化」に機能しているのに対して，光化学系Ⅰは「生体還元力生成」に機能していると言える。

前述したようにAP生物である光合成細菌は，系Ⅰ型あるいは系Ⅱ型の，どちらか１つの光化学系反応中心しか持たない[5]。たとえば，緑色硫黄細菌やヘリオバクテリアなどは系Ⅰ型反応中心しか持たない。OPでは光化学系Ⅰはシトクロムb_6f複合体から電子を受け取るのに対して，系Ⅰ型反応中心は環境中の硫化水素などの硫化物を電子源として生体還元力NADPHを生成する（図２(b)）。緑色硫黄細菌などの光合成細菌の系Ⅰ型反応中心も，やはり「生体還元力生成」に機能している。

3. OP生物の光化学系Ⅰ

OP生物の光化学系Ⅰは，11～14のサブユニット（シアノバクテリアでのタンパク質名の例：PsaA, B, C, D, E, F, I, J, K, L, M, およびX）で構成されている[6) 7)]。光化学系Ⅰの立体構造は，好熱性シアノバクテリア *Synechococcus elongatus* および高等植物 *Pisum sativum var. alaska*（アラスカエンドウ）で，それぞれ2.5Åと4.4Åの分解能で決定されている[8) 9)]。シアノバクテリアの結晶構造中では，コファクターとして，96分子のクロロフィル，2分子のフィロキノン，3分子の鉄硫黄（F_A/F_B）クラスター，22分子のカロテノイド，4分子の脂質が結合している[8)]。

(a)　OP生物での光化学系Ⅰ（PSI）とⅡ（PSⅡ）周辺での光合成電子伝達経路

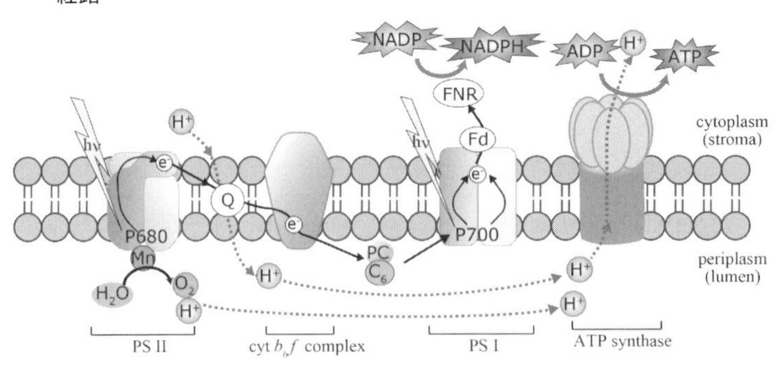

(b)　AP生物のうち、緑色硫黄細菌の系Ⅰ型反応中心（RC1）周辺の電子伝達経路の模式図

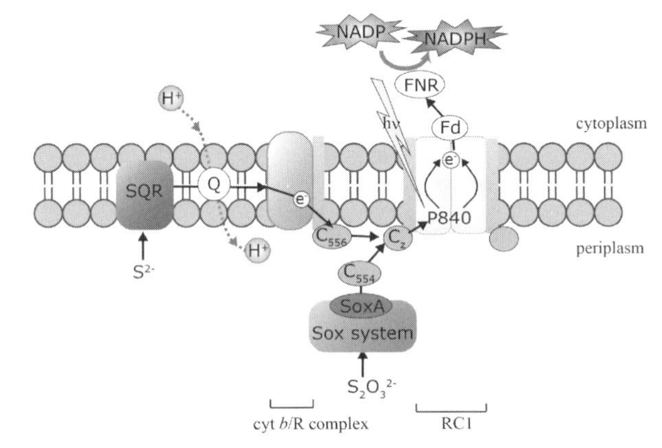

略語：PSⅡ：光化学系Ⅱ，cyt b_6f complex：シトクロムb_6f複合体，PSⅠ：光化学系Ⅰ，Mn：水分解サブユニット，Q：キノン，PC：プラストシアニン，C_6：シトクロムc_6，Fd：フェレドキシン，FNR：フェレドキシンNADP$^+$酸化還元酵素，cyt *b*/R complex：シトクロム*b*-Rieske複合体，RC1：系Ⅰ型反応中心，Sox system：硫黄酸化酵素群，SQR：硫化物－キノン酸化還元酵素，C_{556}：シトクロムc_{556}，C_{554}：シトクロムc_{554}，C_Z：シトクロムc_Z

図2　OPとAPの光合成電子伝達系の比較

作画：中川麻悠子（東京工業大学・地球生命研究所）

高等植物の場合は，集光性膜タンパク質LHCIと光化学系Ⅰとの超分子複合体の立体構造となるが，167分子のクロロフィル，3分子の鉄硫黄クラスター，2分子のフィロキノンが存在している[9]。シアノバクテリア光化学系Ⅰの約100分子のクロロフィルのうち，コア・サブユニット(PsaA/PsaBヘテロダイマー）内での電子伝達に関わるのは6分子だけであり（図1左），その他の大部分のクロロフィルは光捕集アンテナとして機能する。この大量に結合しているクロロフィル分子が，ホモログである光化学系Ⅱとの大きな違いの1つである。ちなみにシアノバクテリアでは，光化学系Ⅱへの光エネルギーの供給は近傍のフィコビリソームという特殊な集光性オルガネラによって行われるため，光化学系Ⅱ中にはアンテナ・クロロフィルが少ないとされる[4]。このアンテナ・クロロフィル分子の存在が，光化学系Ⅰの分光学的解析を困難にしており，光化学系Ⅱと比べて研究が遅れていた原因の1つとなっている。

PsaAとPsaBが“ヘテロダイマー”のコア・サブユニットを形成する。細胞質側（葉緑体ではストロマ側）に突き出た3つのサブユニットのうちの1つ，PsaCが最終電子受容体である2つの鉄硫黄クラスターF_AとF_Bを結合している。PsaDとPsaEは光化学系Ⅰの細胞質側でPsaCを取り囲むように存在しており，PsaCとPsaA/PsaBヘテロダイマーの結合の安定化，およびF_A/F_Bクラスターからフェレドキシンへの電子伝達を促進する働きを持つことが知られている[10)]。PsaI, PsaLおよびPsaMは，光化学系Ⅰ三量体中の単量体同士の境界面に局在する。シアノバクテリアでは，PsaF, PsaJ, PsaKおよびPsaXは，光化学系Ⅰ（単量体）と細胞膜脂質との境界面に存在するとされている[11)]。これらのサブユニットは光化学系Ⅰの複合体構造の安定化に寄与していると考えられる。

PsaA/PsaBコア・サブユニットに結合しているコファクターのうち，光合成電子伝達に関わるものは，6分子のクロロフィル，2分子のフィロキノン，1分子の鉄硫黄クラスター（F_x）である（図1左）。これらのコファクターは，軸対称な2本の電子伝達経路を形成している（図1左の矢印）。光によって励起されたクロロフィル「二量体」から放出された電子は，PsaAあるいはPsaB上のどちらかの経路を通って2分子のクロロフィル→1分子のフィロキノンを経由したあと，PsaAとPsaBの境界面に結合するF_xに渡される。F_xからは，PsaCに結合する鉄硫黄クラスターF_A，F_Bへと順に電子伝達され，細胞質側でフェレドキシンを還元する。光化学系Ⅱでは，コア・サブユニットのD1/D2ヘテロダイマーの片側しか電子伝達が起こらないのに対して（図1右），光化学系Ⅰでは，同様にコア・サブユニットはヘテロダイマーであるにもかかわらず，使用頻度に差はあるものの，両側どちらの経路でも電子伝達が起こることが大きな特徴の1つである[12) 13)]。

光化学系Ⅰの「二量体」は，たとえば植物の場合，差吸収スペクトルの極大が700 nmに観察されることからP700とも呼ばれる（図1左）。このP700は，クロロフィル*a*とクロロフィル*a*エピマーから構成されていることがわかっている。光励起したP700*の酸化還元電位は約 -1.3 Vであり，この強力な還元力により，光化学系ⅡではできないNADPH生成を達成する。しかし，時に過剰な還元力の生成は活性酸素種などのラジカル発生の原因となるため，OP生物はこれを防ぐために光化学系Ⅰとその電子供給源となるシトクロムb_6f複合体を介した循環的電子伝達を行って，エネルギーを別ルート（ATP合成）に流すこともある[14)]。

4. AP生物の系Ⅰ型反応中心

AP生物である光合成細菌のうちで系Ⅰ型反応中心を持つのは，緑色硫黄細菌（*Chlorobi*門）とヘリオバクテリア（*Firmicutes*門）および光合成アシドバクテリア（クロラシドバクテリア：*Acidobacteria*門）である[15)-17)]。これらの光合成細菌群はどれも培養に光条件が必須である点が共通する。系Ⅰ型反応中心は，OP生物の光化学系Ⅰと光化学系Ⅱや他のAP生物の系Ⅱ型反応中心と比べて研究が立ち遅れているのが現状である。これは系Ⅰ型反応中心だけ三次元結晶構造が解明されていないことに大きく起因しており，国内外の光化学系研究者が今なおその解明を目指している。最終電子受容体である鉄硫黄クラスターが酸素存在下で壊れてしまうため，緑色硫黄細菌とヘリオバクテリアの系Ⅰ型反応中心を精製する際には，酸素分圧1 ppm以下の嫌気チャンバー内で行う必要がある。系Ⅰ型反応中心の酸素脆弱性は，立体構造解析への最大の障壁であり，最近ではタンパク質精製だけでなく結晶化作業も嫌気チャンバー内で行われているようである。しかし，近年発見された光合成アシドバクテリア *Chloracidobacterium thermophilum* の反応中心は，系Ⅰ型反応中心としては初めて酸素耐性があることが示された[18]。この細菌の反応中心がどのように酸素耐性を獲得したのかは大変興味深いところであり，同様に酸素耐性を獲得しているOP生物の光化学系Ⅰへの進化過程を考察するうえでも重要な研究対象である。系Ⅰ型反応中心を持つ3門の光合成細菌については，長らく有効な変異導入法がなかったが，2000年代に緑色硫黄細菌で自然形質転換法が確立されてからは，徐々に分子生物学的解析の論文も増えている[19]。それでもボトルネックなのは，緑色硫黄細菌が光独立栄養である（つまり光合成せずに培地の栄養源だけでは生育できない）ことであり，光合成系の必須遺伝子は破壊することができない。

AP生物の系Ⅰ型反応中心の共通項で，かつ他のどの光化学系反応中心とも異なる点は，コア・サブユニットがホモダイマーで構成される点である。したがって，使用頻度まで完全に対称な2本の電子伝達経路が存在し，「二量体（スペシャルペア）」からの電子伝達はどちらのサブユニットも経由すると考えられている。この性質が，OP生物で光化学系Ⅰがヘテロダイマー化したあとも保存されていることは大変興味深い点である。OP生物の光化学系Ⅰには二次電子受容体として機能するキノン分子が存在することが知られてきたが，キノン分子との$\pi-\pi$相互作用に関わるトリプトファン残基がAP生物の系Ⅰ型反応中心では見られない[11]。このことから，系Ⅰ型反応中心内のキノン分子の存在は長らく議論の的であった。近年，日本の研究グループによってヘリオバクテリアの系Ⅰ型反応中心でキノン分子が電子伝達に関わっていることが報告されたが，その作用機序についての議論はまだ続いている[20][21]。反応中心の進化上の共通祖先は，光化学系Ⅰおよび光化学系Ⅱが持つ両方の機能を有していたことが示唆されており[1]，つまり光化学系Ⅰの鉄硫黄クラスターを経由したフェレドキシン還元と，光化学系Ⅱのキノン分子を介したシトクロム複合体の還元を1つの反応中心でまかなっていた可能性がある。AP生物の系Ⅰ型反応中心は，トリプトファンが保存されていないことから，キノン分子の反応中心への結合が比較的強固ではなく，光化学系Ⅱや系Ⅱ型反応中心の最終電子受容体であるキノンQ_Bのように（図1右），還元されると反応中心から遊離する可能性も否定できない。もしかすると，系Ⅰ型反応中心は，共通祖先型光化学系の二機能性をいまだ残しているのかもしれない。また前述のOP生物で見られたように，AP生物においても系Ⅰ型反応中心とシトクロム複合体との間での循環型電子伝達が起こるのかどうかは全くの不明であり，興味深いところである。

以下に，3門の光合成細菌群が持つ系Ⅰ型反応中心の特徴について概説する。

4.1　緑色硫黄細菌

緑色硫黄細菌の生育に必要な電子源は，硫化水素などの硫化物である。この硫化物（S^{2-}や$S_2O_3^{2-}$など）の電子は，硫黄酸化酵素群から細胞膜中のキノンプールあるいは可溶性シトクロムを介して，反応中心へ供給されることが知られている（図2(b)）[22][23]。つまり光合成電子伝達系は，硫化物から系Ⅰ型反応中心，フェレドキシン，$NADP^+$へと渡る連続的な電子伝達経路である。電子源である硫化物から反応中心への電子伝達経路は，硫化物の分子種によって異なり，硫化水素（硫化物イオン S^{2-}）→硫化物酸化還元酵素（図２(b)中の SQR）→キノンプール（Q）→シトクロム *b*-Rieske 複合体（cyt *b*/R complex）→膜結合型シトクロム（c_{556}）→反応中心（RC1）というルートと，チオ硫酸塩 $S_2O_3^{2-}$→チオ硫酸塩酸化酵素群（Sox system）→可溶性シトクロム（c_{554}）→反応中心（RC1）というルートがある[22)-24)]。

緑色硫黄細菌の系Ｉ型反応中心は，PscA～PscD の４つのサブユニットで構成される[15)]。コア・サブユニットである PscA ホモダイマー中には，バクテリオクロロフィル *a* が 16 分子（このうち２分子がスペシャルペア P840），クロロフィル *a* が 4～6 分子（このうち２分子が一次電子受容体 A_0），１分子のメナキノン，１分子の鉄硫黄クラスター（最終電子受容体 F_X）が結合している。なお，A_0 以外のクロロフィル *a* がどのように機能しているのか（本当に存在しているのか）は現時点でも不明であり，この点からも結晶構造解明が待たれている。PscB は鉄硫黄クラスター結合サブユニットであり，OP の PsaC の機能的ホモログであるが，アミノ酸残基数が PsaC と比べて約３倍の，相当大きなサブユニットである。PscC は反応中心結合型シトクロム（シトクロム c_z とも呼ばれる）であり，反応中心あたり２分子存在し，光酸化した P840 への電子供与体として機能する（図２(b)）[25) 26)]。PscD は光化学系Ｉの PsaD の機能的ホモログであり，系Ｉ型反応中心の細胞質側で鉄硫黄クラスタータンパク質 PscB を取り囲むように存在すると考えられている。PscD は，光収穫アンテナタンパク質から系Ｉ型反応中心へのエネルギー移動を最大限にするために機能し，また鉄硫黄クラスター F_A/F_B からフェレドキシンへの電子伝達を促進する働きもあると示されている[27)]。このようなフェレドキシンへの電子伝達を促進する機能に特化されるため，OP 生物でも PsaD が保存されたと推測される。

緑色硫黄細菌は，系Ｉ型反応中心を持つ光合成細菌のうち，現状で唯一，ゲノム DNA の改変と外来遺伝子の導入といった遺伝子操作が可能な生物である[19) 28)]。しかし前述のように光独立栄養性を示すため，光合成に必須な遺伝子は破壊できない。そのため最近まで，系Ｉ型反応中心遺伝子の改変は極めて限定的で，特にコア・サブユニット内の電子伝達経路の改変は不可能とも考えられていた。しかし，本来はゲノムに１つしかない PscA の遺伝子を人工的に二倍体化する方法が報告され[29)]，この技術で P840 の電子構造を変化させることに成功した例が最近報告された[30)]。さらに PscA 遺伝子の二倍体化では，ホモダイマーのコア・サブユニットをヘテロダイマー化することもでき[29)]，完全に軸対称な２本の電子伝達経路を任意変異で非対称化することが可能となった。これにより，２本のルートの使用頻度を決定する構造や，キノン分子が系II型反応中心では二重還元されるが系Ｉ型反応中心では二重還元されない構造要因が同定されることを期待したい。

4.2　ヘリオバクテリア

ヘリオバクテリアの系Ｉ型反応中心は，コア・サブユニットの PshA ホモダイマーと鉄硫黄クラスタータンパク質の PshB だけで構成されるシンプルな構造をしている[16)]。最大の特徴は，PshB が電子を受け取ったあとに，フェレドキシンのように細胞質へ遊離する点である[31) 32)]。つまりヘリオバクテリアでは，鉄硫黄クラスター F_A/F_B タンパク質が省略されて，代わりにフェレドキシンがコア・サブユニット上にドッキングして F_X から電子を受け取る，という言い方をすることもできる。ヘリオバクテリアは光合成細菌の中で唯一バクテリオクロロフィル *g* を合成し，反応中心のスペシャルペアやアンテナ色素もバクテリオクロロフィル *g* である[33]。また，ヘリオバクテリアは光捕集タンパク質を持たないため，光エネルギーの捕集は反応中心に結合するアンテナ色素のみで達成すると考えられている。光酸化したスペシャルペアP798（最近ではP800とも呼ばれる）への電子伝達は，膜結合型の（反応中心結合型ではない）シトクロムが行う[34]。

4.3　光合成アシドバクテリア

光合成アシドバクテリア *C. thermophilum* のゲノム上には，PscA と PscB の遺伝子はあるが，PscC と PscD をコードする遺伝子は存在しない[17, 35]。緑色硫黄細菌とヘリオバクテリアが絶対嫌気性の生物であるのに対して，*C. thermophilum* は好気培養時のみ生育する。実際に精製した系Ⅰ型反応中心も酸素存在下で活性を持つことが示され，初めての酸素耐性系Ⅰ型反応中心として近年報告された[18]。この細菌の系Ⅰ型反応中心の精製時にはチオシアン酸塩が使用されていたため，細胞質側のサブユニットである PscB は剥がれ落ちていた。しかし，未知サブユニットとして，緑色硫黄細菌やヘリオバクテリアには存在しないカロテノイド結合タンパク質がコア・サブユニットとともに複合体を形成していた。カロテノイド結合サブユニットが光捕集，光障害，あるいはその両方に関与しているかどうかは不明である。構造的には，カロテノイド結合サブユニットが緑色硫黄細菌の PscC のように，反応中心あたり2分子存在して PscA ホモダイマーを両側から挟んで構造を安定化しているかどうか，興味深いところである。このカロテノイド結合サブユニットは，少量のクロロフィル *a* も結合しており，その吸収スペクトルは海洋性藻類が持つペリジニン－クロロフィル *a* タンパク質複合体に類似している点からも興味深い。

PscA コア・サブユニット中には，反応中心あたり約10分子のバクテリオクロロフィル *a*，約6分子のクロロフィル *a* の他に，中心金属としてマグネシウムが配位した通常のバクテリオクロロフィルだけではなく，亜鉛が配位した Zn バクテリオクロロフィル *a* も約2分子存在することが報告されている[18]。2分子の Zn バクテリオクロロフィル *a* が，スペシャルペアなのか，一次あるいは二次電子供与体なのかは大変興味深いところであるが，いまだ不明である。

5.　応用を志向した光化学系Ⅰ研究

近年，光化学系Ⅰの還元力の高さに注目して，光化学系Ⅰで発生する電子を利用して水素やギ酸の生産を目指した研究が国内外で盛んに行われている。水素／プロトンの酸化還元カップリングが約－410 mV あるいはギ酸 /CO_2 では約－610 mV と非常に低く，その生産には高い還元力を要するため，還元力の低い（酸化力の高い）光化学系Ⅱでは成し遂げることができない。興味深いのは，光化学系Ⅰの PsaC サブユニットに部位特異的変異を施し，光化学系Ⅰとヒドロゲナーゼをナノワイヤーで直接結合する試みである[36, 37]。最近の研究では，単離した光化学系Ⅰ連結ヒドロゲナーゼの光照射による水素生産の効率が *in vivo* での光合成活性（酸素発生活性）よりも上回るというデータも示されている[37]。連結に用いるナノワイヤーの長さなどによっても水素生産効率は変わるようである。ヒドロゲナーゼではなく金属ナノ粒子をナノワイヤーに結合して，水素生産させる報告も見られる[38]。また，ナノワイヤー以外では，PsaE サブユニットがPsaC近傍に存在することに着目して，ヒドロゲナーゼとPsaEとを遺伝子工学的に融合させた合成サブユニットを用いてヒドロゲナーゼを光化学系Ⅰにリンクさせるという研究もある[39) 40)]。さらに，鉄硫黄クラスターF_Bまで到達する前の電子を利用する試みも報告されている。そこでは，二次電子受容体A_1のフィロキノンを金属ナノ粒子と連結させたナフトキノンと置き換えることで，光照射によって水素生産させることに成功している[41]。今後は，光化学系Ⅰ（に連結したヒドロゲナーゼ）と光化学系Ⅱを同時に使用することで，人工的な電子源の供給が必要ない，光照射によって水から電子を獲得しながら水素を発生できるナノ装置の開発が加速していくことが予想される。今後の研究発展から目が離せない。

文　献

1）浅井智広，塚谷祐介：光合成研究，**26**，43-58（2016）.
2）T. W. Lyons, C. T. Reinhard and N. J. Planavsky：*Nature*，**506**，307-315（2014）.
3）D. A. Bryant and N. U. Frigaard：*Trends Microbiol.*，**14**，488-496（2006）.
4）民秋均：人工光合成，三共出版，17-35（2015）.
5）民秋均：BIOINDUSTRY，**30**(12)，15-21（2013）.
6）W. Xu, H. Tang, Y. Wang and P. R. Chitnis：*Biochim. Biophys. Acta*，**1507**，32-40（2001）.
7）H. V. Scheller, P. E. Jensen, A. Haldrup, C. Lunde and J. Knoetzel：*Biochim. Biophys. Acta*，**1507**，41-60（2001）.
8）P. Jordan, P. Fromme, H. T. Witt, O. Klukas, W. Saenger and N. Krauß：*Nature*，**411**，909-917（2001）.
9）A. Ben-Shem, F. Frolow and N. Nelson：*Nature*，**426**，630-635（2003）.
10）Q. Xu, Y. S. Jung, V. P. Chitnis, J. A. Guikema, J. H. Golbeck and P. R. Chitnis：*J. Biol. Chem.*，**269**，21512-21518（1994）.
11）P. Heathcote, M. R. Jones and P. K. Fyfe：*Phil. Trans. R. Soc. Lond. B*，**358**，231-243（2003）.
12）Y. Li, A. van der Est, M. G. Lucas, V. M. Ramesh, F. Gu, A. Petrenko, S. Lin, A. N. Webber, F. Rappaport and K. Redding：*Proc. Natl. Acad. Sci. USA*，**103**，2144-2149（2006）.
13）S. Santabarbara, I. Kuprov, O. Poluektov, A. Casal, C. A. Russell, S. Purton and M. C. Evans：*J. Phys. Chem. B*，**114**，15158-15171（2010）.
14）Y. Munekage, M. Hashimoto, C. Miyake, K. I. Tomizawa, T. Endo, M. Tasaka and T. Shikanai：*Nature*，**429**，579-582（2004）.
15）G. Hauska, T. Schoedl, H. Remigy and G. Tsiotis：*Biochim. Biophys. Acta*，**1507**，260-277（2001）.
16）H. Oh-oka：*Photochem. Photobiol.*，**83**，177-186（2007）.
17）D. A. Bryant, A. M. G. Costas, J. A. Maresca, A. G. M. Chew, C. G. Klatt, M. M. Bateson, L. J. Tallon, J. Hostetler, W. C. Nelson, J. F. Heidelberg and D. M. Ward：*Science*，**317**，523-526（2007）.
18）Y. Tsukatani, S. P. Romberger, J. H. Golbeck and D. A. Bryant：*J. Biol. Chem.*，**287**，5720-5732（2012）.
19）N. U. Frigaard and D. A. Bryant：*Appl. Environ. Microbiol.*，**67**，2538-2544（2001）.
20）T. Kondo, S. Itoh, M. Matsuoka, C. Azai and H. Oh-oka：*J. Phys. Chem. B*，**119**，8480-8489（2015）.
21）B. Ferlez, J. B. Cowgill, W. Dong, C. Gisriel, S. Lin, M. Flores, K. Walters, D. Cetnar, K. E. Redding and J. H. Golbeck：*Biochemistry*，**55**，2358-2370（2016）.
22）塚谷祐介，浅井智広，大岡宏造：光合成研究，**20**，100-108（2010）.
23）C. Azai, Y. Tsukatani, S. Itoh and H. Oh-oka：*Photosynth. Res.*，**104**，189-199（2010）.
24）Y. Tsukatani, C. Azai, T. Kondo, S. Itoh and H. Oh-oka：*Biochim. Biophys. Acta*，**1777**，1211-1217（2008）.
25）H. Oh-oka, S. Kamei, H. Matsubara, M. Iwaki and S. Itoh：*FEBS Lett.*，**365**，30-34（1995）.
26）Y. Tsukatani, R. Miyamoto, S. Itoh and H. Oh-oka：*FEBS Lett.*，**580**，2191-2194（2006）.
27）Y. Tsukatani, R. Miyamoto, S. Itoh and H. Oh-Oka：*J. Biol. Chem.*，**279**，51122-51130（2004）.
28）C. Azai, J. Harada and H. Oh-oka：*PLoS One*，**8**，e82345（2013）.
29）C. Azai, K. Kim, T. Kondo, J. Harada, S. Itoh and H. Oh-oka：*Biochim. Biophys. Acta*，**1807**，803-812（2011）.
30）C. Azai, Y. Sano, Y. Kato, T. Noguchi and H. Oh-

Oka：*Sci. Rep.*, **6**, 19878 (2016).
31) M. Heinnickel, G. Shen, R. Agalarov and J. H. Golbeck：*Biochemistry*, **44**, 9950-9960 (2005).
32) S. P. Romberger, C. Castro, Y. Sun and J. H. Golbeck：*Photosynth. Res.*, **104**, 293-303 (2010).
33) Y. Tsukatani, H. Yamamoto, T. Mizoguchi, Y. Fujita and H. Tamiaki：*Biochim. Biophys. Acta*, **1827**, 1200-1204 (2013).
34) H. Oh-oka, M. Iwaki and S. Itoh：*Photosynth. Res.*, **71**, 137-147 (2002).
35) A. M. Garcia Costas, Z. Liu, L. P. Tomsho, S. C. Schuster, D. M. Ward and D. A. Bryant：*Environ. Microbiol.*, **14**, 177-190 (2012).
36) C. E. Lubner, R. Grimme, D. A. Bryant and J. H. Golbeck：*Biochemistry*, **49**, 404-414 (2009).
37) C. E. Lubner, A. M. Applegate, P. Knörzer, A. Ganago, D. A. Bryant, T. Happe and J. H. Golbeck：*Proc. Natl. Acad. Sci. USA*, **108**, 20988-20991 (2011).
38) R. A. Grimme, C. E. Lubner, D. A. Bryant and J. H. Golbeck：*J. Am. Chem. Soc.*, **130**, 6308-6309 (2008).
39) M. Ihara, H. Nishihara, K. S. Yoon, O. Lenz, B. Friedrich, H. Nakamoto, K. Kojima, D. Honma, T. Kamachi and I. Okura：*Photochem. Photobiol.*, **82**, 676-682 (2006).
40) H. Krassen, A. Schwarze, B. Friedrich, K. Ataka, O. Lenz and J. Heberle：*ACS Nano*, **3**, 4055-4061 (2009).
41) M. Gorka, J. Schartner, A. van der Est, M. Rögner and J. H. Golbeck：*Biochemistry*, **53**, 2295-2306 (2014).

第3章　光化学系Ⅱ

岡山大学　沈　建仁

1. はじめに

光化学系II（Photosystem II, 以下PSII）は，さまざまな藻類や植物が行う酸素発生型光合成において，最初に起こる電子伝達，水分解・酸素発生反応を触媒している。これらの反応を駆動するのに必要なエネルギーは，太陽の光エネルギーであり，この光エネルギーはPSIIに結合している色素分子であるクロロフィル（Cholorophyll：Chl），またはPSII複合体に結合しているアンテナChlによって吸収され，電子伝達の駆動に用いられる。その結果，水分子はプロトン，電子，および分子状酸素に分解され，得られたプロトンと電子は高エネルギー化合物であるATP（アデノシン三リン酸）やNADPH（ニコチンアミドアデニンジヌクレオチドリン酸）の合成に利用され，これの化合物は二酸化炭素を有機物に変換するのに必要なエネルギーや還元力を供給している。これによって，太陽の光エネルギーはPSIIを通して生物が利用可能な化学エネルギーに変換される。また，PSIIによって放出された酸素は大気中酸素の主な源であり，好気的生命の生存を支えている。このようにPSIIは光エネルギーの変換と酸素の供給という働きを持っており，地球上生命の維持に極めて重要な役割を持っている。

光合成の全体のエネルギー効率，すなわち，光エネルギーから有機物のエネルギーへの変換効率は必ずしも高くないと言われている[1)]。しかし，PSIIに限ってみれば，量子収率は0.7～0.8に達し，極めて高い光エネルギーの変換効率を有していると言える。PSIIの水分解触媒を人工的に利用することができれば，太陽光エネルギーを利用して人工的に水分解を行い，これによって生じる水素イオンは水素ガスや他の簡単な有機物を合成するのに利用することができる。これはまさに人工光合成であり，太陽光からクリーンで再生可能なエネルギーを水素などの物質の形で得ることができる。しかし，この過程で最も重要なのは水の光分解の有効な触媒を得ることであるが，現在地球上で最も高効率・大規模で光水分解を行っている唯一の触媒がPSIIである。このため，PSIIの水分解触媒の構造と反応機構の解明は，多くの研究者が長年取り組んできた重要な課題である。

2. PSⅡの全体構造

水は安定な分子であり，その分解は容易ではない。このため，PSIIが地球上に出現するまで，大気中に酸素はほとんどなく，地球は嫌気的な大気に覆われていた。最初にPSIIが出現したのは，今から約27億年前の始原シアノバクテリア（ラン藻）細胞中であった。これにより大気中に酸素が徐々に蓄積し，嫌気的大気が好気的なものに代わり，オゾン層も形成されるようになり，好気呼吸を行う生物の出現・進化を可能にした。

水分解を行うため，PSIIは巨大で複雑な膜タンパク質として進化してきた。現在見られるPSIIは生物種によってわずかな違いは見られるものの，重要な部分は原核のシアノバクテリアから高等植物まで保存されている。また，後述の水分解触媒の構造は完全に保存されており，自然界では水分解触媒が1つしかないことを示している。このことからも，水分解は生物にとって困難な課題であり，それに対する解は1回しか見つからなかったことがうかがえる。

PSIIは各種藻類や高等植物のチラコイド膜上に存在し，その構造は好熱性シアノバクテリア *Thermosynechococcus vulcanus* 由来のものについて原子レベル（1.9 Å 分解能）で解明されている[2)]。それによれば，PSIIは17種の膜貫通サブユニットと3種の膜表在性サブユニットによって構成され，単量体の分子量が350 kDaに達する（**図1**）。さらに細胞内でPSIIは二量体として働いており，総分子量は700 kDaになる。タンパク質サブユニット以外に，PSII単量体あたり35分子のクロロフィル，2分子のフェオフィチン，11分子のβ－カロテン，1分子の炭酸水素イオン，2つのヘム鉄（シトクロム $b_{559,}$ シトクロム c_{550}），1つの非ヘム鉄，Mn_4CaO_5 クラスター，2つの塩素イオン，および20分子以上の脂質，約1,400の水分子が存在している[2)]。

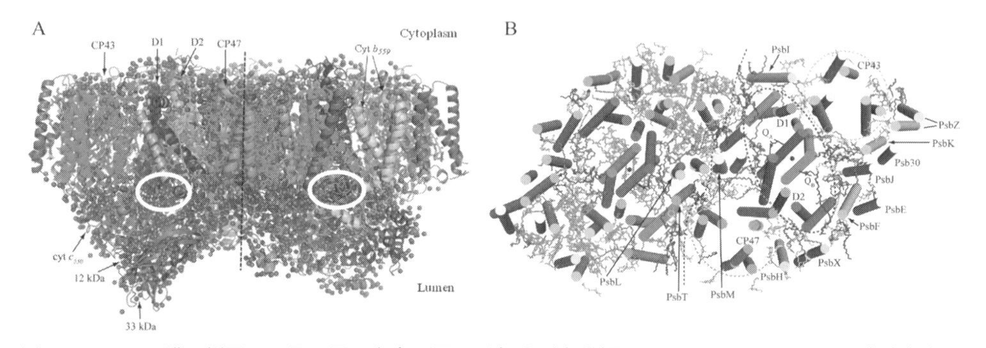

(A)　チラコイド膜の側面から見た図。白丸で囲んだ部分が水分解の Mn_4CaO_5 クラスターの存在部位を示す。(B)　PSII二量体の断面図。真中の黒い波線は単量体間の境界を示し，左側の単量体にはクロロフィル（緑）を示しているが，右側の単量体ではクロロフィルを省略した。オレンジ色はβ－カロテン，青色の分子はプラストキノン，赤，紫，ピンク，シアン，ライム色の分子はさまざまな種類の脂質と界面活性剤分子を示す。

※カラー画像参照

図1　好熱性シアノバクテリア *Thermosynechococcus vulcanus* 由来の光化学系 II 二量体の結晶構造

3. PSⅡの電子伝達系

PSIIにおける一連の電子伝達反応は，タンパク質に結合している一連の補因子によって行われている。**図2**は，PSIIの電子伝達にかかわっている補因子の配置を示したものである。真ん中に4分子のクロロフィルa（Cholorophyll a：Chl a）からなる色素クラスターがあり，そのうちの1つが1個の光子を吸収すると反応が始まる。反応を開始する分子はPSIIの反応中心と呼ばれ，その吸収ピークが680 nmであるため，P680とも呼ばれている。P680は光子を吸収または周りのアンテナChlから受け取ることで励起され，励起電子は隣にあるフェオフェチン（Pheophytin：Pheo）分子に移動するが，最近の研究では最初に電子を放出するのはD1サブユニットに結合している$Pheo_{D1}$であり，その後正のホールがChl_{D1}に移動するとされている。いずれにしても，放出された電子は順に結合型プラストキノンであるQ_A, Q_Bへ移動し，細胞内では最終的にチトクロム*b6/f*複合体，光化学系Ⅰ（PSI）を経て$NADP^+$をNADPHに還元するのに利用される。

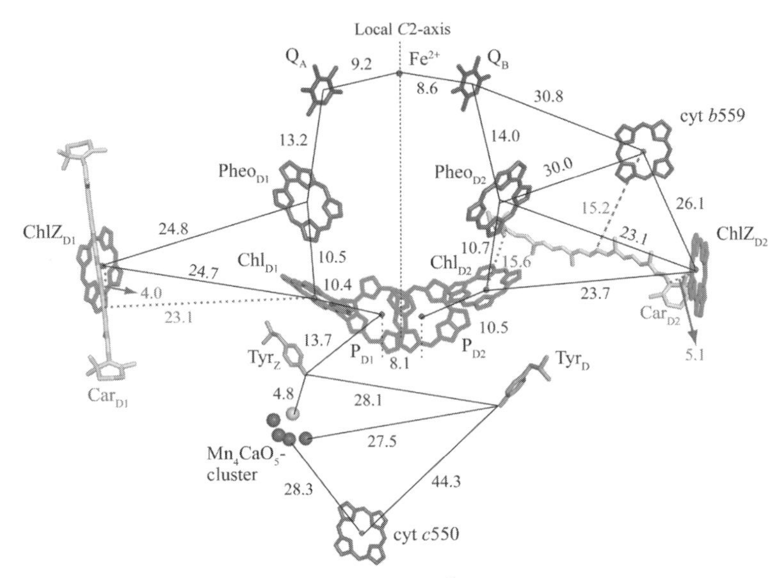

数字は補因子間の距離をÅで表したもの

図２　光化学系Ⅱ反応中心の電子伝達成分の配置

上記で電子を供給したP680は高い酸化還元電位を持っており，Y_Zと呼ばれる。近くにあるアミノ酸の１つ，D1サブユニットの161番目のチロシン残基（Tyrosine：Tyr）から電子を受け取り再還元される。Y_ZはさらにMn_4CaO_5クラスターから電子を受け取り，このMn_4CaO_5クラスターは最終的に水分子から電子を奪い取り，水を分解することになる。したがって，Mn_4CaO_5クラスターは水分解の直接の触媒であり，PSIIの水分解触媒中心（酸素発生中心，Oxygen-evolving center：OEC）である。以下，Mn_4CaO_5クラスターの構造と水分解反応の機構について紹介する。

4. Mn_4CaO_5クラスターの構造

PSIIの酸素発生中心OECの詳細な構造は長い間不明であったが，1.9Å分解能のX線結晶構造によって初めて明らかになった[2)]。それによると，この触媒中心は４つのMn，１つのCa，５つのO（酸素）原子によって構成され，全体が「ゆがんだ椅子」の形となっている（**図３**）。

このうち，３つのMnと１つのCaは４つのオキソ酸素によってつながり，ゆがんだ椅子の座部に相当するキュバン型構造を作り，４つ目のMnはキュバンの外側に位置し，５つ目のオキソ酸素によってキュバンとつながれている。したがって，OECの化学組成はMn_4CaO_5となっており，チラコイド膜の内側（ルーメン側）表面のPSII領域に結合している。Mn_4CaO_5クラスターの表面は大きな親水性タンパク質領域に覆われ，PSII複合体外部の水溶液と隔離されている。このことは，Mn_4CaO_5クラスターの安定性の維持に重要である。実際，Mn_4CaO_5クラスターを覆っている親水性タンパク質領域の一部または全部を取り除くと，Mn_4CaO_5クラスターが不安定になり，構造が容易に破壊され，水分解活性が失われることがわかっている。これは，水分解触媒として克服しなければならないジレンマを示している。すなわち，水を分解するため，基質として水分子を有効に利用しなければならないが，水の自由度が高いため，分解される基質の水は決まった位置にとどまっておかなければならず，触媒にランダムにアクセスできる水の存在は，触媒を破壊してしまう危険性をはらんでいる。しかし，大きな親水性タンパク質領域によってMn_4CaO_5クラスターと水溶液を隔離することは，同時に反応部位への基質としての水の供給，および反応産物としての水素イオンの放出を制限することになり，反応を妨げることになる。このジレンマを克服するため，PSIIでは，Mn_4CaO_5クラスターを大きな親水性タンパク質領域で覆いながら，この領域のなかに反応部位とタンパク質の外側にある水溶液をつなぐ水素結合ネットワークをいくつも見出すことができ，これらのネットワークは外側からの水の供給，および水分解によって生じた水素イオンをMn_4CaO_5クラスターから外側に排出するための経路として働いていると考えられている[2,3]。

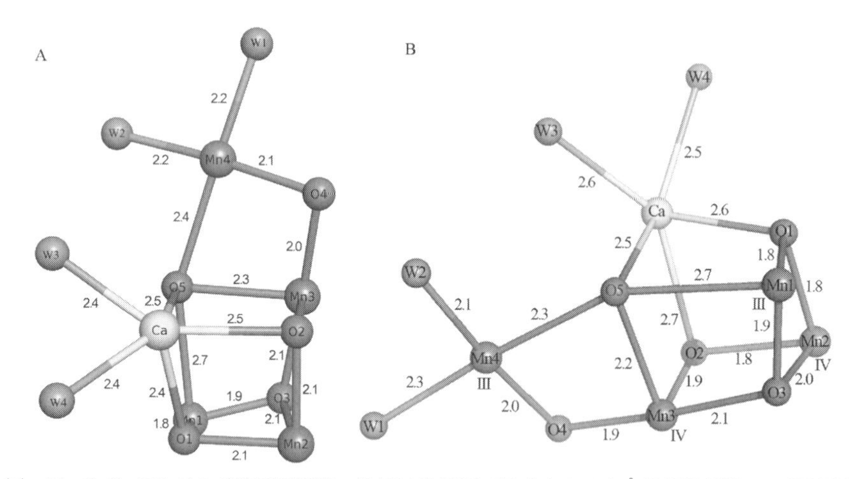

(A)　Mn_4CaO_5のゆがんだ椅子型構造．数値は放射光で決定した1.9 Å分解能構造での原子間距離（Å）[2]。(B)　(A)の構造を回転したもの。原子間の距離（Å）はXFELで決定されたもの[4]。

図３　Mn_4CaO_5クラスターの構造

Mn_4CaO_5クラスターのゆがんだ形を作り出している要因は２つあり，１つはMn-O間とCa-O間の結合距離の違い。もう１つは５つのオキソ酸素の間で，金属イオンとの結合距離に違いがあることである（図3）。Mn-O の典型的な結合距離は 1.8～2.1 Å であるが，それに対して，Ca-O 間の結合距離は 2.3～2.5 Å と明らかに長い。キュバンのなかで，金属イオンは3つの Mn と1つの Ca であるため，オキソ酸素との結合距離に違いが生じていた。また，5つのオキソ酸素のうち，O1-O4 に比べて，O5 と Mn との結合距離が明らかに長くなっていた。特に O5-Mn1，O5-Mn4 の距離はそれぞれ 2.7 Å，2.4 Å であり，これらの距離は，O1-O4 と Mn の距離，および無機 Mn 酸化物中の典型的な O-Mn 間距離と比較すると著しく長いものである。このことは，5つのオキソ酸素のうち，特に O5 は周りの金属イオンとの結合が弱くて切れやすい。言い換えれば，O5 が高い反応性を有していることを示唆している。

上記の原子間距離は放射光 X 線を用いて測定されたもので，連続の放射光を使用したために PSII 結晶が損傷を受け，Mn が還元され，原子間距離，特に Mn-Mn 間距離が長くなることが示唆されていた。この問題を解決するため，フェムト秒の X 線自由電子レーザー（XFEL：X-ray free electron laser）を用いて構造が壊れる前に X 線回折データを収集し，構造解析を行う手法が用いられた。その結果，1.95 Å 分解能で無損傷の PSII 結晶構造が決定され，得られた構造で Mn-Mn 間距離のいくつかが 0.1～0.2 Å 程度短くなったことが示されたが，O5-Mn1, および O5-Mn4 の距離がそれぞれ 2.7 Å, 2.3 Å となり，X 線損傷を受けていない構造でも O5 と Mn との距離が長く，O5 が特殊な位置を占めていることが示された（**図 3B**）[4]。

5. 水分解の反応機構

PSII の水分解反応が S- 状態遷移モデルに従って進行することは広く知られている（**図 4**）[5) 6)]。このモデルでは，触媒は S_0-S_4 の状態を取り，反応開始前の最も還元的な状態は S_0 である。電子を1個放出するごとに次の状態に進み，S_3→（S_4）→S_0 の遷移で酸素が放出される。電子の放出に伴ってプロトンも放出されるが，S_0→S_1, S_2→S_3 遷移で1個ずつ，S_3→（S_4）→S_0 遷移で2個のプロトンが放出され，S_1→S_2 遷移でプロトンの放出は伴わないとされている。S- 状態のうち，S_4 は不安定な遷移状態であり，これまで実験的にほとんど捉えられていない。また，S_1 は暗黒で安定な状態であり，このため，光照射後暗順応した PSII では，25％の S_0 と 75％の S_1 状態が混在している。しかし，S_0 は Y_D と呼ばれる，D2 サブユニットの 160 番目のチロシン残基に電子をゆっくり供給することができ，十分長く（室温で1日以上）暗順応させると，S_0 が Y_D の中性ラジカルによって酸化され S_1 になる。このような試料では PSII はほぼ 100％ S_1 状態にある。

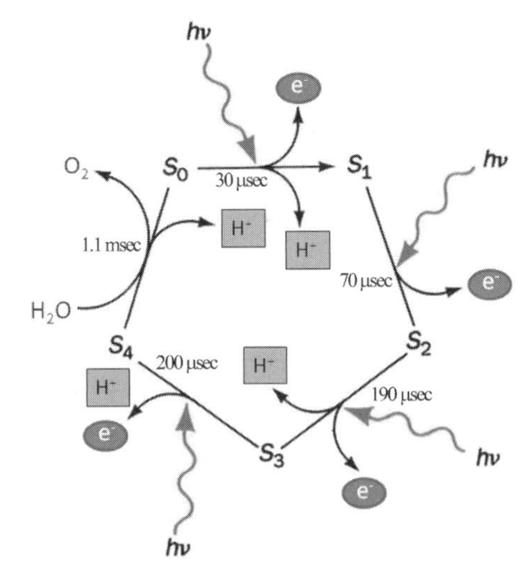

図 4 光化学系Ⅱにおける水分解反応の S-状態遷移モデル

これまでの結晶構造解析は主に S_1 状態の PSII について行ったもので，S_2, S_3 といった中間状態の構造は解明されていない。したがって，水分解反応の詳細なメカニズムについては多くの議論が行われており，まだ決定されていない。ここでは，S_1状態の高分解能結晶構造に基づき，最近の実験・理論研究の結果を考慮して，可能性の高い水分解反応機構を紹介する。

5.1　ラジカルカプリング機構

上述のように，Mn_4CaO_5クラスター中の5つのオキソ酸素原子のうち，O5が周りのMnイオンとの結合距離が極めて長いことから，Mnとの結合が弱く，反応の過程でMnとの結合が容易に切断され，放出されることが考えられる。このことから，O5が反応の基質酸素原子の1つを提供している可能性が考えられる。さらにS_1状態の結晶構造に基づき，理論計算（量子力学/分子力学計算，QM/MM計算）によりS_2では2つの状態，すなわち，O5がMn4に近付き，Mn1との間にオープンスペースができる（右側オープン，**図5A**）。またはO5がMn1に近付き，左側にオープンスペースができる（左側オープン，図5**B**）という2種類の構造を取ることができ，この2種類の構造はエネルギー準位が極めて近く，いずれも存在し得ることが示された[7) 8)]。したがって，S_2からS_3状態への遷移過程で，右側オープンの構造では右側に（**図6A**），左側オープンの構造では左側に新しい水が挿入され（図6**B**），O5との間でラジカルカプリングによりO=O結合を形成し，酸素分子として放出されることが考えられる。この機構はSiegbahnにより提唱されたもので，高分解能の結晶構造解析が報告される前にすでにその核心部分が理論計算によって提案されたいた[9) 10)]。

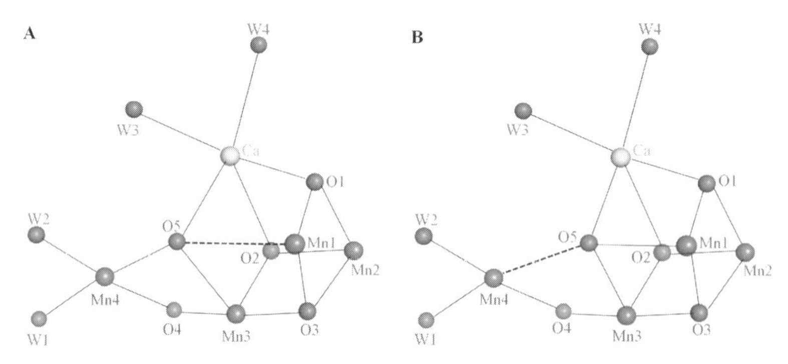

(A)　右側（O5-Mn1）が開いた構造。(B)　左側（O5-Mn4）が開いた構造。

図5　理論計算によって予測されたS_2状態の2種類の構造

5.2　ヌクレオフィリックアタック機構

Mn_4CaO_5クラスターには，5つのオキソ酸素以外に，4つの水分子が配位しており，そのうち，2つはキュバンの外側にあるMn4に（W1, W2），残りの2つはCaに（W3, W4）結合している（図3）。このことは，これら水分子のうちの1つまたは2つが水分解の基質として働く可能性があることを示唆している。このうち，Mn4に結合しているW2とCaに結合しているW3は水素結合距離にあり，それらが近付き，ヌクレオフィリックアタック機構でO=O結合を形成することができる（図6**C**）[2) 3) 11)]。

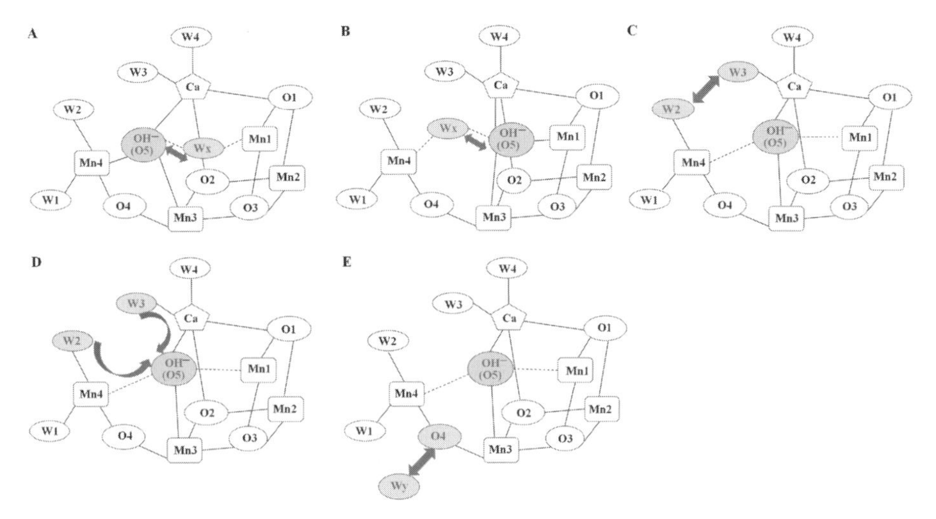

(A)　O5 と Mn1 の間が開き，新しい水（Wx）が挿入される場合。(B)　O5 と Mn4 の間が開き，水（Wx）が挿入される場合。(C)　W2 と W3 の間で O_2 分子が生成する場合。(D)　W2，または W3 が O5 を攻撃して，O＝O 結合が形成される場合．(E)　O4 を水（Wy）が攻撃して，O＝O 結合が形成する場合．

図6　PSII 水分解反応における O＝O 形成の機構

5.3　その他の機構

上述した2つの機構以外に，他にもいくつかO＝O結合ができる可能性がある。そのうち，W2, W3はいずれもO5と水素結合距離内にあるので，反応の過程でW2またはW3がO5に近付き，W2-O5，またはW3-O5の間でO＝O結合が形成される可能性が考えられる（図6**D**)。さらにO5以外に，キュバン構造の外側にあるオキソ酸素O4にも，別の水分子が強い（短い距離）水素結合で結びついており，O4とこの水分子の間でO＝O結合が形成される可能性がある（図6**E**)。これらの反応機構を最終的に決定するためには，S-状態のいくつかの中間状態の構造を決定する必要がある。

6. おわりに

Mn_4CaO_5クラスターの構造が非対称で「ゆがんでいる」ことは，水分解反応の触媒機構を考えるうえで重要な意味を持っている。水分解の触媒として働くためには，それ自身が反応の過程で構造変化を行い，基質である水の分解に伴い構造がもとに戻るという構造上の「柔軟性」を備え持つ必要がある。実際，水分解のS-stateサイクルで，Mn_4CaO_5クラスターの構造が変化することが分光学的手法で検出されている。Mn_4CaO_5クラスターがもし対称的で規則正しい構造を形成していれば，反応に伴う構造の変化が容易ではなく，触媒活性が発揮できない可能性がある。これは，水分解の人工触媒を合成する上でも重要な意味を持っていると言える。

文　献

1) R. E. Blankenship, D. M. Tiede, J. Barber, G. W. Brudvig, G. Fleming, M. Ghirardi, M. R. Gunner, W. Junge, D. M. Kramer, A. Melis, T. A. Moore, C. C. Moser, D. G. Nocera, A. J. Nozik, D. R. Ort, W. W. Parson, R. C. Prince and R. T. Sayre：*Science*, **332**, 805 (2011).
2) Y. Umena, K. Kawakami, J.-R. Shen and N. Kamiya：*Nature*, **473**, 55 (2011).
3) J.-R. Shen：*Annu. Rev. Plant Biol.*, **66**, 23 (2015).
4) M. Suga, F. Akita, K. Hirata, G. Ueno, H. Murakami, Y. Nakajima, T. Shimizu, K. Yamashita, M. Yamamoto, H. Ago and J.-R. Shen：*Nature*, **517**, 99 (2015).
5) B. Kok, B. Forbush and M. McGloin：*Photochem. Photobiol.*, **11**, 457 (1970).
6) P. Joliot：*Photosynth. Res.*, **76**, 65 (2003).
7) D.A. Pantazis, W. Ames, N. Cox, W. Lubitz and F. Neese：*Angew. Chem. Int. Ed.*, **51**, 9935 (2012).
8) H. Isobe, M. Shoji, S. Yamanaka, Y. Umena, K. Kawakami, N. Kamiya, J.-R. Shen and K. Yamaguchi：*Dalton Trans.*, **41**, 13727 (2012).
9) P. E. Siegbahn：*Chem. Eur. J.*, **14**, 8290 (2008).
10) M. R. Blomberg, T. Borowski, F. Himo, R. Z. Liao and P. E. Siegbahn：*Chem. Rev.*, **114**, 3601 (2014).
11) J. Yano and V. K. Yachandra：*Chem. Rev.*, **114**, 4175 (2014).

第4章 不均一系光触媒反応による水と二酸化炭素資源化の研究の歴史と課題

北海道大学 髙島 舞，北海道大学 大谷 文章

1. はじめに

気候変動に関する政府間パネル（Intergovernmental Panel on Climate Change：IPCC）の報告[1]によれば，再生可能エネルギーの中で太陽光が理論的に最も多くの資源量を有しており，年間3.9YJ（$=3.9\times10^{24}$J）のエネルギーが地球に届いている。地上に到達する太陽光のエネルギーは，その1.2 h分が全世界で1年間に消費されるエネルギーにほぼ等しく，地球温暖化や化石燃料の枯渇などの環境およびエネルギー問題の関心の高まりとともに，この無尽蔵ともいえる太陽光エネルギーを使って，水と二酸化炭素から水素や有機物を生成する，いわゆる人工光合成の技術が注目されるようになってきた。本章では，まず，人工光合成の実現に向けてこれまで行われてきた不均一系光触媒反応による水分解および二酸化炭素還元反応の研究動向について述べ，それらが抱える課題と，今後のこの分野の発展に必要な研究について考察する。

2. 不均一系光触媒反応による人工光合成研究の端緒

それぞれ最も酸化された最低のエネルギー状態の水素と炭素である水と二酸化炭素を，より高いエネルギー状態の物質に変換する，すなわち（再）資源化の化学反応は基本的には還元反応である。その対反応（counter reaction）としての酸化反応の基質が高エネルギー状態の物質，すなわち還元剤であれば，水や二酸化炭素を還元しなくてもその還元剤を資源として使用すれば良く，また，わざわざ反応系に光などのエネルギーを投入する必要はない。このため，ほぼ全ての人工光合成研究が太陽光のエネルギーを使い，高酸化状態にある水を還元剤（酸化反応の基質）とする光反応を対象とすることは当然である。結果として，二酸化炭素還元の研究は水の分解による水素と酸素の生成反応と密接に結びついており，いずれの研究も1970年代からさかんに行われ始めた。

水分解反応に関する最初の報告は1972年のFujishimaとHondaによる酸化チタン単結晶光電極を用いる反応[2]で，外部バイアスもしくは両極室の電解質溶液のpHの違いに基づく化学バイアスを半導体電極と金属対極間にかければ，紫外線照射下で水を分解できることを示した（この研究は多くの研究者によって追試され，チタン酸ストロンチウム単結晶を用いるとバイアス印加が不要であることが示された[3]）。その後，粉末粒子を「両極が短絡された微小光電池」と考えて，半導体電極の作動メカニズムを半導体粉末へ応用する研究として，1977年にSchrauzerとGuthによって，アナタース型酸化チタン粉末を用いる水分解および1,000 ℃で焼成したルチル型酸化チタンによるその活性向上が報告された[4]。

一方，二酸化炭素の還元については，1978年にHemmingerらがチタン酸ストロンチウム単結晶と白金箔を用いる電気化学系において水銀灯照射下で水蒸気と二酸化炭素からメタンが生成することを報告した[5]。その後，Halmannがp型リン化ガリウム電極を用いる酢酸，ホルムアルデヒドおよびメタノールの生成を報告した[6]。

光触媒反応は1979年にInoueらによって報告され，酸化チタンを始めとするさまざまな半導体光触媒粉末を用いてホルムアルデヒドおよびメタノールを生成させ，光触媒の伝導帯位置とメタノール生成量の相関について議論している[7]。この時点で，光を照射された半導体材料の表面において，水に溶解させた二酸化炭素を還元し，一酸化炭素，ギ酸，ホルムアルデヒド，メタノールあるいはメタンを生成させるという化学プロセスを研究対象とすることがほぼ固まったと思われ，それ以降の研究は半導体材料を電極として用いる光電気化学系と粉末（あるいはそれを焼結したもの）を用いる光触媒反応系について半導体材料の探索，開発と反応条件の改良が行われてきた。実用化を考えた場合，二酸化炭素は単独あるいは空気との混合気体として供給されると想定されるため，気体反応系の方が望ましいと考えられるが，光電気化学系のように電解質溶液が必須ではない光触媒反応系でも固—気系反応に関する研究が少ないのは，上述のように研究が光電気化学反応を端緒とする経緯によるものと思われる。

3. 人工光合成のための助触媒材料と作用機構の解明

不均一系光触媒反応により水分解と二酸化炭素還元が起こることが確認された段階で，関心はその速度の向上のために助触媒を含む光触媒材料の探索とその基盤となる反応機構の解明に向けられた。1980年代初頭にはすでに光触媒粉末に水素発生用の助触媒として白金などの貴金属微粒子を担持させることが常識となっており，光触媒中の励起電子が助触媒に移動して，いわゆる「電荷分離」を促進すると考えられていた。しかし，水分解で生じる水素と酸素，二酸化炭素の反応で生じる還元生成物と酸素の反応はギブズエネルギー変化が正のダウンヒル反応であるため，特に助触媒の表面で逆反応が起こることはさけられない。Satoらは，白金を担持させた酸化チタン粉末を水酸化ナトリウムの濃厚液膜で覆うことにより，光触媒反応によって水（水蒸気）から生成した水素と酸素の逆反応を抑制することが可能であることを示した[8]。水酸化ナトリウム層が，酸化チタン表面で発生した酸素の白金表面への到達を阻害するためと思われる。最近では，同様に水素生成に必要なプロトンの供給を確保しながら，別のサイトで生成した酸素が助触媒表面に到達するのを阻害する構造として，ニッケルと酸化ニッケルの多層構造助触媒[9]や，白金やロジウムをクロム（酸化クロム）で被覆したコアシェル型助触媒[10]が報告されている。

二酸化炭素還元反応の場合でも，水分解の場合と同様に，電荷分離の向上と還元サイト金属微粒子を担持させることが多いが，二酸化炭素還元では担持金属の種類による還元生成物の選択が可能である。このため，金属電極を用いる二酸化炭素の電解還元の選択性との比較が重要である。Horiらの報告[11]（**表1**）によれば，電極として銅を用いるとさまざまなアルカン，アルケンやアルコールが，金や銀電極上では一酸化炭素が，鉛や水銀電極上ではギ酸がそれぞれ選択的に生成するが，白金やニッケル電極上では二酸化炭素還元より水素生成が優先して起こ

表1　各種金属電極を用いた二酸化炭素還元反応の生成物[11(2)]

Electrode	Potential (V) vs.nhe	Current density (mA cm^{-2})	Faradaic efficiency/%							
			CH_4	C_2H_4	EtOH	PrOH	CO	$HCOO^-$	H_2	Total
Cu	-1.44	5.0	33.3	25.5	5.7	3.0	1.3	9.4	20.5	103.5*
Au	-1.14	5.0	0.0	0.0	0.0	0.0	87.1	0.7	10.2	98.0
Ag	-1.37	5.0	0.0	0.0	0.0	0.0	81.5	0.8	12.4	94.6
Zn	-1.54	5.0	0.0	0.0	0.0	0.0	79.4	6.1	9.9	95.4
Pd	-1.20	5.0	2.9	0.0	0.0	0.0	28.3	2.8	26.2	60.2
Ga	-1.24	5.0	0.0	0.0	0.0	0.0	23.2	0.0	79.0	102.0
Pb	-1.63	5.0	0.0	0.0	0.0	0.0	0.0	97.4	5.0	102.4
Hg	-1.51	0.5	0.0	0.0	0.0	0.0	0.0	99.5	0.0	99.5
In	-1.55	5.0	0.0	0.0	0.0	0.0	2.1	94.9	3.3	100.3
Sn	-1.48	5.0	0.0	0.0	0.0	0.0	7.1	88.4	4.6	100.1
Cd	-1.63	5.0	1.3	0.0	0.0	0.0	13.9	78.4	9.4	103.0
Tl	-1.60	5.0	0.0	0.0	0.0	0.0	0.0	95.1	6.2	101.3
Ni	-1.48	5.0	1.8	0.1	0.0	0.0	0.0	1.4	88.9	92.4**
Fe	-0.91	5.0	0.0	0.0	0.0	0.0	0.0	0.0	94.8	94.8
Pt	-1.07	5.0	0.0	0.0	0.0	0.0	0.0	0.1	95.7	95.8
Ti	-1.60	5.0	0.0	0.0	0.0	0.0	tr.	0.0	99.7	99.7

Electrolyte: 0.1 M $KHCO_3$: temperature: 18.5 ±0.5 ℃
*The total value contains C_3H_5OH (1.4%), CH_3CHO (1.1%) and C_2H_5CHO (2.3%) in addition to the tabulated substances.
**The total value contains C_2H_6 (0.2%).

る。この実験は定電流条件で行っており電極電位がそれぞれ異なるため，電位を制御できず，また，酸化状態にもなり得る[12]粉末粒子上の担持金属における選択性と直接比較することは難しいが，光触媒反応系でもおおよそ類似の選択性が得られている。しかし，電解還元と光触媒反応のいずれについても，主生成物となることが多いギ酸と一酸化炭素のいずれが生成するかを支配する因子は明確ではない。

4. 高効率化のための光触媒材料の探索

担持金属の探索とともに，太陽光変換効率の向上を目指して，目的生成物を得るのに十分な酸化還元電位を持ち，かつより長波長の光を利用することを目指した異種元素の導入などのバンドエンジニアリングに基づいた研究も行われてきた。光触媒としてよく用いられる金属酸化物，硫化物および窒化物の価電子帯は，主に，それぞれ酸素２p軌道，硫黄３p軌道および窒素２p軌道によって構成されており，金属の種類によっておおよその伝導帯位置やバンドギャップ，つまり吸収できる光の波長が決まる（**図1**）[13]。水分解の場合は「H^+/H_2」系の標準電極電位，二酸化炭素還元の場合は「CO_2/目的還元生成物」系の標準電極電位と「O_2/H_2O」系の標準電極準位（いわゆる「水の酸化電位」）の2つをはさむように光触媒材料の伝導帯下端と価電子帯上端がくる必要がある。しかし，ほとんどの金属酸化物の価電子帯は水の酸化電位より相当深い位置にあって多少の余裕がある（**図2**）ため[14]，価電子帯より上（カソード側）に軌道を持つ元素やd^0，d^{10}電子軌道を持つ金属イオンを導入することにより吸収波長の長波長化が可能である。半導体デバイスでは特性制御のために典型非金属元素のドーピングがよく行わ

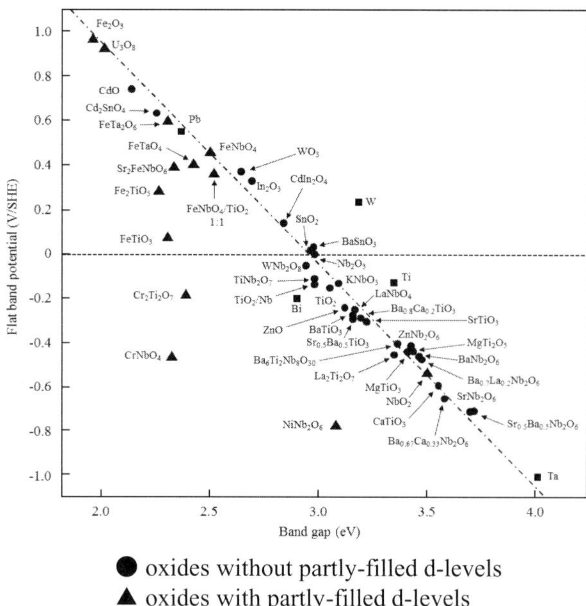

図1　金属酸化物のバンドギャップとフラットバンドポテンシャルとの関係[13]

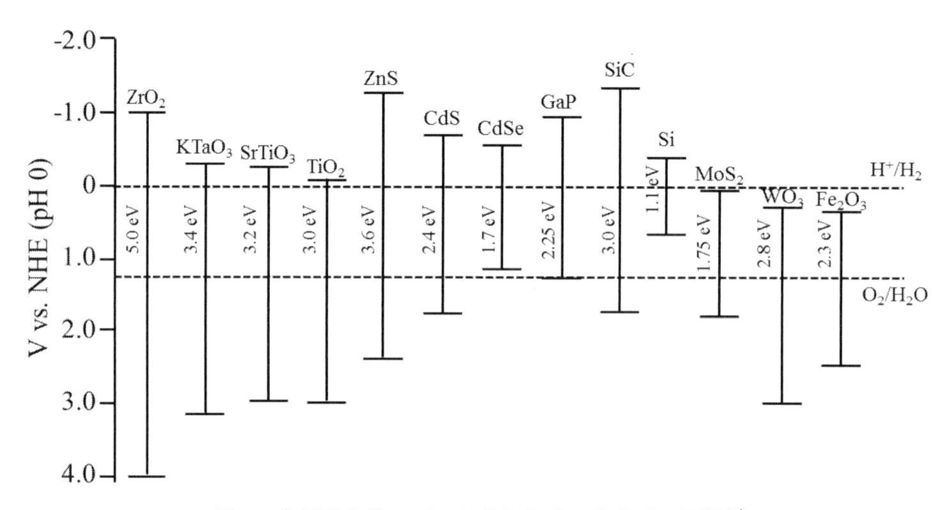

図2　金属酸化物のバンド位置と水の酸化還元電位[14]

れるが，光触媒にこれらをドープすると電子正孔対の再結合中心をつくるために有効でない場合が多い。代わりにクロム（Ⅲ）やニッケル（Ⅱ），ロジウム（Ⅲ）などの遷移元素を単独あるいはニオブ（Ⅴ），タンタル（Ⅴ），アンチモン（Ⅴ）と共ドープすることにより，電荷バランスを取りながらドナーレベルを形成することができ，600 nm程度の可視光照射下で酸素生成活性が発現する。たとえば酸化チタンにロジウムを単独でドープさせるとロジウム（Ⅳ）が再結合中心となるために酸素生成活性を示さないが，アンチモンをロジウムに対して等モル以上共

表２　紫外光および可視光照射下における水溶液からの水素，酸素生成に関する報告例

Year	Photocatalyst	Co-catalyst/ sensitizer	Light source	Reactant solution	H_2	O_2	QY(%)	note	Ref: 16)
1984	ZnS		Hg	$Na_2S+H_3PO_2+NaOH$	13000	-	90@313 nm	sulfide	(1)
2000	H^+-$KSr_2Nb_3O_{10}$	Pt	Hg	MeOHaq	43000	30		layered perovskite, wide band gap	(2)
2003	$NaTaO_3$:La	NiO	Hg	Pure water	19800	9700	56@270 nm	perovskite, d^0	(3)
2005	$La_2Ti_2O_7$:Ba	NiO_x	Hg	Pure water	5000		50	layered perovskite, d^0	(4)
2005	Ge_3N_4	RuO_2	>200 nm	Pure water	1400	700	9@300 nm	d^{10}	(5)
2008	Ga_2O_3:Zn	Ni	Hg	Pure water	4100	2200		d^{10}	(6)
2001	$H_2Ti_4O_9$	CdS	Hg (>400 nm)	Na_2Saq	560			layered, dye sensitized	(7)
2002	TaON	-	Xe	$AgNO_3$aq	-	380	34@420-500 nm	oxynitride	(8)
2004	$SrTiO_3$:Rh	Pt	Xe	MeOHaq	117	-	5.2@420 nm	oxide, dope	(9)
2004	$PbBi_2Nb_2O_9$	-	W	$AgNO_3$aq	-	520	29	layered perovskite	(10)
2005	Pt/TaON+Pt/WO_3		Xe (>420 m)	IO_3^-/I^-	24	12	0.4@420 nm	z-scheme type	(11)

ドープすることによってロジウム（Ⅳ）の生成が抑制されて，酸素生成活性が発現する[15]。一方，４族元素のチタン（Ⅳ）やジルコニウム（Ⅳ），５族元素のニオブ（Ｖ）やタンタル（Ｖ），６族元素のタングステン（Ⅵ）などはd^0電子配置をとる。なかでもチタンやニオブを構成元素とする複合金属酸化物の粉末を用いた研究の歴史は古く，1980年代から今もなお行われている[14]。チタンやニオブ，タンタルなどの金属酸化物とリチウム，ナトリウム，カリウムなどのアルカリ金属もしくはカルシウム，ストロンチウム，バリウムなどのアルカリ土類金属炭酸塩もしくはそれら両者を組み合わせた原料の固相反応によって得ることができる。これらの複合金属酸化物はペロブスカイト型の結晶構造をとるものが多いが，一部は層状構造になっており，この構造が生成した水素と酸素を分離し，逆反応を抑制する働きも一部担うと考えられている。このようなバンドエンジニアリングに基づいた水分解活性の向上に関する研究のなかで，特に高い活性を報告した例を**表２**に示す[16]。可視光応答型光触媒の研究では，犠牲剤を用いて水素生成活性および酸素生成活性を別々に評価した研究が多数報告されており，そのなかからそれぞれの反応に対して活性の高いものを組み合わせた二段階励起型（Z-スキーム型）光触媒反応系も報告されているが，その量子収率は約0.4％と依然として低い。

二酸化炭素還元の研究における材料選定も水分解同様，酸化チタンやd^0金属イオンなどを導入した複合金属酸化物，硫化物など多岐にわたって行われてはいるものの，その反応過程の複雑さや生成物の多様性から，可視光応答性より還元生成物の選択性向上，特に競合反応である水の還元反応による水素生成の抑制に関する研究が多い。

二酸化炭素には**図３**に示す通り１電子還元反応も存在するが，その電位はあまりにカソード側にあるため，通常は２電子以上の多電子還元反応を対象とする。二酸化炭素還元反応において特に考慮すべきポイントは，この多電子反応を進行させる必要があることと，光触媒材料の表面に吸着されやすい水やプロトンではなく，熱力学的にも速度論的にも反応性が乏しいと考えられる二酸化炭素に対して，選択的に電子を移動させなければならないことである。

多電子反応に有利なように粉末粒子ではなく電極や粉末を固定化させた薄膜材料を用いる研

究は，前者を克服する戦略の一例である。Liらは銅担持酸化チタンをメソポーラスシリカに固定し，キセノン照射下で高い速度（60 μmol g^{-1} h^{-1}）でメタンを生成させた[17]。後者の対応策の1つとして，半導体材料と分子や錯体との組み合わせがある。この場合，色素を吸着させた光触媒とは逆に，材料表面に結合させた分子や錯体が，光触媒の励起電子を受け取って選択的に二酸化炭素に移動させる。通常，金属錯体やコロイドなどの均一系光触媒を単独で用いると2電子還元までしか進まないが，半導体電極と組み合わせることによって2電子を超える多電子還元反応を起こすことができる。Bartonらはp型半導体のリン化ガリウムにピリジンを組み合わせると，300 mV 程度の過電圧は必要なものの，pH 5.2においてほぼ100%のファラデー効率で二酸化炭素がメタノールに還元することを示した[18]。また，Araiらはp型リン化インジウムとルテニウム錯体を組み合わせた電極および酸化チタン電極を用いて，外部バイアス電圧を印加することなく，二酸化炭素からギ酸イオンを生成させることに成功している[19]。なお，これらの光触媒材料の開発については本書の他の章に詳述されている。

$CO_2 + e^- \rightarrow CO_2^{\cdot -}$　　$E^0 = -1.90$ V
$CO_2 + 2H^+ + 2e^- \rightarrow HCOOH$　　$E^0 = -0.61$ V
$CO_2 + 2H^+ + 2e^- \rightarrow CO + H_2O$　　$E^0 = -0.53$ V
$CO_2 + 4H^+ + 4e^- \rightarrow HCHO + H_2O$　　$E^0 = -0.48$ V
$CO_2 + 6H^+ + 6e^- \rightarrow CH_3OH + H_2O$　　$E^0 = -0.38$ V
$CO_2 + 8H^+ + 8e^- \rightarrow CH_4 + 2H_2O$　　$E^0 = -0.24$ V
$2H^+ + 2e^- \rightarrow H_2$　　$E^0 = -0.41$ V
$2H_2O \rightarrow O_2 + 4e^- + 4H^+$　　$E^0 = +0.82$ V

図3　25℃，1 atmにおける標準水素電位に対する各酸化還元反応の標準電極電位（pH 7）

5. 他の人工光合成系との比較

光触媒反応を含む化学的なアプローチで太陽光エネルギーを利用する研究は，研究が活発化した1980年代から続く大きな期待にもかかわらず，実用化にはほど遠い状態にあったと言える。太陽光エネルギーを電気エネルギーとして取り出す太陽電池そのものは実用化されているが，電力の貯蔵と輸送に難点があることと，水素などを利用する燃料電池がすでに一部実用化されるようになり，電気を化学物質に変換して貯蔵および運搬することが近年考慮されるようになってきた。これは光触媒反応などによる人工光合成と結果的に同じプロセスである。**図4**に太陽光エネルギーから燃料への変換効率の推移を示す[20]。光触媒による人工光合成は，太陽電池と電気分解反応とを組み合わせた反応系（PV＋PEC）に比べ，その太陽光変換効率は非常に低い。PV＋PECでは太陽電池の研究と電気分解反応の研究それぞれが個別で性能を高め合い，それらを組み合わせることで最高の性能を発揮することができる。PV＋PECと優劣をつける必要はないが，それらとの比較から光触媒研究における課題がいくつか見えてくる。まず，担持金属についてはある程度候補が固まりつつあるが，光触媒材料についての有力候補はなく，特に吸収波長の長波長化については候補が出揃ったとは言えない。二酸化炭素の還元反応については，水の競合反応も課題である。前述のように，ほぼ全ての人工光合成研究は水を還元剤として用いながら，その一方で水の還元反応の抑制が必要となる。さらに，実用化を念頭においたシステム構築も遅れている。もっぱら量子収率が議論され，太陽光エネルギー変換効率はあまり論じられておらず，PV＋PECとの比較が難しい。また，生成物の分離および回収やセルの構成，スタック，コストなど実用化に向けた課題は山積みである[21]。現段階で光触媒を用いた水素生成の効率は，PV＋PECに遠く及ばないものの，太陽電池では白金電極との組み合

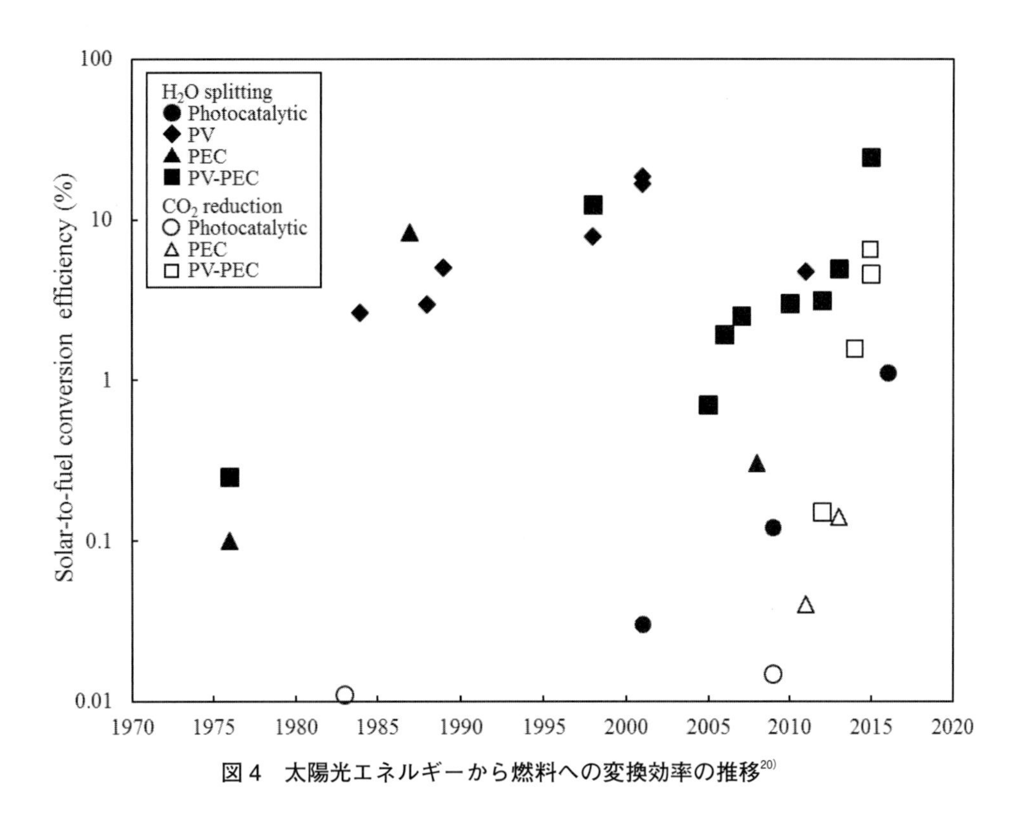

図４　太陽光エネルギーから燃料への変換効率の推移[20]

わせによる光電気化学的分解の報告が多く，将来的には既存の水素製造設備とのコスト競争になると考えられる。そのため，１つのシステムで太陽光を集め，水分解や二酸化炭素還元を行い，燃料を生産するシステムを構築できるという光触媒反応系の特徴を活かした水分解および二酸化炭素還元反応デバイスの開発が期待されている。

6. 人工光合成の反応機構の解明

特に二酸化炭素還元反応において必須かつ急務な課題は，反応メカニズムの解明である。前述のとおり，いくつかのメカニズムの提案[22]およびDFT（密度汎関数法）計算などシミュレーションを用いた方法などによっていくらか知見が得られてはいるものの[23]，実験結果としてそれらのメカニズムを立証しているものは今のところまだない。二酸化炭素還元の過程にはさまざまな中間体が考えられており，中間体によって最終生成物が異なると考えられている。二酸化炭素還元のメカニズムを解明することができれば，中間反応の熱力学的，速度論的障壁を最小化することで最終的には二酸化炭素の変換効率が向上する可能性がある。また，目的最終生成物への反応過程のみを選択することで選択性の向上にも寄与できる。これらの機構とも深くかかわる問題でありながら40年以上にわたる研究の歴史のなかでほとんど考慮されることがなかったのが，二酸化炭素還元や酸素生成に必要な複数の電子および正孔をどのように確保するのかという問題である。たとえば水の酸化による酸素生成反応において，１つの酸素分子が生成するためには４個の正孔が必要であり，１つの光触媒粒子中にどのようにして４個の正孔が蓄積され，それが2つの水分子に同時に移動するのかどうかについてモデルが提示されたことはない。筆者らの研究グループは新規なアプローチとして酸素生成反応の速度の光強度依存性を詳細に解析し，光強度によって反応速度の次数が変わることをつきとめ，照射光強度に依存して変化する酸素生成機構を提案した[24]。これらの反応メカニズムの解明は，これまで行われてきた担持金属の選定やバンドエンジニアリングによる材料探索といった結果的な効率向上に加えて，どのような反応条件，反応環境で効率を上げられるかといった別の角度からの効率向上に寄与すると考えられ，人工光合成分野の飛躍的な進歩につながる展開が期待できる。

7. まとめ

人工光合成研究は，半導体電極を用いた光電気化学反応に端を発し，電気分解の知見を活かした担持金属の探索や水素生成における逆反応抑制のための担持金属の構造制御，吸収波長長波長化のためのバンドエンジニアリングに基づいた光触媒材料探索，二酸化炭素の優先還元を目指した取り組み，実用化を視野に入れたシステム構築の試みが行われてきた。不均一系光触媒による人工光合成の研究が今後飛躍的に進歩するためには，電気化学や触媒化学の立場からのものとは別のアプローチが必要であり，そのことによって太陽電池にも対抗できる低コストかつ高効率な人工光合成システム構築が可能となると考えて良い。

文　献

1）IPCC 第5次評価報告書（2011）.
2）A. Fujishima and K. Honda：*Nature*, **238**, 37 (1972).
3）⑴ A. Nozik：*Nature*, **257**, 383 (1975).，⑵ M. S. Wrighton, D. S. Ginley, P. T. Wolczanski, A. B. Ellis, D. L. Morse and A. Linz：*Proc. Natl. Acad. Sci.U.S.A.*, **72**, 1518 (1975).
4）G. N. Schrauzer and T. D. Guth：*J. Am. Chem. Soc.*, **99**, 7189 (1977).
5）J. C. Hemminger, R. Carr and G. A. Somorjai：*Chem. Phys. Lett.*, **57**, 100 (1978).
6）M. Halmann：*Nature*, **275**, 115 (1978).
7）T. Inoue, A. Fujishima, S. Konishi and K. Honda：*Nature*, **277**, 637 (1979).
8）S. Sato and J. M. White：*Chem. Phys. Lett.*, **72**, 83 (1980).
9）Z. Zou, Y. Jinhua, K. Sayama and H. Arakawa：*Nature*, **414**, 625 (2001).
10）K. Maeda, K. Teramura, D. Lu, N. Saito, Y. Inoue and K. Domen：*Angew. Chem. Int. Ed.*, **45**, 7806 (2006).
11）⑴ Y. Hori, K. Kikuchi and S. Suzuki：*Chem. Lett.*, **14**, 1695 (1985).，⑵ Y. Hori, H. Wakebe, T. Tsukamoto and O. Koga：*Electrochim. Acta*, **39**, 1833 (1994).
12）S. Qin, F. Xin, Y. Liu, X. Yin and W. Ma：*J. Colloid Interface Sci.*, **356**, 257 (2011).
13）D. E. Scaife：*Sol. Energy*, **25**, 41 (1980).
14）A. Kudo and Y. Miseki：*Chem. Soc. Rev.*, **38**, 253 (2009).
15）R. Niishiro, R. Konta, H. Kato, W. J. Chun, K. Asakura and A. Kudo：*J. Phys. Chem. C*, **111**, 17420 (2007).
16）⑴ J. F. Reber and K. Meier：*J. Phys. Chem.*, **88**, 5903 (1984).，⑵ K. Domen, J. N. Kondo, M. Hara and T. Takata：*Bull. Chem. Soc. Jpn.*, **73**, 1307 (2000).，⑶ H. Kato, K. Asakura and A. Kudo：*J. Am. Chem. Soc.*, **125**, 3082 (2003).，⑷ J. Kim, D. W. Hwang, H. G. Kim, S. W. Bae, J. S. Lee, W. Li and S. H. Oh：*Top. Catal.*, **35**, 295 (2005).，⑸ J. Sato, N. Saito, Y. Yamada, K. Maeda, T. Takata, J. N. Kondo, M. Hara, H. Kobayashi, K. Domen and Y. Inoue：*J. Am. Chem. Soc.*, **127**, 4150 (2005).，⑹ Y. Sakata, Y. Matsuda, T. Yanagida, K. Hirata, H. Imamura and K. Teramura：*Catal. Lett.*, **125**, 22 (2008).，⑺ S. Tawkaew, Y. Fujishiro, S. Yin and T. Sato：*Colloids Surf. A*, **179**, 139 (2001).，⑻ G. Hitoki, T. Takata, J. N. Kondo, M. Hara, H. Kobayashi and K. Domen：*Chem. Commun.*, 1698 (2002).，⑼ R. Konta, T. Ishii, H. Kato and A. Kudo：*J. Phys. Chem. B*, **108**, 8992 (2004).，⑽ H. G. Kim, D. W. Hwang and J. S. Lee：*J. Am. Chem. Soc.*, **126**, 8912 (2004).，⑾ R. Abe, T. Takata, H.

Sugihara and K. Domen : *Chem. Commun.*, 3829 (2005).

17) Y. Li, W. -N. Wang, Z. Zhan, M. -H. Woo, C. -Y. Wu and P. Biswas : *Appl. Catal. B*, **100**, 386 (2010).

18) E. E. Barton, D. M. Rampulla and A. B. Bocarsly : *J. Am. Chem. Soc.*, **130**, 6342 (2008).

19) S. Sato, T. Arai, T. Morikawa, K. Uemura, T. M. Suzuki, H. Tanaka and T. Kajino : *J. Am. Chem. Soc.*, **133**, 15240 (2011).

20) J. Rongé, T. Bosserez, D. Martel, C. Nervi, L. Boarino, F. Taulelle, G. Decher, S. Bordiga and J. A. Martens : *Chem. Soc. Rev.*, **43**, 7963 (2014)., (1) H. Morisaki, T. Watanabe, M. Iwase and K. Yazawa : *Appl. Phys. Lett.*, **29**, 338 (1976)., (2) A. J. Nozik : *Appl. Phys. Lett.*, **29**, 150 (1976)., (3) M. Halmann, M. Ulman and B. Aurian-Blajeni : *Sol. Energy*, **31**, 429 (1983)., (4) J. Appleby, A. E. Delahoy, S. C. Gau, O. J. Murphy, M. Kapur and J. O'M. Bockris : *Energy*, **10**, 871 (1985)., (5) R. C. Kainthla, B. Zelenay and J. O'M. Bockris : *J. Electrochem. Soc.*, **134**, 841 (1987)., (6) Y. Sakai, S. Sugahara, M. Matsumura, Y. Nakato and H. Tsubomura : *Can. J. Chem.*, **66**, 1853 (1988)., (7) G. H. Lin, M. Kapur, R. C. Kainthla and J. O'M. Bockris : *Appl. Phys. Lett.*, **55**, 386 (1989)., (8) R. E. Rocheleau, E. L. Miller and A. Misra : *Energy Fuels*, **12**, 3 (1998)., (9) O. Khaselev and J. Turner : *Science*, **280**, 425 (1998)., (10) O. Khaselev, A. Bansal and J. Turner : *Int. J. Hydrogen Energy*, **26**, 127 (2001)., (11) S. Licht, B. Wang, S. Mukerji, T. Soga, M. Umeno and H. Tributsch : *Int. J. Hydrogen Energy*, **26**, 653 (2001)., (12) E. L. Miller, D. Paluselli, B. Marsen and R. E. Rocheleau : *Sol. Energy Mater. Sol. Cells*, **88**, 131 (2005)., (13) J. H. Park and A. J. Bard : *Electrochem. Solid-State Lett.*, **9**, E5 (2006)., (14) H. Arakawa, C. Shiraishi, M. Tatemoto, H. Kishida, D. Usui, A. Suma, A. Takamisawa and T. Yamaguchi : *Proc. SPIE 2007*, 6650, 665003., (15) G. K. Mor, O. K. Varghese, R. H. T. Wilke, S. Sharma, K. Shankar, T. J. LaTempa, K. -S. Choi, and C. A. Grimes : *Nano Lett.*, **8**, 1906 (2008)., (16) O. K. Varghese, M. Paulose, T. J. LaTempa and C. A. Grimes : *Nano Lett.*, **9**, 731 (2009)., (17) Y. Sasaki, H. Nemoto, K. Saito and A. Kudo : *J. Phys. Chem. C*, **113**, 17536 (2009)., (18) N. Gaillard, Y. Chang, J. Kaneshiro, A. Deangelis and E. L. Miller : *Proc. SPIE 2010*, 7770, 77700V., (19) S. Y. Reece, J. A. Hamel, K. Sung, T. D. Jarvi, A. J. Esswein, J. J. H. Pijpers and D. G. Nocera : *Science*, **334**, 645 (2011)., (20) J. Brillet, J. -H. Yum, M. Cornuz, T. Hisatomi, R. Solarska, J. Augustynski, M. Graetzel and K. Sivula : *Nat. Photonics*, **6**, 824 (2012)., (21) S. Yotsuhashi, H. Hashiba, M. Deguchi, Y. Zenitani, R. Hinogami, Y. Yamada, M. Deura and K. Ohkawa : *AIP Advances*, **2**, 042160 (2012)., (22) T. Arai, S. Sato, T. Kajino and T. Morikawa : *Energy Environ. Sci.*, **6**, 1274 (2013)., (23) F. F. Abdi, L. Han, A. H. M. Smets, M. Zeman, B. Dam and R. van de Krol : *Nat. Commun.*, **4**, 2195 (2013)., (24) Y. Sugano, A. Ono, R. Kitagawa, J. Tamura, Y. Kudo, E. Tsutsumi, M. Yamagiwa and S. Mikoshiba : 2014 International Conference on Artificial Photosynthesis (ICARP2014), P5-08, 2014/11/26, Hyogo, Japan., (25) T. Arai, S. Sato and T. Morikawa : *Energy Environ. Sci.*, **8**, 1998 (2015)., (26) A. Nakamura, Y. Ota, K. Koike, Y. Hidaka, K. Nishioka, M. Sugiyama and K. Fujii : *J. Appl. Phys. Express*, **8**, 107101 (2015)., (27) M. Schreier, L. Curvat, F. Giordano, L. Steier, A. Abate, S. M. Zakeeruddin, J. Luo, M. T. Mayer and M. Gratzel : *Nat. Commun.*, **6**, 7326 (2015)., (28) Q. Wang, T. Hisatomi, Q. Jia, H. Tokudome, M. Zhong, C. Wang, Z. Pan, T. Takata, M. Nakabayashi, N. Shibata, Y. Li, I. D. Sharp, A. Kudo, T. Yamada and K. Domen : (2016) *Nat. Mater.*, **15**, 611 (2016).

21) J. L. White, J. T. Herb, J. J. Kaczur, P. W. Majsztrik and A. B. Bocarsly : *J. CO_2 Utilization*, **7**, 1 (2014).

22) (1) M. Gattrell, N. Gupta and A. Co : *J. Electroanal. Chem.*, **594**, 1 (2006)., (2) K. Ikeue, S. Nozaki, M. Ogawa and M. Anpo : *Catal. Today*, **74**, 241 (2002).

23) H. He, P. Zapol and L. A. Curtiss : *Energy Environ. Sci.*, **5**, 6196 (2012).

24) S. Takeuchi, M. Takase and B. Ohtani : 2015 International Chemical Congress of Pacific Basin Societies (PACIFICHEM 2015), 09-ENRG-#193-830, 2015/12/15, Honolulu, USA.

第5章　酸化物半導体光触媒による紫外光照射下での H_2O 完全分解反応の現状

山口大学　酒多　喜久

1. はじめに

半導体光触媒を用いて，光エネルギーにより H_2O（水）を H_2 と O_2 へ分解する反応は，光エネルギーを直接化学エネルギーに変換できる魅力ある反応である。酸化物半導体は，この反応が検討されてきた当初から光触媒として用いられてきた材料である。この反応に対しての光触媒として熱力学的な必要条件を満たす酸化物半導体は，価電子帯が酸素の2p軌道で形成され，その上端が H_2O の還元電位よりも3V程度の深い位置に固定されるためバンドギャップは3eV以上となり，この反応を駆動させるための条件を満たす光触媒は紫外線の照射が必要となる。その反面，酸化物半導体は化学的に安定で合成や取り扱いも容易であるという長所もある。このような特性を背景に TiO_2（酸化チタン）を始めとする酸化物半導体が光触媒としてこの反応に対して幅広く研究され，さまざまな酸化物半導体光触媒が開発されてきた[1)2)]。一方，開発された光触媒の H_2O 完全分解反応に対する活性は，さらなる応用展開を考慮すると不十分であり，効率の高い光触媒や光触媒自身の効率を改善させる取り組みが期待されてきた。

そのなかで，2000年以降になりNiO（酸化ニッケル（Ⅱ））を助触媒として担持したLaイオンドープ $NaTaO_3$ がこの反応に対して非常に高い効率を示す光触媒となることが報告された[3)4)]。この光触媒を内部照射型の石英製の反応器を使用し，400 W高圧水銀灯照射の条件で H_2O 完全分解反応に用いると H_2 の生成速度が20 mmol h^{-1}，O_2 の生成速度が10 mmol h^{-1} という非常に高い活性で H_2O を化学量論的に分解することが観測され，270 nmの単色光照射下での見かけの量子収率が56%という非常に高い量子収率で光触媒反応を進行させていることが報告された。さらに，Laイオンを $NaTaO_3$ にドープしたときの効果についても検討され，Laをドープすることにより粒子径が数マイクロメートルの $NaTaO_3$ の結晶粒子径が数百ナノメートルの微粒子となること，および表面にナノステップ構造が出現して，そのエッジとコーナーで H_2O の還元，酸化のサイトに別れることが見出された。これらの観測結果より光触媒粒子の微粒子化による光照射で生成した電子と正孔の反応性の向上とナノレベルで光触媒表面上での H_2O の還元,酸化サイトが分離できたことが光触媒活性の大幅な向上につながったと結論された。

近年，酸化物半導体光触媒による H_2O 完全分解反応に関して光触媒機能の向上，特に，光触媒活性の向上と太陽光利用を目指した可視光応答化を目指した取り組みが行われている。本文では，酸化物半導体を光触媒とした H_2O 完全分解反応について，最近行われている研究の中から紫外光照射下での研究について，この光触媒反応に対する顕著な高活性化に成功した Ga_2O_3（酸化ガリウム）光触媒と $SrTiO_3$（チタン酸ストロンチウム）光触媒について解説する。

2. H_2O 完全分解反応に対する高活性化を目指した Ga_2O_3 光触媒への修飾効果の検討

Ga_2O_3 は H_2O 完全分解反応に光触媒活性を示す単純酸化物の酸化物半導体光触媒の１つである。紫外吸収スペクトルよりこの酸化物半導体のバンドギャップ励起に帰属される光吸収端波長は285 nmであり，ここから見積もられるバンドギャップは4.4 eVと比較的広いバンドギャップを有し，波長が300 nmよりも短い紫外光照射が光触媒反応を駆動させるために必要であるが，H_2O 完全分解反応を進行させるための十分な熱力学条件を満たしている。それにもかかわらず，この光触媒反応を進行させるためにはNiOなどの助触媒[5)]の組み合わせること必要不可欠であり，NiO助触媒の担持条件などの光触媒の条件を最適化してもその活性は比較的低いものであった[5)]。一方，この光触媒は単純酸化物であり，光触媒の機能向上を目指した金属イオンの添加などの修飾を検討した場合，修飾効果の検討が容易あるという利点がある。そこで，Ga_2O_3 光触媒の H_2O 完全分解反応に対する機能向上を目指した修飾効果の検討が行われた。

一般的に半導体光触媒による H_2O 完全分解反応の反応機構を考慮した場合，光照射により光触媒中に生成した電子および正孔が効率良く分離し電子は表面上の助触媒に移動して H_2O を還元して H_2，正孔は表面に移動し H_2O を酸化して O_2 を生成する。光触媒による H_2O 完全分解反応の活性を向上させるためには光照射により光触媒中に生成した電子および正孔の再結合や光触媒上で生成した反応中間体の逆過程のような反応阻害過程を抑制するための光触媒の修飾が必要となる。そこで光触媒活性向上のために必要な事項は次に挙げる２点となる。

① 光照射で生成した電子および正孔の効率的な分離と反応物との反応性向上。

② 表面上で進行する化学過程の逆過程の抑制。

第１番目の事項を目的とした光触媒の修飾では，光触媒粒子の高結晶化，微粒子化を目指した調製法，調製条件の制御や金属イオンの添加によるバルクの状態制御が挙げられる。第２番目の事項を目的とした光触媒の修飾では，光触媒表面上での H_2O の還元および酸化に対する反応場の分離に有効に働く助触媒の組み合わせが挙げられる。

これらの修飾効果を相乗させることにより，H_2O 完全分解反応に対する光触媒活性の高活性化が実現する。

上記の光触媒の高活性化の概念に基づいて，Ga_2O_3 を用いた光触媒による H_2O 完全分解反応に対する光触媒活性の高活性化が検討された[6)-8)]。ここでの検討では，バルクの修飾として光触媒である Ga_2O_3 粒子の微粒子化および Ga_2O_3 バルクへの金属イオン添加の光触媒活性への影響の検討，表面の修飾として有効な助触媒の組み合わせの検討が行われた。

光触媒として検討された Ga_2O_3 は，市販品の β-Ga_2O_3（Ga_2O_3（P）：粒子径7～9 mm）と硝酸ガリウムを原料としてアンモニア沈殿法により得られた水酸化ガリウムを1,273 Kで焼成して調製した β-Ga_2O_3（Ga_2O_3（M）：粒子径0.7～1 mm）を用いられた。まず，NiOを助触媒としたNiO/Ga_2O_3（P）とNiO/Ga_2O_3（M）で H_2O 完全分解反応の活性を比較したところ，NiO/Ga_2O_3（M）の方が2.5倍程度光触媒活性の高いことが観測された。このように粒子径が光触媒に影響し，ある程度微粒子の高結晶な Ga_2O_3 が H_2O 完全分解反応の活性を向上させるのに有効であることが判明した。これらに同様な修飾を施すことで，それぞれの修飾の段階における光触媒活性の粒子径の影響について検討された。

金属イオンのGa_2O_3への添加の光触媒活性に与える影響は，各種金属イオンを添加したGa_2O_3（P）を用いたNiO/Ga_2O_3（P）光触媒で検討された。その結果，アルカリ土類イオン，Cr（クロム）イオンおよびZn（亜鉛）イオンの添加で光触媒活性を向上させる効果が観測された。このなかで特にZnイオンの添加は有効であり，$NiO/Zn\text{-}Ga_2O_3$（P）の光触媒活性はNiO/Ga_2O_3（P）と比較して30倍程度向上することが観測された。Ga_2O_3（M）についてもZnイオンの添加効果を検討した。その結果$NiO/Zn\text{-}Ga_2O_3$（M）の光触媒活性はNiO/Ga_2O_3（M）と比較して同様に20倍程度向上することが観測された。このように，金属イオンのGa_2O_3への添加，特にZnイオンの添加は，Ga_2O_3を用いた光触媒のH_2O完全分解反応に対する活性を著しく向上させる有効な方法であることが判明した。

次に，光触媒表面上でのH_2Oの還元および酸化の反応場の効率的な分離と反応中間体の逆反応の阻止を目的とし，より有効に働くことのできる助触媒の組み合わせを検討した。ここでは，近年，光触媒表面上の還元および酸化の反応場分離に非常に有効であることが見出された助触媒であるRh（ロジウム）とCrの酸化物固溶体ある$Rh_yCr_{2-y}O_3$[10) 11)]に着目し，助触媒をNiOから$Rh_yCr_{2-y}O_3$へ変更させたときの光触媒活性への影響について検討された。その結果より，Ga_2O_3光触媒の場合$Rh_yCr_{2-y}O_3$助触媒の最適組成は$y = 0.5$の$Rh_{0.5}Cr_{1.5}O_3$で，最適量はRh換算で0.5重量%であることが明らかとされ，Ga_2O_3（P）およびGa_2O_3（M）を用いた光触媒でH_2O完全分解反応に対する光触媒活性を比較するとNiO/Ga_2O_3（P）に対して$Rh_{0.5}Cr_{1.5}O_3/Ga_2O_3$（P）は42倍，$NiO/Ga_2O_3$（M）に対して$Rh_{0.5}Cr_{1.5}O_3/Ga_2O_3$（M）は25倍程度活性が向上することが観測された。さらにZnイオンを添加したGa_2O_3を用いた光触媒についても$Rh_{0.5}Cr_{1.5}O_3$助触媒の効果について比較してみたところ，$Rh_{0.5}Cr_{1.5}O_3/Ga_2O_3$（P）に対して$Rh_{0.5}Cr_{1.5}O_3/Zn\text{-}Ga_2O_3$（P）は2.5倍，$Rh_{0.5}Cr_{1.5}O_3/Ga_2O_3$（M）に対して$Rh_{0.5}Cr_{1.5}O_3/Zn\text{-}Ga_2O_3$（M）は2.7倍程度活性が向上することが観測された。そこで，具体的な光触媒活性をまとめてみた。

図1は，各種の修飾を施した$\beta\text{-}Ga_2O_3$光触媒を用いてH_2O完全分解反応を行ったときのこの反応に対する光触媒活性をまとめた。光触媒反応は定容積の閉鎖系に取り付けた内部照射型反応管を用い，光触媒1 gをよく脱気した蒸留・イオン交換H_2O，650 mLに懸濁させ，石英製の水冷ジャケットをとおした450 W高圧水銀灯の光を照射して行った。光触媒活性は定常的なH_2O分解反応が進行しているときの1hあたりのH_2とO_2生成量で示す。

図1には，NiO/Ga_2O_3(P)，NiO/Ga_2O_3(M)，$NiO/Zn\text{-}Ga_2O_3$(P)，$NiO/Zn\text{-}Ga_2O_3$(M)，$Rh_{0.5}Cr_{1.5}O_3/Ga_2O_3$（P），$Rh_{0.5}Cr_{1.5}O_3/Ga_2O_3$（M），$Rh_{0.5}Cr_{1.5}O_3/Zn\text{-}Ga_2O_3$（P）および$Rh_{0.5}Cr_{1.5}O_3/Zn\text{-}Ga_2O_3$（M）の$H_2O$完全分解反応に対する光触媒活性を示す。図1に示すようにNiOを助触媒とした場合，Znイオンを添加すること，さらに助触媒をNiOから$Rh_{0.5}Cr_{1.5}O_3$とすることにより，それぞれの修飾効果が相乗的に働きGa_2O_3のH_2O完全分解反応に対する活性は飛躍的に向上する。ここで，NiO/Ga_2O_3（P）の光触媒活性はH_2：0.12 mmol h^{-1}，O_2：0.06 mmol h^{-1}で，最高活性を示した$Rh_{0.5}Cr_{1.5}O_3/Zn\text{-}Ga_2O_3$（M）の光触媒活性は$H_2$：21 mmol h^{-1}，O_2：10.5 mmol h^{-1}であり，NiO/Ga_2O_3（P）の光触媒活性と比較して約200倍の活性向上が観測された。

近年，調製時に微量のCa（カルシウム）イオンを共存させて調製した$\beta\text{-}Ga_2O_3$（Ga_2O_3（UP-Ca））を用いた$Rh_{0.5}Cr_{1.5}O_3/Zn\text{-}Ga_2O_3$（UP-Ca）が$H_2O$完全分解反応に対してさらに高い活性

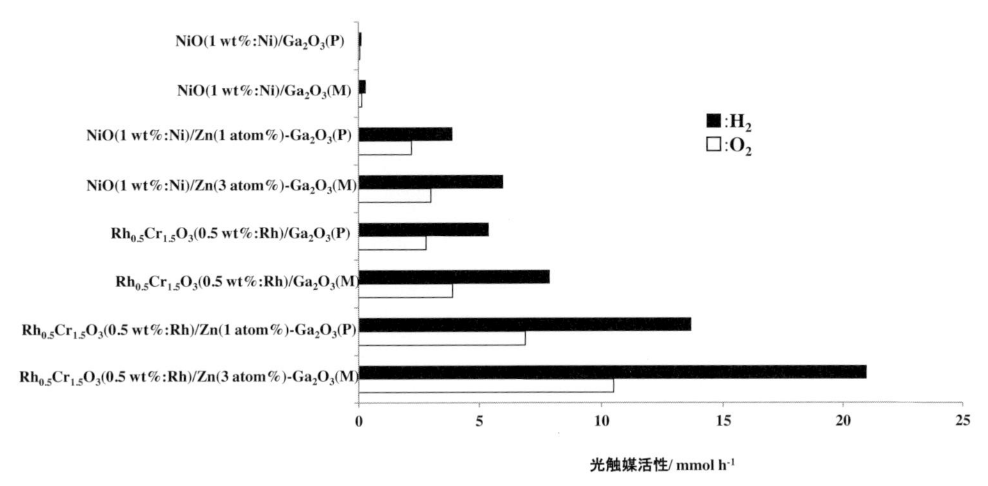

図1　各修飾Ga_2O_3（P），Ga_2O_3（M）を用いた光触媒のH_2O完全分解反応に対する光触媒活性

（H_2：32 mmol h^{-1}，O_2：16 mmol h^{-1}）を示すことが報告された[12]。**表1**は最適量の$Rh_{0.5}Cr_{1.5}O_3$を助触媒として組み合わせたGa_2O_3（M），Zn-Ga_2O_3（M）およびZn-Ga_2O_3（UP-Ca）を光触媒としたときのH_2O完全分解反応に対する光触媒活性と上方照射光反応管を用いて波長が254 nmの光を照射したときにおけるH_2O完全分解反応の見かけの量子収率（AQY：Apparent Quantum Yield）をまとめたものである。表1に示すように，$Rh_{0.5}Cr_{1.5}O_3$/Ga_2O_3（M）を光触媒として用いたときのこの反応に対する見かけの量子収率は24%，$Rh_{0.5}Cr_{1.5}O_3$/Zn-Ga_2O_3（M）光触媒では57%，さらに最も高い光触媒活性を示した$Rh_{0.5}Cr_{1.5}O_3$/Zn-Ga_2O_3（UP-Ca）光触媒では71%となった。光触媒によるH_2O完全分解反応において71%の見かけの量子収率は，これまで報告されてきた光触媒によるH_2O完全分解反応に対する見かけの量子収率としては最も高い値である。

表1　各Ga_2O_3を用いた光触媒によるH_2O完全分解反応の活性と波長254 nmの光照射下での見かけの量子収率

光触媒※1	光触媒活性［mmol h^{-1} ※2］		波長254 nmの光照射下での見かけの量子収率※3［%］
	H_2	O_2	
Ga_2O_3（M）	7.9	3.9	24
Zn（3 atom%）-Ga_2O_3（M）	21	10.5	57
Zn（3 atom%）-Ga_2O_3（UP-Ca（0.001））	32	16	71

※1 各Ga_2O_3には助触媒として$Rh_{0.5}Cr_{1.5}O_3$(0.5 wt%:Rh)を担持して光触媒とした。
※2 光触媒活性は，内部照射型反応管を用い450 W高圧水銀灯照射下での定常活性である。
※3 見かけの量子収率は上方照射型光反応器を用い450高圧水銀灯からの照射光を254 nmのバントパスフィルターを通した光を照射して検討した。

Ga_2O_3光触媒は300 nmより短い紫外光にしか応答できないが，Ga_2O_3バルクや表面の条件を整えることで非常に高い効率でH_2O完全分解反応を進行させ得る光触媒となる。これまで，冒頭に述べたLaイオンドープ$NaTaO_3$やZnイオン添加Ga_2O_3のようなH_2O完全分解反応の熱力学的条件を十分に満たすバンドギャップの比較的広い酸化物半導体を光触媒とし，逆反応の抑制と正反応の促進を目的とした修飾を施すことで非常に高い効率でこの反応を進行させることのできる光触媒となり得ることが実証された。一方，近年，さらにバンドギャップの狭い酸化物半導体についても活性向上の取り組みがなされている。次はその取り組みについて述べる。

3. $SrTiO_3$光触媒のH_2O完全分解反応に対する高活性化の取り組み

$SrTiO_3$は，光触媒によるH_2O完全分解反応が初めて見出された1980年代初頭からこの反応に光触媒活性を示す光触媒の1つとして知られた酸化物半導体である[13)-17)]。$SrTiO_3$のバンドギャップは3.2 eVで，UVスペクトルを測定するとバンドギャップの励起に伴う光吸収端は385～390 nmであり，ほぼ近紫外域全域の光を吸収して光触媒作用できることを示している。近年，この$SrTiO_3$の光触媒としてのH_2O完全分解反応に対する特性，特に光応答性の改善[18)]と効率の改善を目指した取り組みが行われている。ここでは，紫外線照射下のH_2O完全分解反応の効率改善に対する取り組みについて述べる。

$SrTiO_3$光触媒のH_2O完全分解反応に対する効率改善の取り組みとして，$SrTiO_3$への金属イオンドープ[19)]およびフラックス処理による結晶状態制御のこの反応に対する光触媒活性への影響[20)]が報告されている。金属イオンのドープでは$SrTiO_3$の固相法での調製時にSr（ストロンチウム）と置換できる低原子価の金属イオン，たとえばNa（ナトリウム）やTi（チタン）と置換することができる低原子価の金属イオン，たとえばGa（ガリウム），を数パーセントドープすることでH_2O完全分解反応に対する光触媒活性が著しく向上することが見出された。一方，この効果の詳細な検討は十分なされていない。最近の研究では$SrTiO_3$に前述の金属イオンを添加し，1,273 K以上で焼成することでも活性向上が見られることが報告された[21)]。**表2**に助触媒として$Rh_{0.3}Cr_{1.7}O_3$を組み合わせた各種$SrTiO_3$およびNaイオンを最適量，最適条件で添加したさまざまな$SrTiO_3$を光触媒としたときのH_2O完全分解反応に対する光触媒活性をまとめたものを示す。表2にある$SrTiO_3$として，$SrTiO_3$（A）は$SrCO_3$とチタンイソプロポキシドを原料として錯体重合法を用い1,273 Kで20 h焼成して調製した。$SrTiO_3$（B）および$SrTiO_3$（C）は試薬としての市販品であり，$SrTiO_3$（D）は$SrCO_3$とTiO_2（アエロジルP-25）より固相法により1,273 Kで20 h焼成して調製した。表2の結果より，どの$SrTiO_3$を用いた光

表2　Naイオンを添加した各種$SrTiO_3$のH_2O完全分解反応に対する光触媒活性

$SrTiO_3$	添加Na^+イオンの総量［atom%］	光触媒活性※1［mmol h^{-1}］	
		H_2	O_2
$SrTiO_3$（A）	0	0.82	0.44
$SrTiO_3$（A）	2.0	16	7.2
$SrTiO_3$（B）	0	0	0
$SrTiO_3$（B）	1.5	16	8.2
$SrTiO_3$（C）	0	0.33	0.20
$SrTiO_3$（C）	1.5	5.1	2.36
$SrTiO_3$（D）	0	0.74	0.4
$SrTiO_3$（D）	1.5	1.9	1

※1　光触媒はそれぞれの$SrTiO_3$に$Rh_{0.3}Cr_{1.7}O_3$（Rh；0.3 wt%）助触媒を担持して用いた

触媒でもそれ自体の光触媒活性は低く，特に$SrTiO_3$（B）は活性を示さないことが観測される。一方，Naイオンを最適量添加した$SrTiO_3$を光触媒に用いると全ての光触媒において光触媒活性の向上が観測され，特に，$SrTiO_3$（A）および$SrTiO_3$（B）で非常に高い光触媒活性が観測される。ここで$Rh_{0.3}Cr_{1.7}O_3$/Na-$SrTiO_3$（A）光触媒によるH_2O完全分解反応に対する360 nm単色光照射下での見かけの量子収率を求めると16%という高い値を示した。次に，Naイオン添加で非常に高い活性が発現する$SrTiO_3$（B）に着目して各種金属イオンを添加した$SrTiO_3$（B）に$Rh_{0.3}Cr_{1.7}O_3$助触媒を組み合わせた光触媒についてH_2O完全分解反応に対する光触媒活性が検討された。

図2は，各種金属イオンを1.5 mol%添加した$SrTiO_3$（B）に$Rh_{0.3}Cr_{1.7}O_3$助触媒を組み合わせた光触媒を用いてH_2O完全分解反応を行ったときの光触媒活性をまとめたものである。図2に示すようにLi～Cs（セシウム）アルカリ金属イオン，MgイオンおよびAl（アルミニウム），Ga，In（インジウム）の3属イオンを添加したとき，高い光触媒活性の発現が観測される。この結果から，文献19）でも述べられていた$SrTiO_3$へSr（ストロンチウム）やTi（チタン）イオンと置換可能な低原子価の金属イオンを添加することにより，この混合酸化物を用いた光触媒のH_2O完全分解反応に対する光触媒活性を著しく改善できることが確認された。

次に$SrTiO_3$の結晶の状態を制御することによりこの光触媒のH_2O完全分解反応に対する活性を向上させる試みがなされている[20)]。この場合，$SrTiO_3$をアルカリ塩化物の溶融塩で処理するフラックス処理が試みられた。この研究では錯体重合法で調製した$SrTiO_3$を種々のアルカリ塩化物および$SrCl_2$（塩化ストロンチウム）をフラックスとして処理し，その$SrTiO_3$を用いた$Rh_{0.3}Cr_{1.7}O_3$/$SrTiO_3$光触媒のH_2O完全分解反応に対する特性が報告された。この報告では，$SrTiO_3$をフラックス処理することで光触媒の活性は向上する。特に，NaCl（塩化ナトリウム），

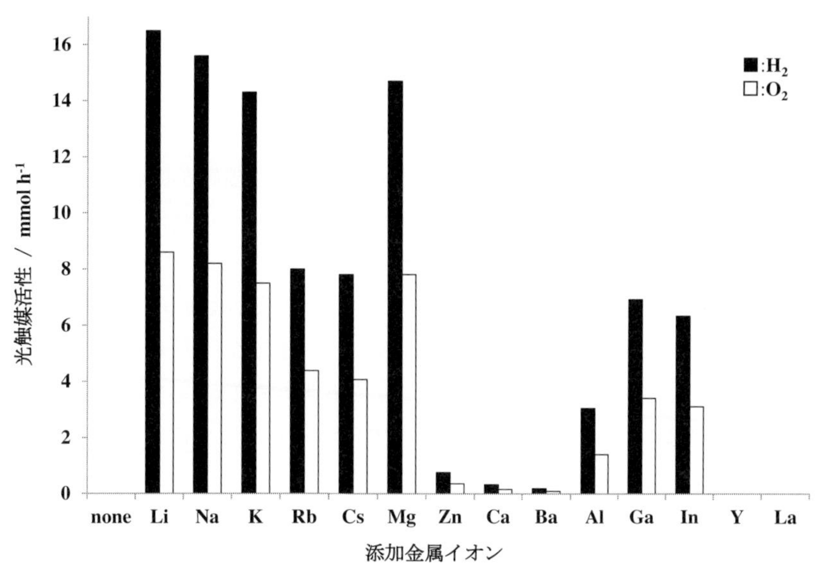

図2　各種金属イオンを1.5 mol%添加した$SrTiO_3$（B）に$Rh_{0.3}Cr_{1.7}O_3$助触媒（Rh；0.3 wt%）を担持した光触媒を用いてH_2O完全分解反応に対する光触媒活性

KCl（塩化カリウム）をフラックスとして用いた$SrTiO_3$を光触媒に用いると光触媒活性が著しく向上することが見出された。このとき，NaClをフラックスとして使用した場合は，$SrTiO_3$のバルクからNaイオンが検出され，前述のNaイオンのドープ効果が光触媒活性向上の要因となっていること。一方，KClをフラックスとして使用した場合Kイオンのドープは見られず表面に電子および正孔の受け渡しに有効な高次の結晶面が比較的大きく表面上に成長することによる反応場での電子および正孔の分離が活性向上の要因となっていることが観測された。この研究で検討された光触媒のうち，最も高い光触媒活性を示したKClフラックス処理した$SrTiO_3$を用いた光触媒のH_2O完全分解反応に対する見かけの量子収率は350 nmの波長の光照射下で4.3%と報告された。

最近，フラックス処理と金属イオンのドープの両方を施した$SrTiO_3$を用いた$Rh_{0.3}Cr_{1.7}O_3$/$SrTiO_3$光触媒のH_2O完全分解反応についても報告された[22]。ここでは，アルミナ坩堝でフラックス処理した$SrTiO_3$を用いた光触媒がH_2O完全分解反応に高い活性を示すことに着目して，Al_2O_3を混合した$SrTiO_3$をフラックス処理して得たAlイオンドープ$SrTiO_3$を光触媒に用いたところ，この反応に対して非常に高い光触媒活性を示すことが報告された。この光触媒のH_2O完全分解反応に対する見かけの量子収率は360 nmの波長の光照射下で30%と報告された。以上の研究から，$SrTiO_3$のような近紫外光照射下で作用する比較的バンドギャップが狭い酸化物半導体を用いた光触媒でも，酸化物半導体に適切な修飾を施すことによりこの反応に対して非常に高い効率を示す光触媒となることがわかる。今後さらなる修飾条件の最適化により，H_2O完全分解反応により高い効率を示す光触媒の開発が期待される。

4. おわりに

酸化物半導体を光触媒としたH_2O完全分解反応は，この研究がされ始めた1980年～1990年代はH_2OをH_2とO_2に分解できる光触媒材料の開発が主であり，この反応に対して高い量子収率を示す光触媒の開発は夢であった。一方，2000年以降，Laイオンドープ$NaTaO_3$や本稿で紹介したZnイオン添加Ga_2O_3のようなバンドギャップの比較的広い酸化物半導体を光触媒として量子収率が50%以上の高効率でこの反応を進行させる光触媒が開発され，ワイドバンドギャップの酸化物半導体を用いた光触媒であれば，実用化レベルの高活性光触媒が開発できることが実証された。さらに近年，フラックス処理とAlイオンドープの両方を施した$SrTiO_3$を用いた光触媒により，近紫外光照射下でH_2O完全分解反応を見かけの量子収率が30%で進行させることが報告された。このことは，近紫外光領域の光でH_2O完全分解反応を進行させることができるような，比較的バンドギャップエネルギーの小さい$SrTiO_3$を光触媒として用いてもこの反応に対して実用的なレベルまでの高活性化が実現できることを示している。このように，近年，紫外線照射下ではあるが光触媒によるH_2O完全分解反応の研究が始められた当初は夢であったこの反応に対して，高効率で作用できる酸化物半導体光触媒の開発が現実のものとなってきた。

今後，このような高活性光触媒についての研究が進み，この反応に対する光触媒のメカニズムの詳細な解明やさらに高活性化された光触媒を用いたH_2O分解によるH_2製造プロセスの開発研究への応用展開など，現状で得られた知見を応用してさらに研究や応用開発の発展が期待される。

文　献

1）A. Kudo and Y. Miseki：*Chem. Soc. Rev.*, **38**, 253-258 (2009).
2）Y. Inoue：*Energy Environ. Sci.*, **2**, 364-386 (2009).
3）A. Kudo and H. Kato：*Chem. Phys. Lett.*, **331**, 373-377 (2000).
4）H. Kato and A. Kudo：*J. Am. Chem. Soc.*, **125**, 3082-3089 (2003).
5）T. Yanagida, Y. Sakata and H. Imamura：*Chem. Lett.*, **33**, 726-727 (2004).
6）Y. Sakata, Y. Matsuda, T. Yanagida, K. Hirata, H. Imamura and K. Teramura：*Catal. Lett.*, **125**, 22-26 (2008).
7）Y. Sakata, Y. Matsuda, T. Nakagawa, R. Yasunaga, H. Imamura and K. Teramura：*ChemSusChem*, **4**, 181-184 (2011).
8）酒多喜久，安永怜，今村速夫：日本エネルギー学会誌，**91**，175-181 (2012).
9）酒多喜久：触媒，**56**，250-256 (2014).
10) K. Maeda, K. Teramura, H. Masuda, T. Takata, N. Saito, Y. Inoue and K. Domen：*J. Phys. Chem. B*, **110**, 13107-13112 (2006).
11) K. Maeda, K. Teramura, D. Lu, T. Takata, N. Saito, Y. Inoue and K. Domen：*Nature*, **440**, 295 (2006).
12) Y. Sakata, T. Hayashi, R. Yasunaga, N. Yanaga and H. Imamura：*Chem. Commun.*, **51**, 12935-12938 (2015).
13) K. Domen, S. Naito, M. Soma, T. Onishi, and K. Tamaru：*J. Chem. Soc., Chem. Commun.*, 543-544 (1980).
14) J-M Lehn, J-P Sauvage and R. Ziessel：*Nouv. J. Chim.*, **4**, 623-627 (1980).
15) K. Domen, S. Naito, T. Onishi and K. Tamaru：*Chem. Phys. Lett.*, **92**, 433-434 (1982).
16) J-M Lehn, J-P Sauvage, R. Ziessel and L. Hilaire：*Israel J. Chem.*, **22**, 168-172 (1982).
17) K. Domen, S. Naito, T. Onishi, K. Tamaru and M. Soma：*J. Phys. Chem.*, **86**, 3657-3661 (1982).
18) R. Asai, H. Nemoto, Q. Jia, K. Saito, A. Iwase and A. Kudo：*Chem. Commun.*, **50**, 2543-2546 (2014).
19) T. Takata and K. Domen：*J. Phys. Chem. C*, **113**, 19386-19388 (2008).
20) H. Kato, M. Kobayashi, M. Hara and M. Kakihana：*Catal. Sci. Technol.*, **3**, 1733-1738 (2013).
21) Y. Sakata, Y. Miyoshi, T. Maeda, K. Ishikiriyama, Y. Yamazaki, H. Imamura, Y. Ham, T. Hisatomi, J. Kubota, A. Yamakata and K. Domen：*Appl. Catal. A*, **521**, 277-232 (2016).
22) Y. Ham, T. Hisatomi, Y. Goto, Y. Moriya, Y. Sakata, A. Yamakata, J. Kubota and K. Domen：*J. Mater. Chem. A*, **4**, 3027-3033 (2016).

第6章 酸化物半導体光電極触媒と色素増感光電極を複合したタンデムセルによる太陽光水分解

東京理科大学名誉教授 荒川 裕則

1. はじめに

光合成のプロセスは，化学反応の立場から見れば炭酸ガスと水を，太陽光エネルギーを用いて糖と酸素に変換する反応である。一方，エネルギー変換の立場から見ると太陽光エネルギーの化学エネルギーへの変換である。また，光合成のプロセスは，光を必須とする明反応と光を必要としない暗反応に別れ，明反応ではエネルギー蓄積型反応である水の酸素と水素への分解反応が進行し暗反応ではエネルギー消費型反応である炭酸ガスの水素（プロトンと電子）による糖への還元反応が進行する。このような観点に立てば，光合成の本質は水の太陽光分解とも考えられ，さらにこの反応が人工光合成の1つとも考えられる。太陽光水分解で得られた水素（太陽水素，Solar Hydrogen）は，環境にやさしいクリーンな再生可能エネルギーとして燃料電池などのエネルギー源として使用されるとともに，炭酸ガスとの接触水素化反応により，メタンやエタノールなどの有用な炭化水素や含酸素化合物の合成にも使用でき，炭素資源の再生利用にも貢献する[1]。すなわち，光合成の暗反応に相当する人工光合成反応にも利用することができる。

本稿では太陽光水分解に高いエネルギー変換効率（太陽光エネルギー変換効率が4〜5%）を示す，酸化物半導体光電極触媒と色素増感光電極を複合したモノリシック（一体型）・タンデムセルによる水の太陽光一段分解プロセスについて紹介する。

2. 太陽光水分解プロセスの種類と特徴

太陽光を用いて水を水素と酸素に分解する方法としては，①太陽電池と水の電気分解装置の組み合わせ，②半導体粉末光触媒による太陽光水分解，③GaASなどの太陽電池材料を用いた光電気化学セルによる太陽光水分解，④酸化物半導体光電極触媒による太陽光水分解，⑤錯体光触媒による太陽光水分解などが検討されてきた。最近，⑥半導体粉末光触媒や光電極触媒と錯体光触媒との組み合わせシステムなどが検討されてきている。本稿の主題である「酸化物半導体光電極触媒と色素増感光電極を複合したタンデムセルによる太陽光水分解」は④のカテゴリーに分類される。以下，主要な方法について説明する。

2.1 太陽電池と水の電気分解の組み合わせ

太陽電池も水の電気分解も，すでに実績のある実用化技術である。その組み合わせ技術は当然，実現可能であり，現状では他の太陽光水分解の製造方法より，高い太陽エネルギー変換効率で水素，酸素を製造できる。たとえば市販のSi系太陽電池の変換効率は15～25%であり，水の電気分解装置のエネルギー変換効率は60～90%程度であるので，水分解の太陽光エネルギー変換効率としては9～22%程度と高い値となる。課題は，太陽電池の価格が高いことであるが，水素の製造コストを化石由来の水素の製造コスト30円/m^3程度に下げることができれば，水素製造技術として実用化に近づくことになる。最近，太陽電池の大幅な普及のおかげで，太陽電池の価格もかなり低下しているので，最も現実的な太陽水素の製造法として期待される。たとえば，国の水素燃料電池の普及政策と対応して再生可能エネルギー電力（太陽光発電，風力発電）-水の電気分解による水素の製造が実証・実用化されつつある。**図1**に，㈱東芝が販売を開始した自立型水素エネルギー供給システム「H_2One」の全景を示す。本システムには太陽電池-水電気分解システムが組み込まれている。横浜市やJR東日本（東日本旅客鉄道㈱）に導入されている。しかし，この方法は，いったん太陽光を電気に変換し，さらに電気を水素に変換と2段階プロセスであり，また水の電気分解の過程で大きな過電圧が必要となりエネルギー効率的には太陽光で直接水を分解する1段法に比べて30%以上のエネルギーロスがある。エネルギー効率的には，太陽水素の最適な方法とは言えない。

太陽電池と水の電気分解システムが組み込まれている。

図1　㈱東芝が販売開始した自立型水素エネルギー供給システム「H_2One」

2.2　半導体粉末光触媒による太陽光水分解

紫外光応答性の酸化チタン（TiO_2）粉末光触媒を中心に，日本において精力的に，また多くの研究グループによって研究開発が行われた分野である。粉末光触媒の大きな課題は，生成した水素，酸素がPt助触媒上で水に戻る逆反応の抑制である。筆者らは，炭酸塩の添加が逆反応の抑制に著しい効果があることを見出し，炭酸塩添加NiO/TiO_2粉末光触媒で太陽光水分解を実証した[2]。しかし水分解の太陽光エネルギー変換効率は，わずか0.016%であった。その後，可視光応答性光触媒の開発が広範囲に行われ，$NiO/In_{0.9}Ni_{0.1}TaO_4$や[3] $Ga_{1-x}Zn_xN_{1-x}O_x$固溶体粉末光触媒[4]が開発されたが，いずれも水分解の太陽光エネルギー変換効率は低く0.1%以下と推定された。水を可視光照射下で効率的に一段で分解する酸化物系半導体光触媒の開発は，いかに難しいかが明らかとなっている。しかし，可視光照射下で酸素あるいは水素のみを発生できる光触媒の開発は，1段分解光触媒の開発に比べれば容易であり選択肢も多い。そこで水分解による酸素発生光触媒と水素発生触媒を，レドックスを媒

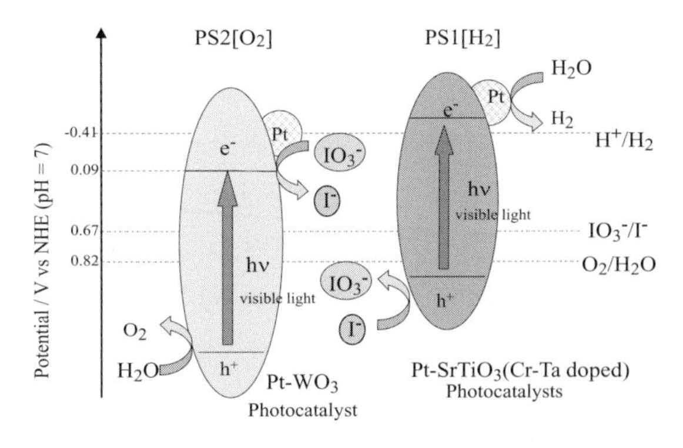

図2　可視光応答Z-スキーム型2段階水分解光触媒システム[5]

体として組み合わせる**図2**に示すような2段階水分解光触媒システムが提案された[5]。可視光照射下での水からの酸素発生触媒としてはPtを担持したWO_3粉末光触媒を，水素発生触媒としてはPtを担持した，CrとTaをドープした$SrTiO_3$粉末光触媒を用い，レドックスとしては水中で安定なI^-/IO_3^-を用いた系である。水分解の太陽光エネルギー変換効率は0.1％と推定された。この2光子吸収型の2段階水分解光触媒システムは，**図3**に示す光合成のクロロフィルによる光誘起電子移動メカニズムと類似している点で興味深い。光合成メカニズムのPSII過程（水の酸化過程）が図2のPt-WO_3光触媒による反応，PSI過程（炭酸ガスの還元過程）が図2のPt-$SrTiO_3$（Cr,Taドープ）光触媒による反応に対応していると見ることができる。図3の光合成のZ-スキームに類似しているので図2の反応をZ-スキーム型2段階水分解光触媒システムとも呼称される。1段階反応にしても2段階反応にしても半導体粉末光触媒による太陽光水分解は太陽光エネルギー変換効率が著しく低いことが明らかとなっている。

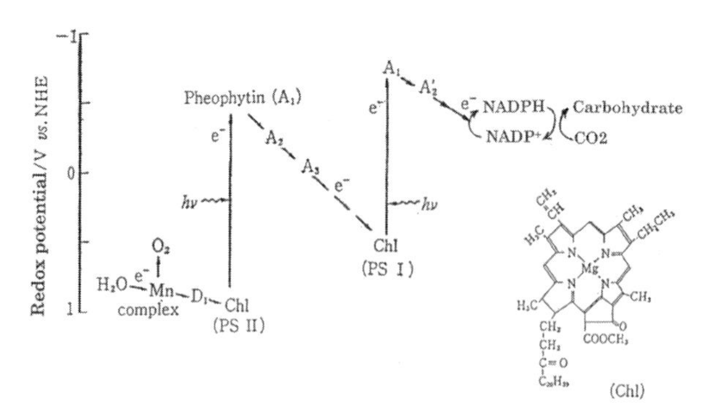

図3　光合成のクロロフィルによる光誘起電子移動メカニズム

2.3　太陽電池材料を用いた光電気化学セルによる太陽光水分解

太陽電池材料として使用される化合物半導体は，その構成元素と，その組成比を変えることにより，そのバンドギャップを制御することが容易である。アメリカNREL（National Renewable Energy Laboratory）のJ. Turnerらは，バンドギャップ1.4 eVのGaAsと1.9 eVのGaInPを組み合わせて**図4**に示す2接合半導体デバイスからなる光電気化学セルで水の疑似太陽光照射下での分解を行い，高い太陽光エネルギー変換効率12.4％を達成した[6]。*p*-GaAs/*n*-GaAs太陽電池材料をトンネル接合により*p*-$GaInP_2$に接合したデバイスである。この2つの材料を接合することにより，水の理論分解電位1.23 eVより大きい1.63 eV程度の電圧を稼ぎ出している。もちろん，*p*-GaAsの価電子帯に生成する正孔と*p*-$GaInP_2$の伝導帯に生成する電子の準位は，水の酸化電位，還元電位を挟み込む構造となっている。すなわち，印加電圧なしで水を分解することができる。*p*-$GaInP_2$表面からは水素が発生する。*p*-$GaInP_2$材料は比較的還元反応に強い。一方，*p*-GaAs材料は酸化反応に弱いので，生成した正孔は速やかにGaAs層から，その上のオーミック層に移動させ，最終的にPt層上で水の酸化反応による酸素を発生させている。この方法は1段で水を太陽光分解できるため，太陽電池＋水の

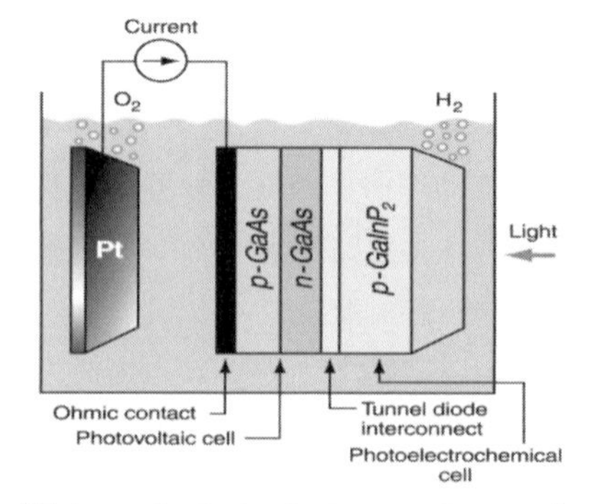

図4　*p*-GaAs/*n*-GaAs//*p*-$GaInP_2$を用いた光電気化学セルによる太陽光水分解[6]

電気分解法に比べ，エネルギーロスが小さくエネルギー変換効率が高い。しかしながら，GaAsなどの太陽電池材料が高価であること，太陽電池材料が少しずつ分解して活性が低下することなどが欠点と言われている。高価なGaAsなどの材料ではなくSi太陽電池などの材料で，多接合半導体デバイスを作り，水分解を行う方法も検討されているが，やはりSi材料の水存在下での安定性や保護膜の完全性が課題となっている。

2.4　酸化物半導体光電極触媒による太陽光水分解

GaAsや$GaInP_2$などの高価な太陽電池材料の化合物半導体を使わないで，安価な酸化物半導体光電極を用いた光電気化学セルによる太陽光水分解も可能である。典型的な単純酸化物としてはWO_3，α-Fe_2O_3などがある。**図５**に典型的な酸化物半導体の光吸収スペクトル，バンド構造，バンドギャップ励起により吸収された光が水の分解に使用された場合に発生する理論最大光電流を示す。これらの酸化物の弱点の１つは，バンドギャップがGaAs（B.G.＝1.4 ev）などの化合物半導体と比べて大きいことである。したがって，800 nmまでの可視光全域を吸収することはできない。バンドギャップが2.4 eVのα-Fe_2O_3であれば600 nmまでの光のみが吸収できることになる。最大の弱点は，これらの酸化物半導体の伝導帯の準位が水の還元準位より下（貴）にあるということである。したがって，酸素発生とともに水素発生を可能にするためには，光電極に印加電圧をかけて，水素還元電位より上（卑）にすることが必要である。図５の中のバンド構造の図にある太い矢印が印加電圧による伝導帯準位のシフトを示している。このような弱点があるにもかかわらず，光電電極触媒が粉末光触媒より総合的に優位に立つ理由を**図６**に示す。すなわち，印加電圧により粉末光触媒における電荷再結合が抑制できること，水素発生電極と酸素発生光電極が分離しているため，水素・酸素の反応による水生成の逆反応が進行しにくいこと，また，水素，酸素を分離して回収できることなどが利点である。**図７**にメソポーラスWO_3薄膜光電極触媒による疑似太陽光照射下での水分解性能を示す[7]。1.5 Vの印加

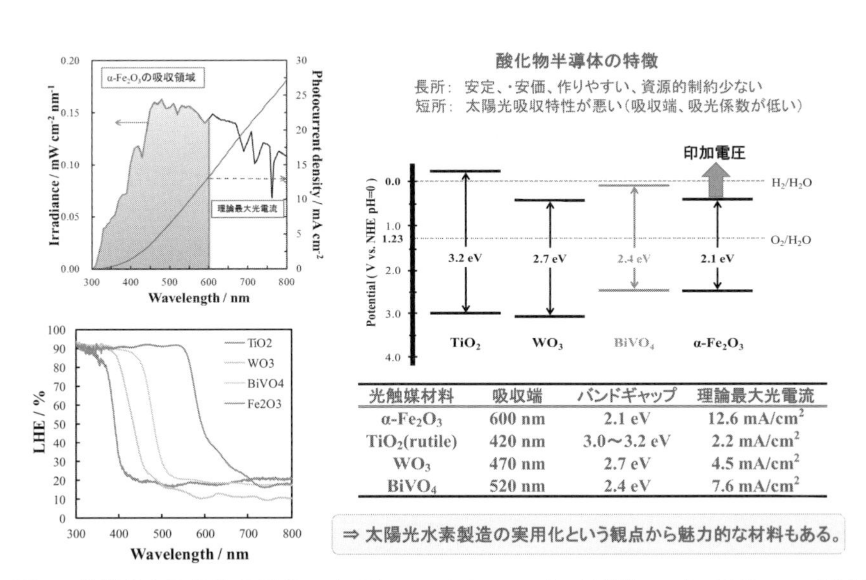

光触媒材料	吸収端	バンドギャップ	理論最大光電流
α-Fe_2O_3	600 nm	2.1 eV	12.6 mA/cm^2
TiO_2(rutile)	420 nm	3.0～3.2 eV	2.2 mA/cm^2
WO_3	470 nm	2.7 eV	4.5 mA/cm^2
$BiVO_4$	520 nm	2.4 eV	7.6 mA/cm^2

図５　典型的な酸化物半導体の光吸収スペクトル，バンド構造，バンドギャップ励起により吸収された光が水の分解に使用された場合に発生する理論最大光電流

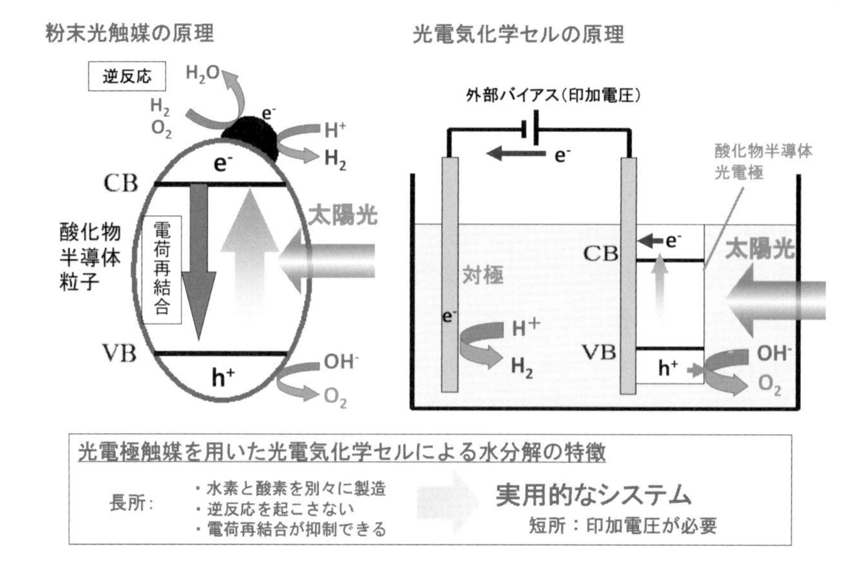

図6　光電極触媒を用いた光電気化学セルの特徴（粉末光触媒との比較）

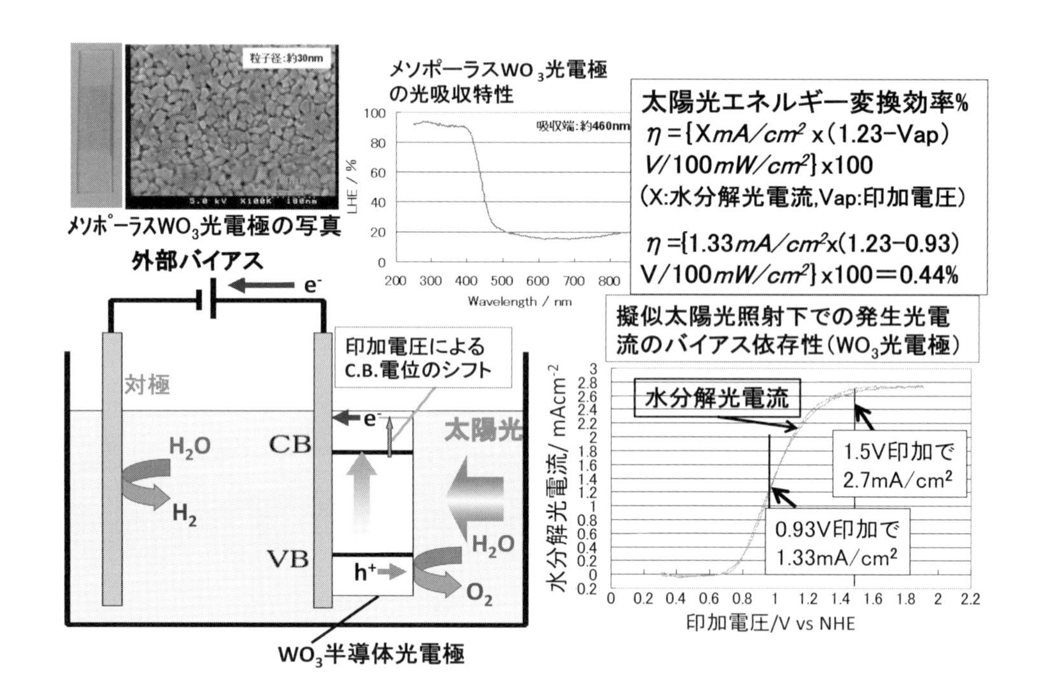

図7　メソポーラス WO_3 薄膜光電極触媒による疑似太陽光照射下での水分解

電圧下では2.7 mA cm^{-2}の水分解光電流が流れ，0.93 V印加電圧下では1.33 mA cm^{-2}の水分解光電流が流れる。ガスクロマトグラフィーで定量した水素，酸素発生量と，測定された水分解光電流とはよく対応していた。光電極触媒システムにおける水の太陽光分解の効率（太陽光エネルギー変換効率：η）は図7に示す式で表される。すなわち，式の分母が入射太陽光エネルギー（100 mW cm^{-2}）で，式の分子が（水分解光電流，この場合は1.33 mA cm^{-2}）×（水の理論分解電位1.23 V －印加電圧，この場合は0.93 V）となる。これによりメソポーラスWO_3薄膜光電極触媒の太陽光水分解のエネルギー変換効率は0.4％となり，粉末光触媒による太陽光水分解のエネルギー変換効率に比べ約10倍効率が高いことになり，光電極触媒システムが優れていることがわかる。

もし，印加電圧を外部からの入力ではなく，入射太陽光で賄うことができれば太陽光エネルギー変換効率は，格段に上がることになる。すなわち，1.5 Vの外部からの印加電圧をキャンセルできれば水分解の太陽光エネルギー変換効率は（2.7 mA cm^{-2}×1.23 V）/100 mW cm^{-2}＝3.3％となる。これを実現可能とするのが次に紹介する，3. の酸化物半導体光電極触媒と色素増感光電極を複合したタンデムセルによる太陽光水分解である[7]。

3. 酸化物半導体光電極触媒と色素増感光電極を複合したタンデムセルによる太陽光水分解

図8にα-Fe_2O_3光電極触媒を用いたタンデムセルの構造（A）と作動原理（B），太陽光の吸収の仕方（C）を示す。タンデムセルの構造は，（A）に示すようにシースルーな酸化物半導体薄膜光電極（今の場合はα-Fe_2O_3薄膜光電極触媒）の裏に色素増感光電極を張り合わせたものである。（B）では，光合成のZ- スキームのように2段階励起によりプロトンの還元能力を持つ電子を生成する機構を示している。600 nmまでの太陽光を吸収したα-Fe_2O_3薄膜光電極触

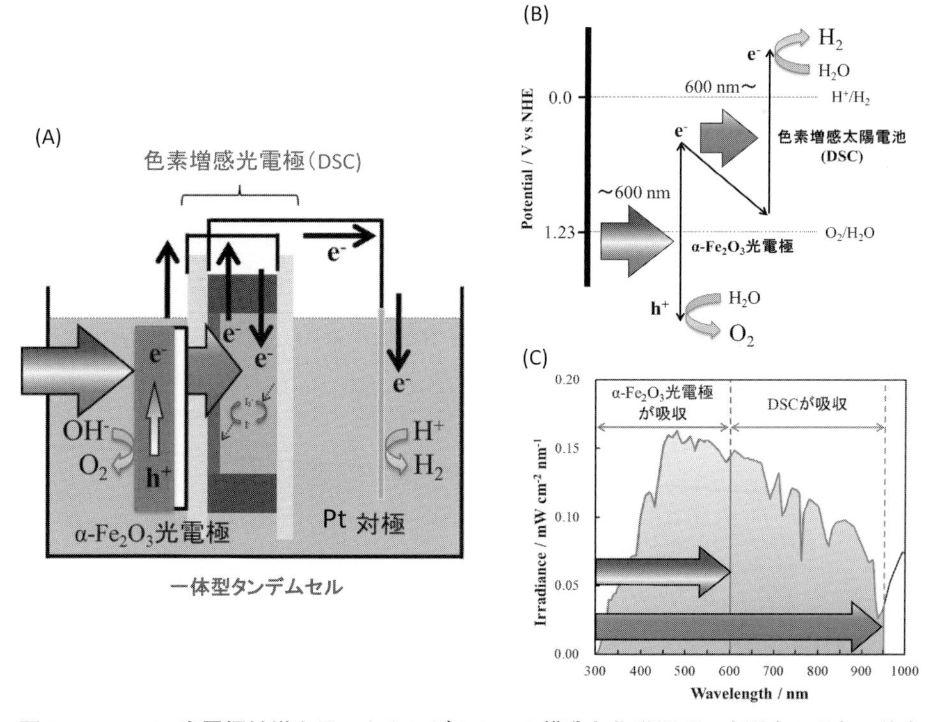

図８　α-Fe_2O_3光電極触媒を用いたタンデムセルの構造と作動原理，太陽光の吸収の仕方

媒はバンドギャップ励起を起こし，酸化能力の高い価電子帯に生成した正孔は水を酸化して α-Fe_2O_3表面で酸素を生成する。一方，伝導帯に生成した電子は，プロトン（H^+）を還元して水素（H_2）を生成できる電位にはない。そこで，その電子は色素増感光電極に入り光吸収を経て，さらにエネルギー準位の高い電子となる。この電子はプロトンを還元できる電位より高いためプロトンを還元して水素を生成することになる。(C）では，紫外光から600 nmまでの太陽光は α-Fe_2O_3 光電極触媒に吸収され，600 nmより長い波長の太陽光は α-Fe_2O_3 薄膜光電極触媒を透過して，その裏に存在する色素増感光電極に吸収されることを示している。これにより太陽光の可視光全体を吸収し，太陽光を有効利用できることになる。これがタンデムセルによる水分解の作動原理である。このタンデムセルによる水分解は，Grätzel と Augustynsky らにより初めて提案された[8)]。

図９は，Ge と Ti をドープした α-Fe_2O_3 薄膜光電極触媒を用いたタンデムセルの作製法ならびに，そのタンデムセルによる疑似太陽照射下における水分解の発生光電流 - 電圧曲線を示す[9)]。FTOガラス基板上にスピンコート法で作製した1×3 cmサイズの α-Fe_2O_3(Ge, Ti doped) 薄膜光電極触媒を作製した。α-Fe_2O_3（Ge, Ti doped）薄膜光電極触媒はSEM写真からわかるように特異な形状のナノ構造を有している。α-Fe_2O_3薄膜光電極触媒の高性能化には，このようなナノ構造と電子リッチな状態が必須である。次に，ブラック・ダイ色素を用いた1 cm角のプラスチック基板型色素増感太陽電池の２直列を α-Fe_2O_3（Ge, Ti doped）薄膜光電極触媒の裏に貼り付け，一体化させ周囲を防水樹脂で固めた一体型タンデムセルを作製した。一体型タンデムセルの厚さは約 2.5 mm である。色素増感太陽電池１個の出力電圧は 0.7 V であるので，1.4 V の電圧が，α-Fe_2O_3（Ge, Ti doped）薄膜光電極触媒透過後の疑似太陽光照射で発生することとなる。電流 - 電圧曲線からは，α-Fe_2O_3（Ge, Ti doped）薄膜光電極触媒のみでは，

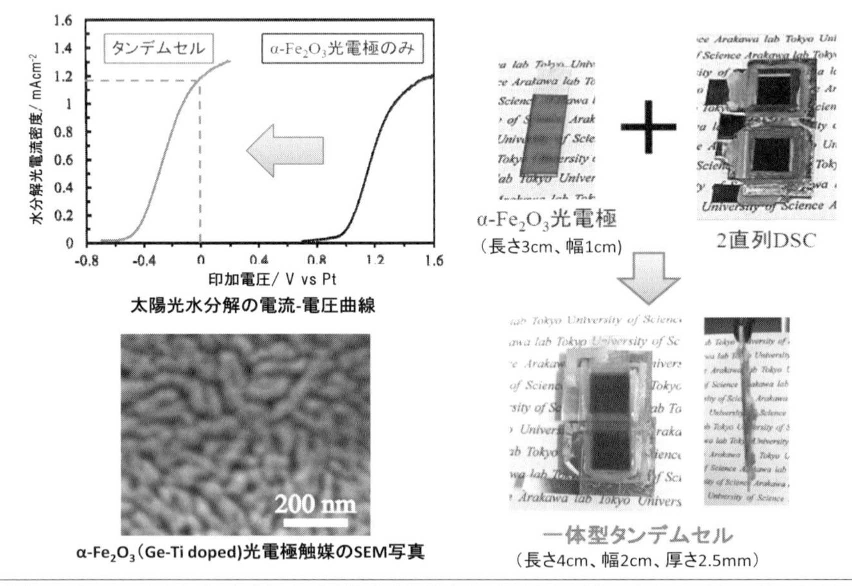

図９　α-Fe_2O_3 薄（Ge, Ti doped）薄膜光電極触媒を用いたタンデムセルによる太陽光水分解

水分解の光電流は印加電圧 0.8 V 付近から立ち上がり，1.18 mA cm^{-2} の光電流を得るためには約 1.4 V 必要であることがわかる。一方，α-Fe_2O_3（Ge, Ti doped）薄膜光電極触媒を用いたタンデムセルでは，印加電圧のない状態で水分解が進行し，印加電圧 0 V では 1.18 mA cm^{-2} の水分解光電流が発生した。ちょうど発生電位が 1.4 V シフトしたことになる。したがって，タンデムセルによる太陽光水分解の水分解の太陽光エネルギー変換効率は（1.18 mA cm^{-2}×1.23 V）/100 mW cm^{-2} ＝1.45％となる。粉末光触媒では水の分解が不可能な α-Fe_2O_3 でも薄膜光電極触媒化を行い，タンデムセルを作製すれば，このような高い太陽エネルギー変換効率を得ることできることがわかる。Grätzel らは，大気下化学蒸気分解法（APCVD）で作製した α-Fe_2O_3 薄膜に IrO_2 助触媒を担持した光電極触媒で，印加電圧 1.23 V で約 3.4 mA cm^{-2} の水分解光電流を得ているので[10]，この光電極触媒をタンデムセル化すれば，太陽エネルギー変換効率 4.2％の太陽光水分解が可能となる。また前述したように α-Fe_2O_3 の理論水分解光電流は 12.6 mA cm^{-2} であり，α-Fe_2O_3 薄膜光電極触媒の最適化により太陽エネルギー変換効率 10％以上の太陽光水分解が可能となるので，今後の研究開発の展開が楽しみである。

図 10 は，水熱合成法で作製した高性能 $BiVO_4$ 薄膜光電極触媒を用いたタンデムセルの様子（A），その構造（B），高性能 $BiVO_4$ 薄膜光電極触媒による疑似太陽光照射下での水分解の光電流-電圧曲線（C）とタンデムセルによる水分解の光電流-電圧曲線（D）を示す[11]。（A），（B）からわかるように，$BiVO_4$ 薄膜光電極触媒の場合，FTO ガラス基板側から照射した方が水分解効率は高いのでブリッジ型のタンデムセルとなっている。（C）からわかるように，$BiVO_4$ 薄膜光電極触媒では CoPi（コバルトリン酸塩）を助触媒として用いた方が，水分解能性能は圧倒的に高くなる。CoPi による $BiVO_4$ からの速やかな正孔移動・捕獲と水の酸化サイトの提供が高性

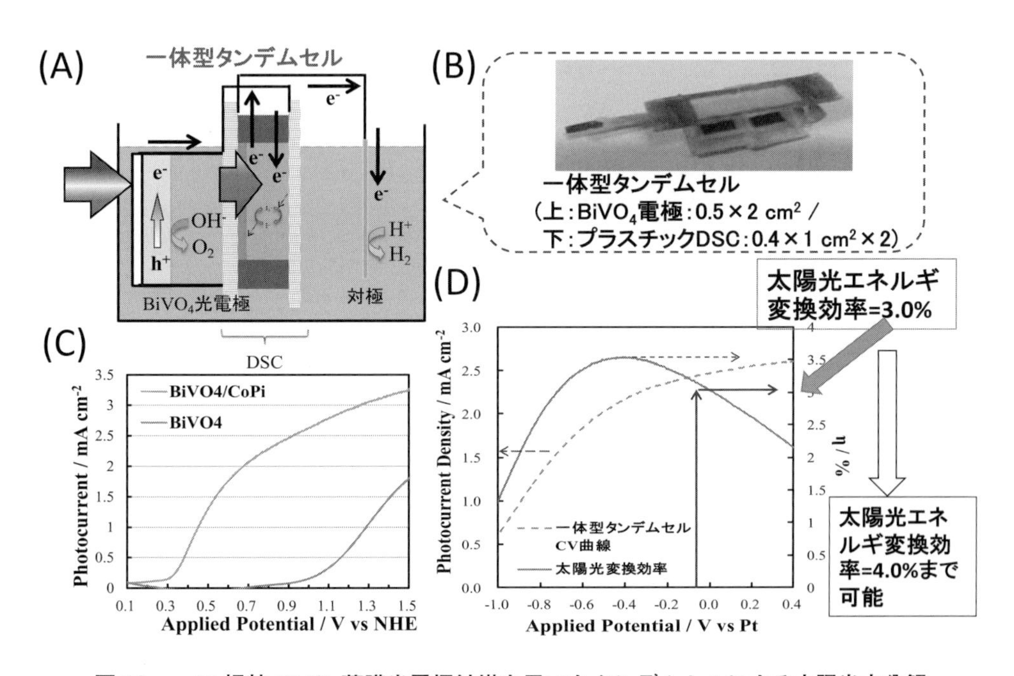

図 10　coPi 担特 $BiVO_4$ 薄膜光電極触媒を用いたタンデムセルによる太陽光水分解

能化の要因と考えられる。CoPiの担持により水分解の立ち上がり電子は0.9 Vから0.3 Vまで低下し，1.4 Vの印加電圧下では3.2 mA cm^{-2}の水分解光電流が発生する。(D)はCoPi担持$BiVO_4$薄膜光電極触媒を用いたタンデムセルの電流－電圧曲線（CV曲線）と一体型タンデムセルの変換効率曲線を示す。印加電圧0 Vでは，CV曲線から約2.5 mA cm^{-2}の水分解光電流が発生することから，水分解の太陽光エネルギー変換効率は（2.5 mA cm^{-2}×1.23 V）/100 mW cm^{-2}＝3.07%となった。(C)のCV曲線からは，1.4 V印加電圧下では3.2 mA cm^{-2}の水分解光電流が流れているので，2直列の色素増感太陽電池で1.4 V出力できれば，水分解の太陽光エネルギー変換効率は（3.2 mA cm^{-2}×1.23 V）/100 mW cm^{-2}＝3.94%と約4%の太陽光エネルギー変換効率が得られることになる。今回作製した2直列の色素増感太陽電池の出力電位が1.4 Vに満たず，変換効率3.07%になったものと考えられる。

4. おわりに

安価で資源的制約のない単純な酸化物半導体の薄膜光電極と，安価で簡単に作製できる色素増感光電極を複合したタンデムセルによる太陽光水分解を紹介した。本方法により3～4%という高い太陽光エネルギー変換効率が得られることは，実用的な見地から安価で大変興味深い方法である。さらに，α-Fe_2O_3薄膜光電極触媒のタンデムセルに見られるように，α-Fe_2O_3薄膜光電極触媒の最適化により，太陽光水分解の効率が10%以上の太陽光エネルギー変換効率を得ることも可能であることから，将来性のある研究課題と言えよう。

文　献

1) 荒川裕則：CO_2の再資源化を考える，化学，**46**，317 (1991).；H. Arakawa et al.：*Energy Convers. Mgmt.*，**33**，521-528 (1992).
2) K. Sayama et al.：*J.C.S. Farady Trans.*，**93**，1647 (1997).；H. Arakawa et al.：*Catalysis Survey from Japan*，**4**，75 (2000).
3) Z. Zou and H. Arakawa et al.：*Nature*，**414**，625 (2001).
4) K. Maeda and K. Domen et al.：*Nature*，**440**，295 (2006).
5) K. Sayama and H. Arakawa et al.：*Chem. Commun.*，2001，2416.
6) O. Khaselev and J. A. Turner：*Science*，**280**，425 (1998).
7) H. Arakawa et al.：*Proc. of SPIE Solar Hydrogen and Nanotechnology II*，**6650**，665003-1 (2007).
8) M. Grätzel：*Nature*，**414**，338 (2001).
9) 町田裕弥，小沢弘宜，荒川裕則：太陽/風力エネルギー講演論文集，155 (2003).
10) K. Sivula, F. L. Formal and M. Gerätzel：*Chem Sus Chem.*，**4**，432 (2011).
11) 井筒里美，小沢弘宜，荒川裕則：太陽/風力エネルギー講演論文集，175 (2014).

第２編

材料・システム創製

第１章　天然―人工ハイブリッド光合成系の作製 ―光合成タンパク質を生体外で動かす

名古屋大学名誉教授　伊藤　繁，大阪市立大学　野地　智康

1．天然の光合成系は美しい完成型

図1は，植物細胞内の小器官である葉緑体中で行われる光合成反応を示す。葉緑体中の膜（チラコイドと呼ばれる）上にある２つの光化学反応系ⅠとⅡ（(photosystem I, II；以下，PSIとPSIIと略）が光エネルギーを電子の動きに変える。膜上のPSII反応中心複合体が光のエネルギーで水から電子を引き抜き，電子を動かし，この電子を受けてPSI反応中心複合体が高還元力物質NADPHを作り出す。この電子の動きにより生じる膜内外溶液相間での膜電位（膜内外溶液相間の電位差）と水素イオン（H^+）濃度差を利用してATP合成酵素内でH^+が動きADPとPiからATPが作られる（図では省略）。$NADPH_2$とATPを使い，膜外溶液中の酵素群が

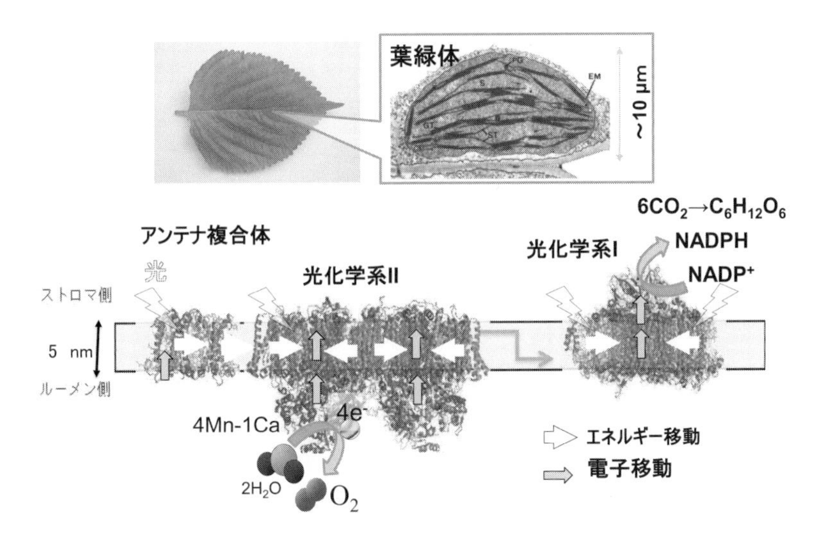

光合成では２つの光化学反応系（光化学系ⅠとⅡ；PSIとPSIIの略称）上のクロロフィル*a*色素（Chl *a*）が光で励起される。PSIIでは励起状態のエネルギーが色素間を移動し，反応中心の特殊な２量体Chl *a*で電子の動きに変わる。内側表面のMn_4Ca錯体が酸化され，H_2Oを酸化して，O_2と電子を出し，電子はPSIに送る。PSIは光反応で高還元力物質NADPHを作る。この電子移動とシトクロム*b/f*複合体中の電子の動きで生じる膜内外液相間の電位差（膜電位）と，膜内外での水素イオンの動きを利用してATP合成酵素が高エネルギー物質ATPを作る（図では省略）。NADPHとATPを使って外液中にある酵素群（カルビン－ベンソン回路）がCO_2を糖に変える。

図１　植物の光合成反応：細胞内器官である葉緑体内部のチラコイド膜上の色素タンパク質複合体

CO_2を糖（$C_6H_{12}O_6$）に変える（カルビン－ベンソン回路）。全体としては太陽光のエネルギーの10％程度が糖に変換される。2つの光反応はそれぞれ，吸収した光量子の90％以上を捉え，（Z－スキームと言われる）PSIIとPSIを通じての電子伝達系はエネルギー効率40％で化学エネルギーに変換する。この効率良い光反応系では，クロロフィル色素が光を受けて電子を出し（光酸化され），電子受容体（PSIIではフェオフィチン，PSIではクロロフィル*a*）に渡し，さらに複数の電子受容体へと高速移動させて，ホールと電子間の距離を遠ざけて，逆反応を抑える。たくさんの研究が行われ，構造が明らかにされ，構造の役割，各素反応ごとの具体的な機構がほぼ明らかになった。この原理を利用した，化学合成による人工光合成も試みられているが，反応の効率，安定性，作成難度，コストなど解決すべき問題も多く，まだ実用化にはいたっていない。

筆者らは，生体外でこの美しい天然型の光合成を実現したい。生体中で完成された天然光合成分子装置を，人工環境下で動かして，人間の目的に合わせて働かせる方法を探っている。自然環境中（主に，常温，常圧，中性付近のpH，水中）では，天然系は複合反応がうまく組み合わされ，効率も耐久性も良い。基材は環境に優しいC，N，O，Hなどで，廃棄物処理もいらない，特殊な環境や物質（高圧，高温，酸／アルカリ，酸素除去，有機溶媒，重金属）もいらない。一方，構造が比較的弱く（温度，剛性，化学的性質），エネルギーを簡単に取り出せない，などの弱点も指摘される。しかし，自然環境のなかでは天然光合成系の耐久性は十分であり，人工触媒以上の性能を持つ。しかし，これを使う方法が開発されていない。

生体反応を生体外で行わせる方法はまだほとんど開発されていない。単純な酵素反応の利用例は多いが，光合成系のような複合反応系で，それも水に不溶の膜タンパク質系の利用法はなかった。また，水溶性酵素でも，CO_2固定系のように多種の酵素反応を組み合わせた多段階反応で効率良く産物を得る方法も確立されていない。筆者らの行ってきた「天然の光合成装置を動かせる人工環境」を得るための研究を紹介する。

2. 天然光合成系を生体外で働かせるには

天然光合成系をほぼまるごと生体外に取り出して働かせられないか？そうすれば還元力やATP，$NADPH_2$などの光合成産物を直接得られるはずである。しかし，生体タンパク質は外部に取り出すと，弱くなり，うまく働かない。特に，生体膜内に固定されている光合成反応中心タンパク質複合体を取り出すには，細胞を壊し，膜系を取り出し，反応には直接関与しない膜構成成分（脂質や無関係なタンパク質成分）を，界面活性剤による処理や，超遠心機，電気泳動，クロマトグラフィーなどによる分離で除く必要がある。この結果，抽出された複合体は生体中よりも一層弱くなり，複合体同士が不規則に会合したり，不活性化しやすくなったり，不要な逆反応が生じたりする。

現在では遺伝子操作により，タンパク質を改変する技術はほぼ確立されているので，生体外でタンパク質反応を自由に制御できれば，既存の化学工業では達成できない新たな工業や反応システムが生まれるだろう。しかし，単純な水溶液中では難しいし，逆に水以外の溶媒中ではタンパク質は壊れる。基板上に固定しても反応特性はおちてしまう。筆者らは，生体光合成系を分離精製し，部分改変することで，構造と反応の関係を研究し，さらに，これを利用する方法を探してきた。水の中で，ゆらぎながら進行するように設計されているタンパク質の反応に，水があり，しかも単なる水の中ではない反応システムを作りたいと考えた。

3. シリカメソ多孔体

このような思いを持って，2002年春に産官学融合研究会で光合成の話をした際に，「こんなものに興味ありませんか？」と㈱豊田中央研究所の梶野勉氏，福島喜章氏から手渡されたのが，シリカメソ多孔体（FSM：folded-sheet silica mesoporous material）の白色粉末状試料だった。翌日，研究室の凍結保存庫にある光合成タンパク質溶液を加え，バイアル瓶を手で振りながら家に帰った。翌朝見ると粉末にきれいな色がついている，もう1日でさらに濃くなった。「これは有望！」と思った。まずは中研が作成した，FSM－クロロフィル a（Chl a）の複合体[1]について，共同研究を開始した。クロロフィル a はFSM中の細孔内にうまく吸着され，個体でもなく溶液でもない状態で，複数の会合状態を取り，そのなかで光エネルギーが高速移動していることが示された[2]。さらに，タンパク質を使う共同研究をトヨタ自動車㈱，㈱豊田中央研究所，筆者ら名古屋大学物理学教室光生体エネルギー研究室の3者で開始した。

シリカメソ多孔体FSMなどは，界面活性剤のミセルを芯にして周囲に SiO_2 を結晶成長させたあと，焼結して界面活性剤ミセルをガス化除去して作製され[1,3]内部に孔のあいたマカロニのような構造を持つ（**図2**）。このため大きな内部表面積を持ち，さまざまな分子を多量に吸着できる。内部の細孔の径は芯にする表面活性剤ミセルのサイズ（疎水性部分の炭化水素鎖の長さ）に依存する。筆者らの研究着手の前に，すでにいくつかの化学分子，水溶性酵素タンパク質，ヘモグロビンなどの吸着が報告されていたが，吸着後の分子機能の評価はあまりされていな

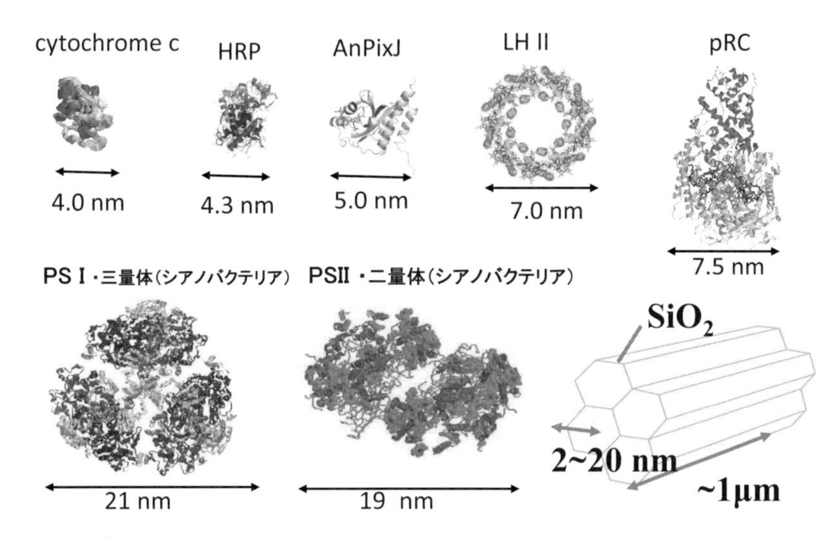

右下，シリカメソ多孔体（右下）は界面活性材のミセルを芯にして，その周りに SiO_2 を結晶成長させたあとに焼結して，ミセルをガス化除去したマカロニのような構造を持つ。（タンパク質複合体の構造座標データをprotein data bankより得てRasmolソフトで描画）。

図2　シリカ多孔体やポーラスガラスPGなどに導入されたタンパク質（複合体）の構造とサイズ
※口絵参照

かった[1)-4)]。界面活性剤がなければ水に溶けない巨大膜タンパク質の吸着例は全くなかった。これは細孔径の大きなシリカメソ多孔体の作成例自体が少なく，膜タンパク質の取り扱いや機能評価が難しく，どちらも市販されていないことが原因だった。7.9nmの内部細孔径を持つFSMを作成していただき，光合成タンパク質の内部への吸着の検討を開始した。これまでに使われたシリカ多孔体に導入されたタンパク質複合体の例を図２に，個別の説明を**表１**に示す。これらの詳細については以下に述べる。

表１　機能性タンパク質（複合体）のシリカメソ多孔体への導入例

タンパク質複合体（機能）	分子量［kDa］（短軽：nm）	多孔体	孔径［nm］	吸着量 mg／mgSiO$_2$	Refs.	機能・備考
シトクロム *c*	12（4）	MCM	13	0.13	Deere et al. (2001)[20].	呼吸電子担体。安定化
リゾチーム	14（4.5）	SBA	18	0.36	Fan et al. (2003)[21].	酵素。安定化
ペルオキシダーゼ	44（4.3）	FSM MCM	8.9 6.8	0.18 0.15	Takahashi et al. (2001)[22].	過酸化酵素。安定化
光合成細菌光捕集（コウゴウセイサイキンヒカリホシュウ）アンテナ（LHⅡ）	90（7）	FSM	7.9	1.11	Oda et al. (2006)[5]. <40 ℃	光励起エネルギーの捕獲，反応中心への集中。安定化 Stable<40 ℃
光合成細菌反応（コウゴウセイサイキンハンノウ）中心（チュウシン）(pRC)	137（7.5）	FSM	2.7 7.9 9.0	0.29 0.02 0.10	Oda et al. (2006)[7].	光によるDCIP還元。安定化 Stable ＜45 ℃（50 ms） TON>20
光化学系（コウカガクケイ）Ⅱ反応中心（PSⅡ）２量体	756（19）	SBA	15 23	0.0047 0.015	Noji et al. (2011)[13].	光によるO_2発生、キノン，DCIP還元。安定化 Stable <60 ℃ TON 50～350
		PGP	20 50 20	0.44 2.06 0.44	Nozi et al. (2016)[16].	
光化学系（コウカガクケイ）Ⅰ反応中心（PSⅠ）３量体	1,068（21）	SBA	23.5	0.85	Ishizaka et al. (2006)[10].	光によるNADPH$_2$，メチルビオローゲン光還元。安定化・配向制御 Stable <78 ℃ TON 2000
		NAM	100	0.007	Kamidaki et al. (2013)[14]	
光化学系Ⅰ反応中心(PSⅠ) ３量体－Ptナノ粒子とヒドロゲナーゼとシトクロム *c6*	1,068（21）	PGP	50	0.64	Nozi et al. (2016)[17].	嫌気下でのH_2発生、O_2下では減少
ヒドロゲナーゼとRu錯体	89	PGP	50	0.013～0.055	Nozi et al. (2014)[18].	O_2下でのメチルビオローゲン光還元とH_2発生 TON 1.3×10^5

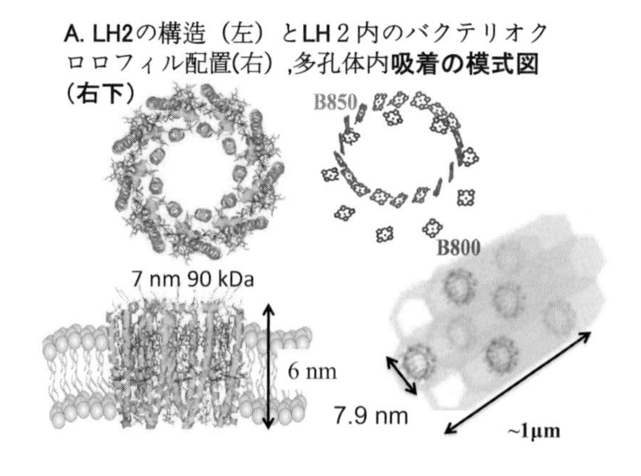

B. FSM粉末をLH2溶液に加えて複合体を作成する

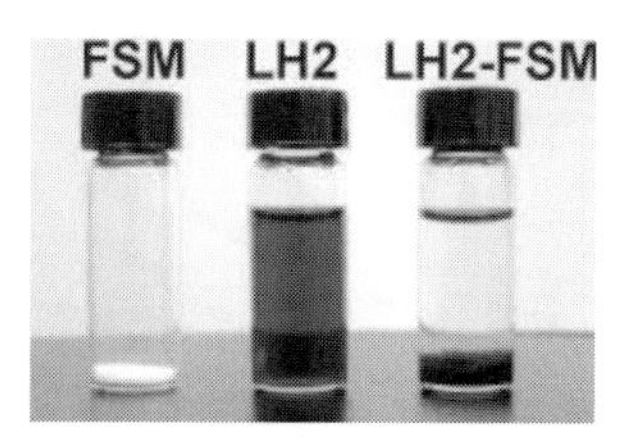

白いFSM粉末（左）に　LH2の界面活性剤により可溶化した赤色の溶液（中）を加え，数時間おくと，LH2が内部吸着されFSMが赤くなる（右）。外部吸着分は洗って除去した。（Oda et al. より改変）[5]

※カラー画像参照

図３　A. ユニークな環状構造を持つ紅色光合成細菌 *Thermochromatium tepidum* の光捕集タンパク質LH2（Light Harvesting Complex 2）とFSM内での吸着の推定図。 B. LH2のFSM内への導入。

4. 好熱性紅色光合成細菌の光捕集タンパク質複合体LH2のFSMへの導入

植物のPSIやPSⅡ反応中心タンパク質複合体は巨大で，通常のFSMの孔径より大きく，導入不能だった。そこで，色素膜タンパク質複合体のなかでも比較的小さく，ユニークな環状構造を持つことがわかっていた紅色光合成細菌の光捕集タンパク質LH2（Light Harvesting Complex 2）をまず導入することにした（**図3**）。さらに好熱性紅色光合成細菌（*Thermochromatium tepidum*）を培養し，これから安定で最近構造解明もされたLH2を精製，使用した。

アメリカの温泉産の最適生育温度50℃の好熱性紅色光合成細菌 *T. tepidum* を小林正幸氏（現有明工業高等専門学校）から，LH2精製方法とともにいただいた。このLH2タンパク質のなかには９分子の，お互いに離れて存在し，単分子的な性質を示す９分子のバクテリオクロロフィル *a*（Bchl *a*）とこれと直角方向に分子面を並べ強い相互作用を示す18分子のBchl *a* が環状に並んでいる（図3）。同じBchl *a* 分子の集合だが前者は単分子的な性質を示し800nmに，後者はお互いに強い双極子相互作用を示し850 nmに吸収極大を示す。全体構造が変わると，この吸収も変化する。したがって，LH2をFSMに入れたあとに，その吸収や蛍光スペクトルを見たり，レーザー分光法で光合成光反応を起こし，色素上の励起エネルギーの移動過程や電子移動速度を詳しく調べることができる。筆者らの培ってきた機能評価技術が十分活用できる。しかも室温で扱っても劣化しない。しかし精製経験のない物理専攻の院生らが膜タンパク質を精製し，機能を評価するには，大変な努力と，強い好奇心，協力体制が必要だった。

精製されたLH2は[5] カロテノイドの吸収により赤色に見える（バクテロクロロフィルは赤外部の吸収帯は肉眼ではみえないので薄青色）。疎水性が高く，分離に使用した界面活性剤ラウリルジメチルアミンN－オキシド（LDAO）が共存しないと会合沈殿してしまう。条件を変えて最適吸着条件を決めると，外径数μmの白色粒子状FSMがLH2のカロテノイドで赤色に染まった（図3）。

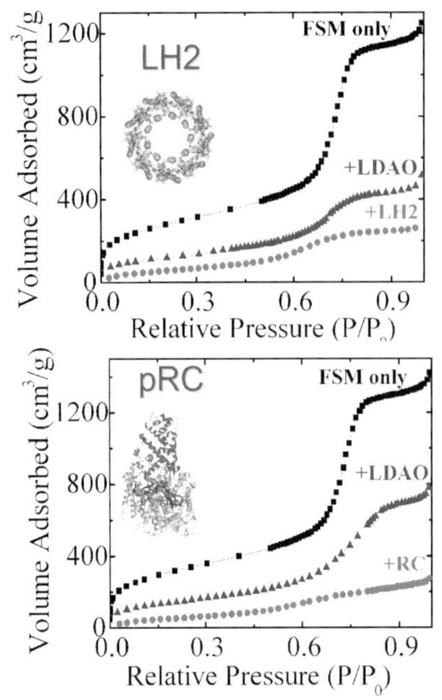

上．水のみ，LDAO 溶液，LH2 − LDAO 溶液処理後の $FSM_{7.9}$ の示す窒素等温吸着曲線
下．水のみ，LDAO 溶液，pRC − LDAO 溶液処理後の $FSM_{7.9}$ の示す窒素等温吸着曲線．
横軸 P/P_0 は平衡圧力を飽和蒸気圧で割った相対圧．P/P_0＝1 で凝縮し，細い孔にはより低い相対圧で N_2 が吸着する（Oda et al. より改変）[5) 7)]。

図 4　$FSM_{7.9}$ の N_2 等温吸着曲線への，界面活性剤 LDAO とタンパク質複合体の吸着による影響

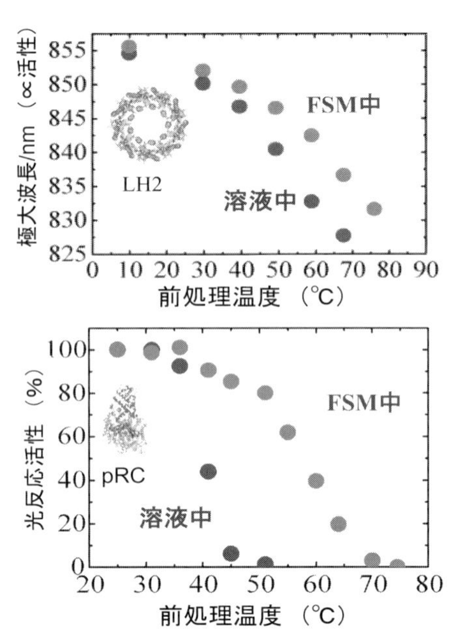

上．LH2 の熱変性と $FSM_{7.9}$ への吸着の効果
下．pRC の熱変性と $FSM_{7.9}$ への吸着の効果
各温度で 5 min 間熱変性させたあと冷却し，室温 LH Ⅱでは 855nm 励起子状態特有の吸収スペクトルの変化，pRC では閃光照射による P の光酸化反応活性を測定した（Oda et al. より改変）[5) 7)]。

図 5　LHII と pRC タンパク質複合体の熱変性への ç 吸着の影響

しかし，問題はここからで，LH2 は $FSM_{7.9}$ 中の 7.9 nm の細孔内に本当に入っているのか？どのような配置か？単なる表面吸着ではないのか？細孔内部で機能するか？などの正確な評価が必要だった。㈱豊田中央研究所のシリカメソ多孔体の開発経験，名古屋大学物理学教室の光合成先端反応研究と日本光合成学の成果，トヨタ自動車㈱のサポートが共鳴して，以下の結果が得られた。

まず，LH2の吸着した$FSM_{7.9}$細孔のN_2吸着曲線（**図 4**）の解析から，大きな細孔にのみLH2タンパク質が選択的に入ることが確かめられた。細孔内のLH2は，溶液中に個別分散されたと同じ分光特性を示し，光エネルギー捕集と転送能力を持ち，溶液中よりも高温耐性が上がった（**図 5**）[5)]。$FSM_{7.9}$細孔内でも，本来の生体膜中と同様の美しい環状構造，分光特性と耐久性を保ち，表面活性剤処理で弱まった構造は，$FSM_{7.9}$ 吸着で再安定化されるらしい。光エネルギーを捉え，移動させるアンテナ機能は$FSM_{7.9}$細孔中でも同じように発揮された[5)]。作成されたLH2-$FSM_{7.9}$ 複合体は 1 週間以上安定に働き，冷蔵庫内なら数年間は安定である。

5. 紅色光合成細菌反応中心複合体 pRC の FSM への導入

LH2 の FSM 内の細孔中への吸着に成功したので，さらに複雑な，エネルギー移動，光電荷

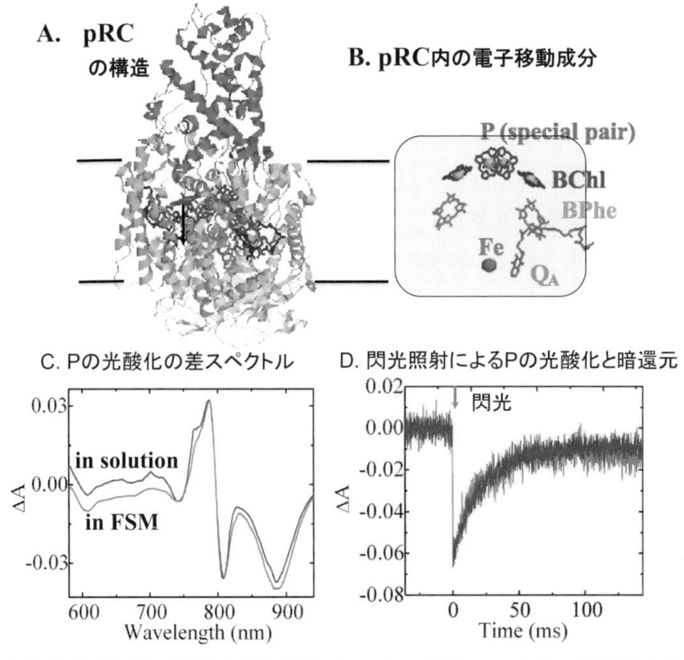

A. 紅色光合成細菌の反応中心複合体（pRC）の構造。B. 内部の電子移動担体分子．電子は光励起されたＰからBChl，BPhe, Q_Aと移動し，さらに外部に加えた低分子メディエーター（非表示）に流れる。C. 溶液中（青）とFSM_{23}細孔中（赤）でのスペシャルペアＰの光酸化に伴う光吸収変化。D. 吸収変化で捉えた閃光照射で引き起こされたＰの光反応による酸化とその後の再還元（Oda et al. より改変）[7]。

※口絵参照

図６　紅色光合成細菌反応中心複合体 pRC の FSM への導入

分離反応，多分子間電子移動の全てをその上で行う反応中心複合体pRC（purple photosynthetic bacterial reaction center）の吸着に挑戦した（**図6**A）[7]。光合成細菌の光合成反応中心タンパク質（pRC）はLH2より複雑な構造[8]を持ち，電子移動を行う内部に配置された分子間の距離は１nm程度で，クロロフィルの励起エネルギーを利用して，早い電子移動が行われる。比較的小さく，高温耐性である紅色光合成細菌 *T. tepidum* のRC（＝pRC）をまず使用した。この系では光エネルギーで励起されたBchl*a*2量体（スペシャルペア＝Ｐと呼ばれる）の光化学反応で，電子がフェオフィチン*a*（BPheo *a*）に移動し，さらにキノンに移動して外に還元力として出される。一方，Ｐ上に残るホールは，外部の電子供与体（シトクロムｃなど）から電子を受け取り，酸化力を出す（図6B）。

pRCもFSM（7.9nm）内にうまく導入できることが，$FSM_{7.9}$の色の変化と窒素吸着曲線（図4）から確認され，その反応特性をレーザー分光で調べた（図6C）。作られたpRC－FSM複合体の溶液への再懸濁，再洗浄，遠心分離による回収を繰り返して，表面吸着部分を除いた。レーザー閃光を当てるとほぼ100％の量子収率でＰの光酸化が観測され，シリカ細孔内で，電子がＰ→BPheo *a*→Q_Aと高速に動き，熱安定性も吸着で上昇した[7]。電極上におくと，細孔内のpRCから電極へと電子が流れることも示された（図6C，D）[7]。従来のpRCそのものを直接基板電極につける実験では不安定でpRCの固定が難しかったのに比べ，多量のpRC（直径7nm）が内部で個別単分子状に分散されたpRC－$FSM_{7.9}$全体を基板に乗せる方法だと，pRC吸着量が増え，しかもpRC同士の相互作用を防げる。また，pRC－$FSM_{7.9}$複合体を石英プリズム上に並べて，表面全反射型の赤外吸収測定（ATR）を行うと，ほぼ完全なpRCの赤外吸収がシリカの薄い細孔壁を隔てて観測された[7)]。これで，$FSM_{7.9}$細孔中のpRCはほぼ完全なタンパク質と内部分子の配置，構造を保ち，光反応によりPから電子を出し，電子をシリカ多孔体外部の低分子や電極に出すことが示された（図6C, D）[7)]。

6．シリカ細孔内への吸着の特性

光合成細菌の巨大アンテナ複合体LH2，反応中心複合体pRC，この後述べる植物型のPSI，PSII反応中心のシリカ細孔内への導入に成功し，「膜タンパク質のシリカ細孔内への導入法」の特許を得た。吸着方法，条件は実はそれほど簡単でなく，以下のように複雑だった。

① 吸着の順番が重要である。界面活性剤とタンパク質複合体のFSMへの吸着はお互いに競合関係にある。図4は，シリカ多孔体$FSM_{7.9}$の示す窒素等温吸着曲線である。この測定では，より細い孔中にはより低い相対圧で窒素が吸着する。この曲線の微分極大値から，このFSMの平均孔径7.9nmが得られた。一方，前もって界面活性剤LDAO（0.05％）を含む緩衝液中につけてから乾燥したFSMでは吸着量が減り，より高いLDAO濃度ではさらに減るのでLDAOも細孔に入ることがわかった。さらに，LH2複合体とLDAO両方を含む溶液で前処理すると窒素吸着量はさらに減り，変曲点は低圧側にシフトし，小径の細孔のみが窒素を吸着し，大きな孔がLH2ですでに塞がっていることがわかった。LDAOとLH2はともに細孔内に吸着し，お互いに競合する。したがって，高濃度のLDAOで前処理後，LH2やpRC溶液を新たに加えると，結合量は大きく減ってしまう。一方，共存LDAOを減らすと膜タンパク質の溶解度は落ちて析出してしまう。したがって，できるだけ低いLDAO濃度下で可溶化した膜タンパク質溶液の中に，粉末状のFSMをいきなり加えることで，最大吸着量が得られることがわかった。細孔内への水とタンパク質，界面活性剤の同時流入でより多く結合させることができる。この条件はタンパク質，LDAO, FSMの量比に大きく依存することがわかった。

② 吸着に要する時間はタンパク質サイズに依存する。LH2やpRCの最大吸着には数時間以上必要で，さらに大きな光化学系ⅠやⅡ反応中心では１日以上必要であった。同時に大きな分子は一度入ると出にくい。しかし，膜タンパク質でも高濃度の界面活性剤溶液で処理すると，タンパク質の変性により脱離する。一方，合成小分子の結合，解離はずっと早く，分単位で進む。

③ 細孔サイズと吸着量の関係。大型タンパク質複合体は，当然だが小さな細孔径しか持たないFSMには吸着できない。しかし，孔径が大きすぎても吸着量は減る（表１で異なる細孔径を持つFSMへの吸着例を参照）。タンパク質サイズと同程度の平均細孔径（細孔径にはある程度分布がある）を持つシリカ多孔体への吸着量が最大であった。

④ 吸着後の膜タンパク質複合体は，構造と機能を維持し（表1），多孔体内部小体積空間内

での実効濃度はとても高くなる。溶液中でこのような濃度にするとお互い接触したり変性，沈殿してしまうが，ほとんど単一分子（複合体）として振る舞う。しかも，内部吸着によりLH2もpRCも耐熱性が10〜15℃高まり（図5），構造が安定化された。しかし，この安定化は生体中でもとのタンパク質が分離される前に示していた安定性に戻る程度である。おそらくシリカ細孔内部では複合体疎水性部分の界面活性剤吸着部分から界面活性剤がとれ，タンパク質と細孔内壁が相互作用することで，安定化がもたらされる。シリカ細孔中ではH^+濃度も外液とは違うが，吸着したpH指示薬の色の変化から，その差は小さいと推定できる。

天然膜上では紅色光合成細菌のLH2は光エネルギーを集めてpRCにわたし，pRCは外部のシトクロム*c*から電子をもらいキノンを還元する。しかし，単離したpRCは，外部溶液中に加えたフェロシアニドのような還元剤（犠牲試薬）から電子をもらい，キノンを還元するので，人工光合成というにはまだ遠い。

7. より大きな植物型光合成反応中心のSBA_{23}への導入

人工光合成系を目的にするなら，植物型の反応中心をシリカのなかに入れてPSII反応中心での$2H_2O \rightarrow 4H^+ + O_2$の反応により，直接$H_2O$から電子を得る。これをさらにPSIの強い還元力でNADPHの還元やH_2発生に使いたい。しかしPSIとPSIIは光合成細菌のpRCやLH2よりも大きく（図1, 2，表1）FSM - 7.9 nm 細孔中には結合できない。そこで，より大きな細孔径を有するシリカメソスコピック化合物が必要となった。幸い，シリカ化合物の開発も進み，界面活性剤の2重コアを芯にして大きな細孔径を持つSBA(Santa Barbara Amorphous Material)も作られ，入手可能なうち最大の細孔径23 nm を持つSBA（SBA_{23}）への，PSIの吸着実験が可能となった。

植物から分離精製するとPSIは50 ℃，PSIIは40 ℃ 5 minの熱処理で不活性化されてしまい室温では長くもたない。分子構造も未決定だった。そこで国内光合成研究者に教えを請い，分子構造も決定されており，安定性も高い好熱性シアノバクテリアのPSI, PSIIを精製使用した。

光化学系Ｉ複合体（PSI）は全体の直径14 nm，PsaA / PsaBの２つの大型タンパク質サブユニットを中核にして，全体で12の異なるタンパク質からなる。このなかに96のクロロフィル*a*（Chl *a*）と22分子のカロテノイド（Car）色素分子とそれ以外の電子伝達成分が精密に配置されている（図1）[9]。シアノバクテリアの膜上では，さらにPSIが3つ集まった（**図7**A〜C）巨大な３量体が精製される。光は色素のどれかを励起し，色素間を励起状態が高速移動し，10ピコ秒（1兆分の10s）程度で，中心にあるChl *a*とその立体異性体Chla' のペア（P700）に渡される。励起されたP700は，電子を隣のChl *a*にわたし，電子はさらに遠くの電子受容体Chl *a*（A_0と呼ばれる），さらにキノン（A_1：Q_K），3種の鉄硫黄センター（F_X, F_A, F_B）へと次々に移動する。酸化型 になったP700（$P700^+$）上の電子のホールと電子はどんどん遠ざかり，電荷再結合（逆反応）が防がれる（図7C）。

PSIは，孔径の大きなSBA_{23}内の細孔中にうまく入り，活性，耐熱性を維持した（石坂氏修士論文）[10]。それだけでなく，構造安定化もみられた。吸着量は，タンパク質サイズと釣り合う

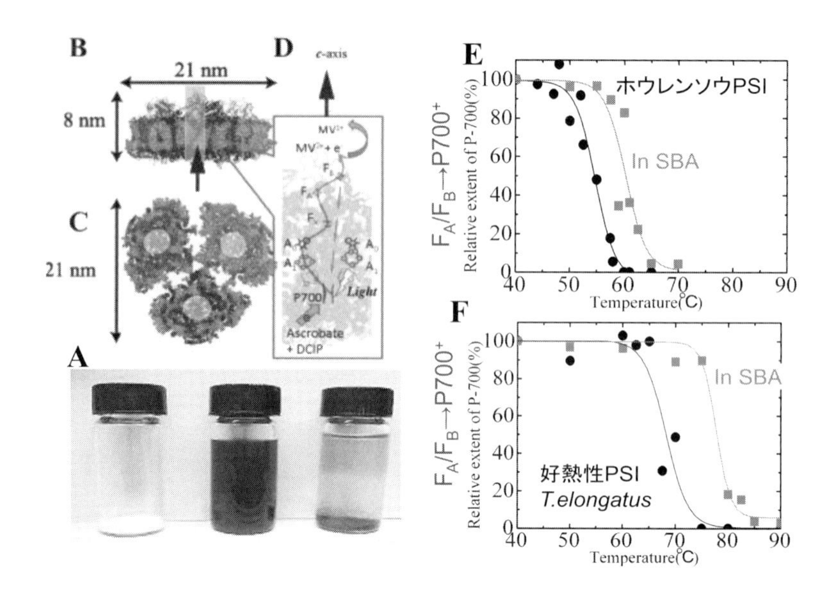

A　PSI の SBA_{23} への吸着。白色 SBA_{23} 粉末（左）に PSI の界面活性剤可溶化溶液（中）を加え，数時間おくと PSI が吸着した SBA_{23} が得られる。右の溶液が青色なのは，色素が溶け出している。 B, C　PSI の構造。チラコイド膜のストロマ側から見た図と断面方向から見た PSI3 量体の構造。D　PSI 内部の電子伝達系分子と外部メディエータ MV の光還元にいたる電子移動経路 . E　SBA_{23} 細孔内に導入されたホウレンソウ PSI の熱変性曲線 . F　好熱性 *T. elongatus* の PSI の熱変性曲線。溶液中（黒）と SBA 中（赤）で 5 min 間各温度で前処理したあと，光還元された鉄硫黄センター（$F_AF_B^-$）から光酸化された $P700^+$ への電子移動活性比（石坂ら）[10]

図７　巨大膜タンパク質超複合体・PSI 三量体の SBA 内 23nm 細孔への導入

※カラー画像参照

細孔径を持つ SBA_{23} で最大となり，これより細孔径が小さくても，大きくても減る[10]。 SBA_{23} 内部の PSI はメチルビオロゲン（MV）を光還元可能で，酵素（フェレドキシン NADP 酸化還元酵素）を添加すると，光エネルギーを使い $NADPH_2$ を作り出した[10]。また，PSI に似た機能を持つが，分子サイズが小さく，色素も異なる（バクテリオクロロフィル *g* を結合する）絶対嫌気性細菌ヘリオバクテリアの PSI 型反応中心複合体も SBA 内に導入されている[11]。

8. 酸素発生をする PSⅡ複合体の SBA_{23} 内への導入

酸素発生をする PSII 複合体（**図 8**A）は生体膜上では２量体として存在する。*T. elongatus* から精製される PSII－2 量体（図８ A, B）は，植物 PSII とほとんど同じ構造だが熱安定性が高い。PSII 複合体の表面付近には，水を分解する 4Mn－1Ca 複合体が結合して酸素発生を行う（図 8）[12]。

$$2H_2O\ (+4\ 光量子) \rightarrow O_2 + 4H^+ + 4\ 電子 \quad (1)$$

O_2 は気体として，H^+ は溶液中に，電子はフェオフィチン（Pheo *a*）を還元したあとプラストキノンを還元するのに使われる（図8A）。PSII の２量体を SBA_{23} へ導入した[13]。SBA_{23} 中の PSII

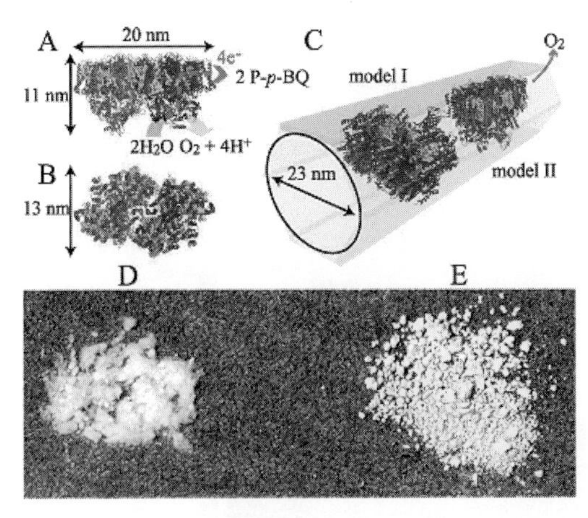

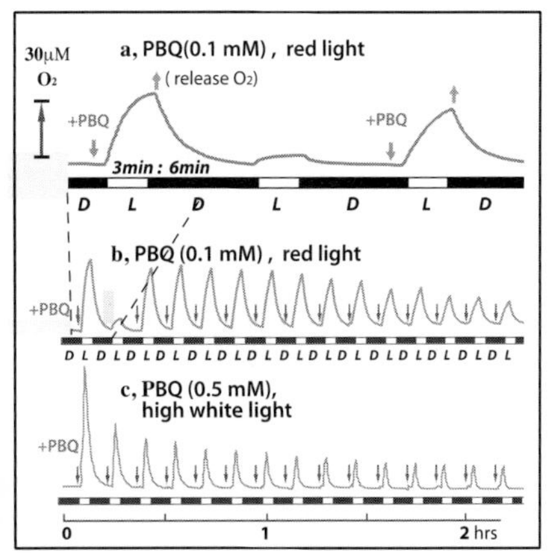

左．AとB, PSIIの２量体をチラコイド膜のストロマ側からと断面方向から見た図。PSII内の電子伝達系も表示。C，細孔内のPSII2量体の想像図。DとE，PSII吸着前のSBA_{23}粒子とPSII-SBA_{23}複合体。右．赤色光照射によるPSII-SBA_{23}複合体の示す酸素発生。暗闇でPSII-SBA_{23}懸濁液中に電子受容体フェニルパラベンゾキノン（PBQ）を加えて（下バーが黒色部分），赤色光を当てる（白色部分）とO_2が発生し飽和濃度までO_2濃度が上がる。蓋をあけてO_2を放出して液中濃度を下げたあとPBQを加えて光を当てる（次の白色部分）とO_2発生が２h 以上続く。(Noji et al. より改変)[13]

※カラー画像参照

図８　酸素発生を行うPSII複合体の構造とそのSBA_{23}内での酸素発生

は，高い熱安定性を示し，H_2Oからの電子で外部溶液中に加えた人工キノン分子（*p*－phenyl benzoquinone：PBQ）を効率良く還元した。PBQを補充し続ければ，2 時間以上繰り返し光によるO_2発生を続けた（図８右）。光による高速プラストキノンQ_A還元反応もChl *a*の蛍光をモニターすることで直接確認された[13]。

SBA粒子は全体の大きさが3～5 μm であり，そのなかにたくさんの細孔を持つ。1つひとつのSBA_{23}粒子内部では，PSIIは表面付近により多く結合することが共焦点レーザー蛍光顕微鏡での観察により確認された（**図９**）[10]。細孔径とほぼ同じ大きさのPSIIは，中心までは入りにくかった。一方，小分子のpH指示薬ニュートラルレッドは，SBAの中心でも表面付近でも同程度に吸着し，外部pHの変化に合わせて色を変えた。PSIIはSBA表面付近にとどまり，小分子フェノールレッドは内部にほぼ均一に，中心付近にまで，吸着されることから，分子サイズと孔径の関係に応じて，内部での吸着分子の分布や移動速度が変わることがわかる[10]。細孔径の小さい$SBA_{7.9}$にもニュートラルレッドは吸着されたがPSI, PSIIはほとんど吸着されない。セラミックや合成高分子の細孔内ではよく知られているこのような性質を利用して，後述のように分子ごとに異なる，光照射などで変えられる動的定常分布を粒子内空間に作り，溶液中とは違う状況を作ることができる。

さらにPSIとPSIIを同じ細孔内部に共存させ，H_2O→PSII→メディエーター→PSI→NADPという連続電子移動反応系をシリカ細孔中に作りたいが，まだ完了していない。生体内とは違う反応系の組み合わせも興味深い。

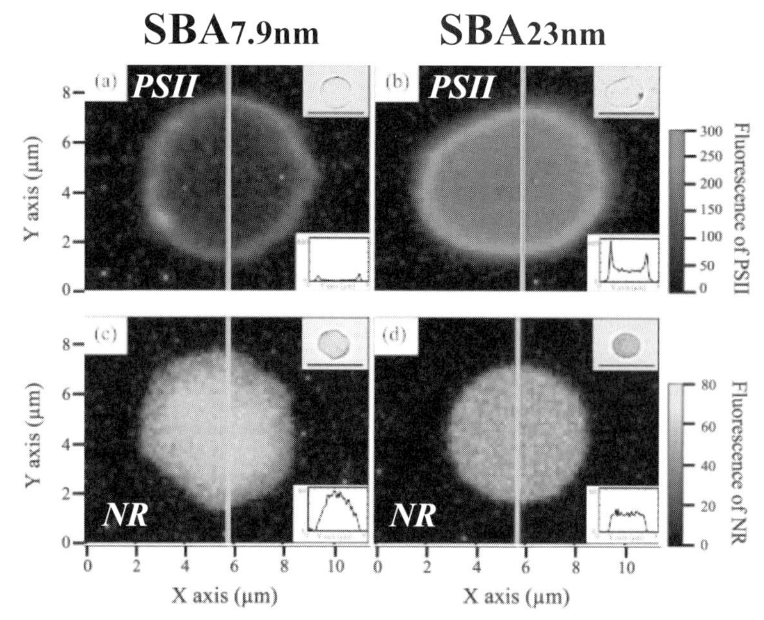

SBA$_{7.9}$ と SBA$_{23}$ 内での PSII 複合体（上図 a, b）と pH 指示薬 Neutral red（下図の c, d）の分布（Noji et al. より改変）[13]。

※口絵参照

図９　共焦点レーザー蛍光顕微鏡による単一 SBA$_{23}$ 粒子の断面図が示す分子分布

9. 貫通シリカ細孔を持つアルミナ基板（PAP）への PS I の導入

粒子状のシリカメゾスコピック多孔体中への光合成タンパク質の導入と並行して，板状のシリカメゾスコピック多孔体内への導入系も作成した[14)-19)]。

新素材として，酵素を導入して反応させられることが示されていた[15)]，厚さ 60 μm のアルミナ基板に電解で 200 nm の貫通孔をあけ，そのなかにシリカメゾスコピック構造を結晶成長で作成した基板（PAP）をまず使用した。**図 10** 左に示すようにアルミナ貫通孔内には横向きにシリカが結晶成長した小孔（径 13 nm ）と，大きな径の中心孔（100 nm ）が作られる。後者中に PSI は大量に吸着され，美しい緑色の基板ができた。この基板内の P700 の光反応をレーザー分光法で測定すると，光反応活性はほぼ完全に保たれていた[14)]。さらに P700 と鉄硫黄センター間の反応を電子スピン共鳴法（ESR）で観測し，基板内部での PSI の配向を調べた。外部磁場と基板の角度を変えて測定すると，信号強度は強い角度依存性を示し，図 10 右に示すように PSI の基板面に対しての配向とその角度が明らかにされた[14)]。 また PAP 中での P700^{+} のメディエーター分子（MV）による還元速度は大きく促進されていたので，中心部での PSI の吸着，配向と反応が図 10C のように推定された[14)]。 おそらく PSI の疎水性部分（本来は膜脂質で覆われ，単離精製後は界面活性剤で保護される部分）が，弱い疎水性を示すシリカ内壁と相互作用し，PSI の親水性部分（生体膜外突出部）同志もお互いに相互作用し合っているらしい。シリカ細孔内では，膜タンパク質がシリカ内壁と相互作用して界面活性剤の一部が剥がれ，耐熱性向上をもたらすらしい。PAP には PSII はまだ導入されていない。

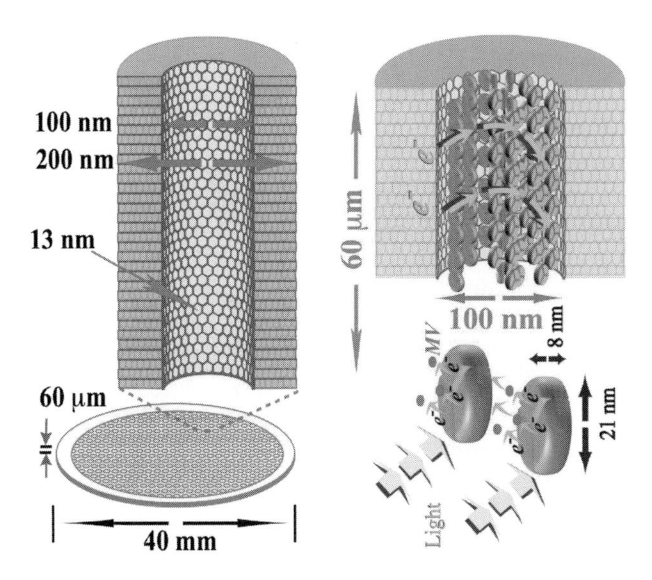

左　アルミナ基板内に電解で開けた貫通孔内部にシリカを結晶成長させると，横向の細孔（径 13 nm）と，中心孔（100nm）ができる。右　吸着された PSI は中心孔中で，基板面に対してその面を垂直向きにして配向していた。閃光照射で反応中心クロロフィル（P700）とメディエーター分子（MV）の反応を見ると，溶液中に比べてずっと早く，細孔内ではMV が高い実効濃度で存在し PSI → MV → PSI と高速に電子を受け渡すことが示された（Kamidaki et al. より改変）[14]。

図 10　アルミナ基板貫通シリカ細孔中に PSI をならべる

10. ホウ素ケイ酸ガラス板（PGP）内に作られた細孔への PSⅡの導入と反応

自己成長でできるシリカ多孔体とは別に，ホウ素ケイ酸ガラスを酸処理して，中に空洞を作った基材（PGP：Porous glass Plate）でも，透明な基板を作成可能で（**図 11**A）[14]，細孔系や厚さなどを変えられる（特殊な材料で加工が必要，高価格などが難点）。平均 20 nm または 50 nm の孔径の細孔を内部に持つ PGP 中に PSII を導入した。細孔系が PSII より大きい PAP 基板は，PSII を内部吸着するとほぼ透明な緑色ガラス板になる（図 11B）。共焦点レーザー蛍光顕微鏡や透過顕微鏡で PSII の内部分布をみると，厚さ 200 μm のガラスの表面付近に特異的に分布していた（図 11C）[16]。

この系では透明な基板内部の光反応を外部から直接観察できる。図 11C は PSII のみを吸着した PAP_{50} 板で表面付近に PSII が多いことがわかる。図 11D は PSII と小分子電子受容体（メディエーター）DCIP（dichloro indophenol）を内部吸着させた PAP_{50} で，上からみると光照射前には PSII の緑色と DCIP の青色が混じり青緑色，断面方向からは表面付近は青緑色，PSII が少ない中央部分は青色にみえる。光照射後 30 min では，PSII 光反応による O_2 発生と DCIP 還元に伴い，青が薄れ表面付近は PSII だけの緑になる。さらに 60 min 後では中央部分の DCIP も還元され，薄緑色になる。PSII が表面近くの DCIP をまず光還元し，その後次第に中心部分の DCIP も還元されていく過程が見える。光反応で発生する O_2 は拡散し，外部に出て，外の酸素電極で検出された[16]。反応を直接視認できるこのような基板は，その厚さ，細孔径，共存メ

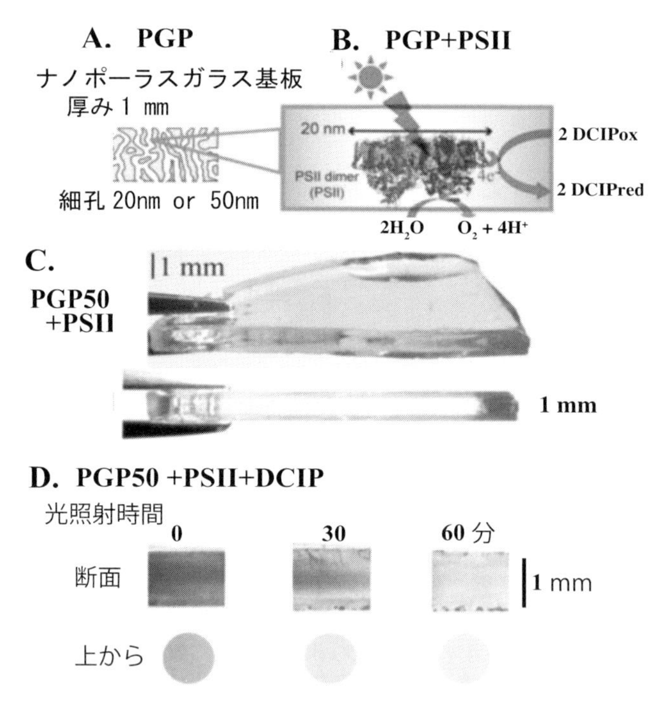

A. PGP内には，ナノサイズの細孔が貫通し，違う厚さと細孔径のPGPを製作できる。B. PGP内細孔にPSIIを内部吸着できた。C. PSIIを内部吸着したほぼ透明な美しいPGP板。顕微鏡観察では表面付近にPSII吸着が多い。D. PSIIと小分子電子メディエーターDCIPを吸着させたPGP。光照射前（0min）は，断面方向は表面付近が青緑，PSIIが少ない中央部分は青色，上面からはPSIIの緑色とDCIPの青色が混じり青緑色。光照射30 minで，PSIIによる表面付近のDCIP還元で青が薄れ，60 minで基板中央部分のDCPも還元される（Noji et al. より改変）[17]。

※口絵参照

図11　酸素発生を行うPSII複合体とそのホウ素ケイ酸ガラス（PGP）内細孔への導入

ディエータの種類と濃度などに応じて，溶液内では実現できない新しい反応系となる。

図11の写真が示すように，メゾスコピック系の細孔内微小空間では，溶液内反応では実現できない反応分子，産物，反応中間体の高濃度化が可能である。大きな光合成タンパク質は，細孔径に応じて半固定化され，溶液中とほとんど同じ反応特性を示すが一部に局在する。一方で低分子はより自由に動く（分子サイズ，親和性と外部濃度に依存する）。

ホウ素ケイ酸ガラスPGPとPSIIの組み合わせは，この実例である[17]。たとえば溶液中でのPSIIによるDCIPの光還元反応では，DCIP高濃度側ではDCIPが光を遮断して，PSIIに十分光が当たらなくなるため速度が落ちる。一方，PGP系では，細孔内での実効DCIP濃度が高ければ高い速度が得られる。PSII周辺以外の外液中にはDCIPが少ないので，励起光の遮蔽効果は小さい。この速度は周囲にDCIPが残存する間のみ持続し，やがて止まる。このように，均一溶液系や，基板吸着だけでは実現不可能な，局所的な反応物質の濃度や速度の制御が可能で，新しい反応系が作れる[16][17]。

11. 微小空間の特徴を利用した酸素大気下でのヒドロゲナーゼによる H_2 発生

生体の還元力で H_2 を出す酵素ヒドロゲナーゼは，通常酸素があると不活性になるので，気相を N_2 や Ar に変えて酸素を除いて，初めて反応活性を確認できる。しかし，FSM シリカ細孔内では，酸素共存下でも水素発生ができることが示された。

前述の PSI の PAP 内吸着系では，細孔内部では PSI と MV 間の電子移動が速まった。PGP 内での，PSII と DCIP 反応様式も見かけ上外液中とは変わった。そこで，筆者らは，PSII の代わりに，金属錯体分子 Ru $(bpy)_3^{2+}$ を PGP 細孔内に入れ，MV^{2+} と水素発生酵素ヒドロゲナーゼも導入して，酸素大気下での光水素発生効率を 3,000 倍向上させることに成功した（**図 12**）。Ru $(bpy)_3^{2+}$ もヒトロゲナーゼも PSII よりは小さく，PGP 中心部まで浸透する。Ru $(bpy)_3^{2+}$ の光反応が MV^{2-} を作り，これが PGP 細孔内の O_2 を還元減少させるのでヒドロゲナーゼも活性を失わず，MV^{2-} と反応して H_2 を出す。PGP 細孔内への外部からの O_2 の浸透，Ru $(bpy)_3^{2+}$ の光反応による MV^{2-} の生成，これによる O_2 還元の各速度間のバランスに依存して，光照射定常状態下では均一溶液中ではあり得ない環境が作られたと理解できる[17]。微小空間内では，反応分子種の実効濃度は反応開始後時間とともに大きく変化し，これをうまく利用できる。Ru $(bpy)_3^{2+}$ の代わりに，PSI－Pt 結合体を PGP に入れた PAP を用いた，光誘起水素発生も嫌気条件下では実現されているがこの場合は PSI 酸素感受性がまだ高い[18]。光強度を変えて反応速度を自由自在に変えられる光反応と，分子拡散速度の違いを利用することで，ガラス細孔内部に多様な反応系を作り出せることが実証された。透明な基材中を光は自由に透過し，気体，小分子，タンパク質，巨大膜タンパク質複合体などは異なる拡散速度を示す。これらをうまく制御することで，新しい反応環境を設計できるだろう。

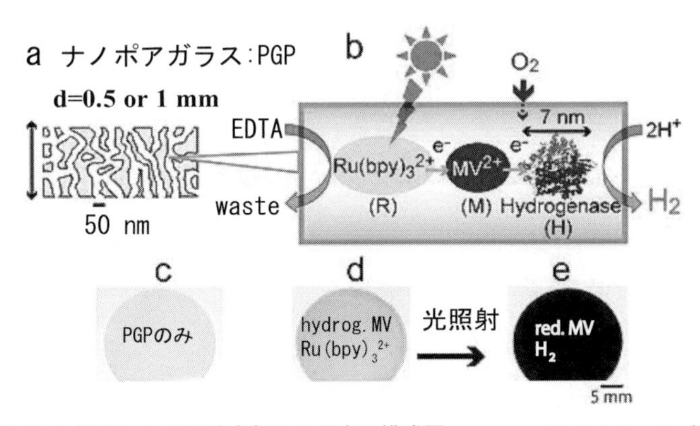

a, b, PGP の構造とその細孔内部での反応の模式図．c, d, e；PGP のみ，Ru 錯体とメチルビオローゲンを吸着した PA，光照射で還元型メチルビオローゲンが増加して黒色になった PA．この状態では共存ヒドロゲナーゼの働きで H_2 が効率良く出る（Noji et al. より改変）[17]。

図 12　不安定なヒドロゲナーゼ酵素を Ru 錯体，メチルビオローゲンとともに PA 内に入れ酸素大気下で，光照射で H_2 を出す

12. 色を変えるPGP―センサータンパク質の導入

生体は，光に応じて行動や遺伝子発現を調節するためにさまざまの光センサータンパク質を持つ。これらの多くは，光が当たると色が変わり，さらにタンパク質構造を変える。このようなセンサータンパク質をPGP細孔内に導入して，照射光の性質に応じて色や模様を変える基板を作成した。

シアノバクテリアの走光性や，タンパク質合成を光で制御するシアノバクテリオクロームPixJタンパク質[19) 20)]を前述のPAP_{50}細孔内に吸着させた。このタンパク質は，赤い光を当てる（あるいは暗所に長く置く）と内部色素が緑色の吸収帯を示し赤色光を反射するので，赤色に見える。これに緑色光を当てると，光反応で色素とタンパク質の構造が変化して，緑→赤に吸収帯が変わり，青色になる。赤色光をもう一度当てるとまた青色になる（**図13**）。

緑⇄赤の光変換は光照射後1ミリ秒以内で起こる。このタンパク質と色素合成系の遺伝子を大腸菌に導入し，タンパク質を大量発現，精製したあと，PGP細孔内に入れた。 このPGPに光を当てると，当てた光に応じて全体が色を変えるだけでなく，さまざまな模様の光パターンに応じて，色模様を変える（図13)。 これと似たセンサータンパク質は数多く，赤⇆暗赤，青⇆橙などさまざまな色変化が知られている。生物ゲノムの研究発展に伴い，さまざまな色や反応特性を持つタンパク質が発見され，この改変も自由なので，これらと細孔基材との組み合わせで，新たな光反応系，光応答系の製作が可能となりつつある。

13. まとめ―新たな分子反応環境と人工光合成

生体の光合成は，液体の水を電子源にして，気体のO_2を出し，固体であるデンプンを作り出す。この太陽光で駆動される反応が，壮大で半永続的な生命活動と，地球環境の保持に働いてきた。生体タンパク質の生体外での利用系が開発されれば，この反応系を人工環境下で自由に動かせるだろうと考えその基礎を示すことができた。

本稿で解説したシリカ細孔内にタンパク質複合体を導入する方法は，これまでにない反応系を作ることが可能で，生体が想定していなかった外部環境下でもタンパク質複合体を安定に働

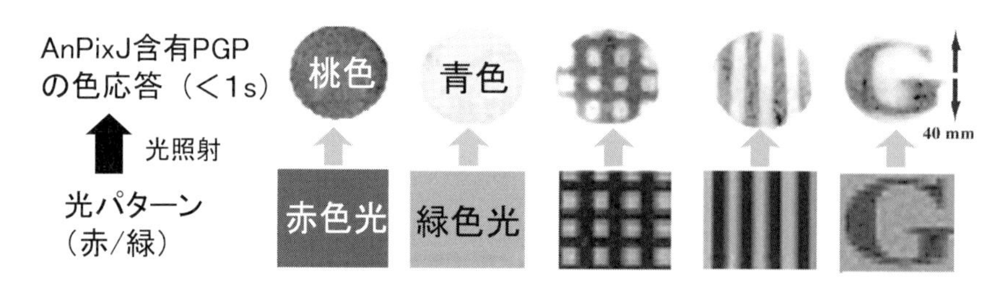

左図，光センサータンパク質AnPixJ[19]を50nm細孔内に導入した基板に当てると，赤色/緑色光照射後1/1,000 s 程度で，青/赤色に変わる。赤色光と緑色光を受けた部分はそれぞれ桃色と青色になるので，プロジェクターから出る照射光の色パターン（下側）を変えると，それに応じて基板（上側）の色が変わる（Yuske Tomitaら未発表）。

図13　光センサータンパク質AnPixJを含むホウ素ケイ酸ガラス基板の色の光応答

かせ得る。ガラス内部に水環境を作り出すとも言える。シリカだけでなく，カーボンナノチューブ，ナノ粒子など，さまざまな基材との組み合わせで生体外で光合成をさせる試みが行われつつあるが，光を自由に透す透明なシリカ系は光合成系ととても相性が良い。生体内の小器官葉緑体のなかのチラコイド膜で仕切られた空間程度のサイズに，水環境も適度に維持でき，タンパク質の安定化もできるおもしろい反応系である。研究を重ねるなかで，特性もはっきりしてきた。

生体光合成だけを研究してきた生物物理グループが，新しい素材と出会い，化学，工学，産業との協力のなかで人工化を検討してきたが，これをさらに積極的に利用する新しい反応系のデザインを進めたい。

謝　辞

この研究にご協力いただいた次の方々に感謝いたします。梶野勉氏，伊藤徹二氏，福嶋喜章氏（㈱豊田中央研究所），関藤武士氏（トヨタ自動車㈱），小林正幸氏（有明工業高等専門学校），川上恵典氏（大阪市立大学），沈建仁氏（岡山大学），大岡宏造氏（大阪大学），出羽毅久氏，岩城雅代氏（名古屋工業大学），神哲郎（産業技術総合研究所），小田一平氏，石坂壮二氏，上滝千尋氏，藤田大樹氏および2001～2010年の名古屋大学大学院理学研究科物理・光生体エネルギー研究室の院生職員諸氏。科学研究費とトヨタ自動車㈱から資金援助をいただきました。

文　献

1）T. Itoh, K. Yano, Y. Inada and Y. Fukushima：*J. Am. Chem. Soc.*, **124**, 13437-13441 (2002).
2）T. Itoh, K. Yano, T. Kajino, S. Itoh, Y. Shibata, H. Mino, R. Miyamoto, Y. Inada, S. Iwai and Y. Fukushima：*J. Phys. Chem. B*, **108**, 3683-13687 (2004).
3）D. Y. Zhao, J. L. Feng, Q. S. Huo, N. Melosh, G. H. Fredrickson, B. F. Chmelka and G. D. Stucky：*Science*, **279**, 548-552 (1998).
4）H. H. P. Yiu and P. A. Wright：*J. Mater. Chem.*, **15**, 3690-3700 (2005).
5）I. Oda, K. Hirata, S. Watanabe, Y. Shibata, T. Kajino, Y. Fukushima, S. Iwai and S. Itoh：*J. Phys. Chem. B*, **110**, 1114-1120 (2006).
6）M. Z. Papiz, S. M. Prince, T. Howard, R. J. Cogdell and N. W. Isaacs：*J. Mol. Biol.*, **326**, 1523 (2003).
7）I. Oda, M. Iwaki, D. Fujita, Y. Tsutsui, S. Ishizaka, M. Dewa, M. Nango, T. Kajino, Y. Fukushima and S. Itoh：*Langmuir*, **26**, 13399-13406 (2010).
8）S. Niwa, L. J. Yu, K. Takeda, Y. Hirano, T. Kawakami, Z. Y. Wang-Otomo and K. Miki：*Nature*, **508**, 228 (2014).
9）P. Jordan, P. Fromme, H. T. Witt, O. Klukas, W. Saenger and N. Krauss：*Nature*, **411**, 909 (2001).
10）石坂壮二：2006年度名古屋大学大学院理学研究科物質理学（物理系）専攻修士論文.
11）大岡宏造，野地智康，伊藤滋：未発表.
12）Y. Umena, K. Kawakami, J. R. Shen and N. Kamiya：*Nature*, **473**, 55 (2011).
13）T. Noji, C. Kamidaki, K. Kawakami, J. R. Shen, T. Kajino, Y. Fukushima, T. Sekitoh and S. Itoh：*Langmuir*, **27**, 705 (2011).
14）C. Kamidaki, T. Kondo, T. Noji, T. Itoh, A. Yamaguchi and S. Itoh：*J. Phys Chem B*, **117**, 9785 (2013).
15）T. Itoh, T. Shimomura, Y. Hasegawa, J. Mizuguchi, T. Hanaoka, A. Hayashi, A. Yamaguchi, N. Teramae, M. Ono and F. Mizukam：*J. Mater. Chem*, **21**, 251 (2011).
16）T. Noji, K. Kawakami, J. R. Shen, T. Dewa, M. Nango, N. Kamiya, S. Itoh and T. Jin：*Langmuir*, **32**, 7796 (2016).
17）T. Noji, M. Kondo, T. Jin, T. Yazawa, H. Osuka, Y. Higuchi, M. Nango, S. Itoh and T. Dewa：*J. Phys. Chem. Lett.*, **5**, 2402 (2014).
18）T. Noji, T. Suzuki, M. Kondo, T. Jin, K. Kawakami, T. Mizuno, H. Oh-Oka, M. Ikeuchi, M. Nango, Y. Amao, N. Kamiya and T. Dewa：*R. Chemical Intermed.*, Sept. (2016) in press.
19）R. Narikawa, Y. Fukushima, T. Ishizuka, S. Itoh and M. Ikeuchi：*J. Mol. Biol.*, **380**, 844 (2008).
20）J. Deere, E. Magner, J. G. Wall and B. K. Hodnett：*Chem. Commun.*, **5**, 465 (2001).
21）J. Fan, J. Lei, L. Wang, C. Yu, B. Tu and D. Zhao：*Chem. Commun.*, **17**, 2140 (2003).
22）H. Takahashi, B. Li, T. Sasaki, C. Miyazaki, T. Kajino and S. Inagaki：*Microporous Mesoporous Mater.*, **755**, 44-45, (2001).

第2章 ヘテロシスト形成型シアノバクテリアを利用した光生物学的水素生産法

神奈川大学 井上 和仁

1. はじめに

地表に到達する太陽光エネルギーは，人類が消費する化石燃料エネルギーの6,000倍以上と膨大であり，量的に再生可能エネルギー源として有望であるが，その平均エネルギー密度は約1,500 $kWhm^{-2}yr^{-1}$と低く，いかにして経済性を確保しつつこれを利用するかが課題となる。植物や藻類などの光合成生物を利用したバイオ燃料の研究はさまざまに行われているが，エネルギー変換効率，経済性，大規模化，食料生産との競合など克服すべき課題は多い。本稿では，ヘテロシスト形成型シアノバクテリアを利用した光生物学的な水素生産に関する研究の現状について，筆者らが行っている研究を中心に紹介する。

2. 光合成の電子伝達系

光合成での光エネルギーの化学エネルギーへの変換は光化学系と呼ばれる反応系で行われ，シアノバクテリアや植物の葉緑体には光化学系IIと光化学系Iの2種類の光化学系が存在する。光化学系IIは強い酸化力を形成してH_2Oを分解し，光化学系Iは強い還元力を形成して$NADP^+$を還元する（**図1**）。光化学系IIもIもチラコイド膜内で大きな色素タンパク質複合体として存在するが，これはそれぞれ複合体のコアをなす反応中心とその周辺を取り巻くアンテナ複合体から構成される。

光合成の最初の反応は光合成色素による光吸収で，そのエネルギーは励起エネルギーとして反応中心に存在する反応中心クロロフィルに移動する。反応中心クロロフィルは特殊な環境に置かれたクロロフィルの二量体（スペシャルペア）で，光化学系IIではP680，光化学系IではP700と呼ばれる。光合成色素の種類は生物種により多様性がみられ，多くのシアノバクテリアはクロロフィル*a*，カロテノイド，フィコビリンを持つ。

励起状態の反応中心クロロフィルから電子が一次電子受容体，さらに，二次，三次の電子受容体へと次々と受け渡される。光化学系IIでは$P680^*$（*は励起状態を示す）から電子がフェオフィチン（Pheo），PQ_Aを経てPQ_Bに渡る。PQ_AとPQ_Bはキノンの1種であるプラストキノンである。PQ_Bは2個の電子を受け取るとストロマ側でH^+を2個結合して還元型のPQH_2となって反応中心からチラコイドの膜中に遊離する。一方，光化学系Iでは$P700^*$から放出された電子は5種類の電子受容体A_0，A_1，F_X，F_A，F_Bを経てストロマにある可溶性のタンパク質であるフェレドキシン（Fd）に渡り$NADP^+$を還元してNADPHを生産する。F_X，F_A，F_Bはいずれも4個の鉄と4個の硫黄が作る4Fe-4S型の鉄硫黄クラスターである。反応中心に多く

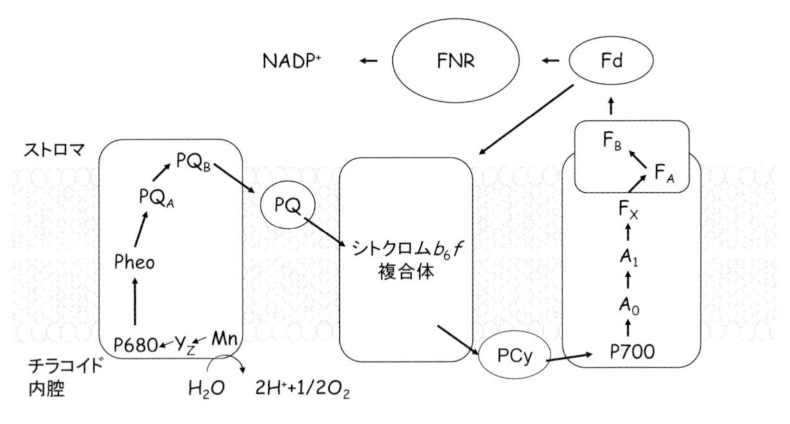

Mn：光化学系Ⅱ複合体に結合したマンガンクラスター，Y_Z：光化学系Ⅱ複合体のチロシン残基，Pheo：フェオフィチン，PQ：プラストキノン，PCy：プラストシアニン，A_0：初発電子受容体，A_1：二次電子受容体，F_X：鉄硫黄クラスター X，F_B：鉄硫黄クラスター B，F_A：鉄硫黄クラスター A，Fd：フェレドキシン，FNR：Fd-$NADP^+$レダクターゼ

図１　光合成の電子伝達系

の電子受容体が存在するのは，電子を放出して正電荷を持った反応中心クロロフィルから電子を引き離して電荷の再結合を防ぐことにあると考えられる。酸化された反応中心クロロフィルは，外部の電子源から電子を得て再還元される。光化学系Ⅱ反応中心のチラコイドの内腔側にはマンガンクラスターを触媒中心に持つ酸素発生系（水分解系）があり，水の酸化によって放出された電子によって$P680^+$が還元される。$P700^+$は光化学系Ⅱで還元されたPQH_2からシトクロム b_6f 複合体を経て，最終的にはチラコイドの内腔に存在する銅タンパク質であるプラストシアニン（PCy）に渡った電子により還元される（図1）。キノンは脂溶性の物質で，チラコイド膜内部にキノンプールとして大量の分子が存在している。光化学系Ⅱとシトクロム b_6f 複合体の間でのキノンを介したH^+の移動と電子伝達はキノンサイクルと呼ばれ，チラコイド膜を隔て内腔とストロマとの間に大きなH^+の濃度勾配，すなわち電気化学ポテンシャルを形成する。この電気化学ポテンシャルを利用して，F 型 ATP アーゼ CF_0-CF_1 複合体が ADP と無機リン酸を結合して ATP を合成する。二酸化炭素固定反応（カルビン回路）は，光合成電子伝達系で合成された ATP と NADPH により駆動される。

上述した水から$NADP^+$に至る電子伝達系はZ-スキームまたは直線的な電子伝達系と呼ばれるが，条件により，光化学系Ｉだけを使った循環的な電子伝達系も働く。この場合は，光化学系Ｉからの電子がFdを経由してシトクロム b_6f 複合体に渡り酸化型のPQを還元しストロマ側の H^+を利用して PQH_2 となる。チラコイド膜中に遊離した PQH_2 はシトクロム b_6f 複合体の還元型キノンの結合部位に到達するとルーメン側へ H^+を放出し，チラコイド膜を隔てたH^+の濃度勾配を形成し CF_0-CF_1 複合体での ATP 合成に利用される。循環的な電子伝達系では光化学系Ⅱは駆動しないので，水の分解は起こらない。また，緑色硫黄細菌や紅色細菌などの，いわゆる光合成細菌は光化学系を１種類しか持っておらず，循環的な電子伝達系でH^+の濃度勾配を形成する。

3. ヘテロシスト形成型シアノバクテリア

シアノバクテリアは形態学的にも，生態学的にも非常に大きな多様性を持つ細菌群である。このなかで一部の糸状性シアノバクテリア（*Anabaena*や*Nostoc*属など）は，硝酸塩類などの窒素栄養源が欠乏した条件下では，通常の酸素発生型光合成を行う栄養細胞の一部が，約10～20細胞の間隔で異型細胞（ヘテロシスト）へと分化する。ヘテロシストは窒素固定に特化した細胞で，内部でニトロゲナーゼを発現し大気中のN_2を還元しアンモニアを生産する。

ヘテロシスト内部は，酸素発生を行う光化学系Ⅱの活性を欠いており，加えて細胞壁を肥厚させて外部から細胞内への酸素透過を防ぎ，呼吸活性を増加させて酸素を除去しており，細胞内部の酸素濃度は低い状態に保たれている。ニトロゲナーゼは酸素により失活しやすいが，上記のように，ヘテロシスト内部は酸素濃度が低いため活性を維持することができる。糸状体全体としては通常の光合成を行う栄養細胞と窒素固定を行うヘテロシストで役割を分業させており，糸状体はあたかも多細胞生物のような細胞共同体として存在している。糸状体の細胞間には細胞間連絡が存在し，栄養細胞で酸素発生型光合成による糖質合成が行われ，その糖質がヘテロシストへ運ばれ，ニトロゲナーゼ反応を駆動する還元力の源となる。ヘテロシストには光化学系Ⅰが存在するので循環的な電子伝達系によって光エネルギーを利用してニトロゲナーゼ反応に必要なATPを生産でき，合成されたアンモニアはグルタミンに変換されて栄養細胞へと輸送される。このように酸素発生を伴う光合成と嫌気条件を必要とする窒素固定が空間的に分離されることにより，糸状体全体として酸素発生型光合成とニトロゲナーゼ反応の両立が可能となる（**図2**）。

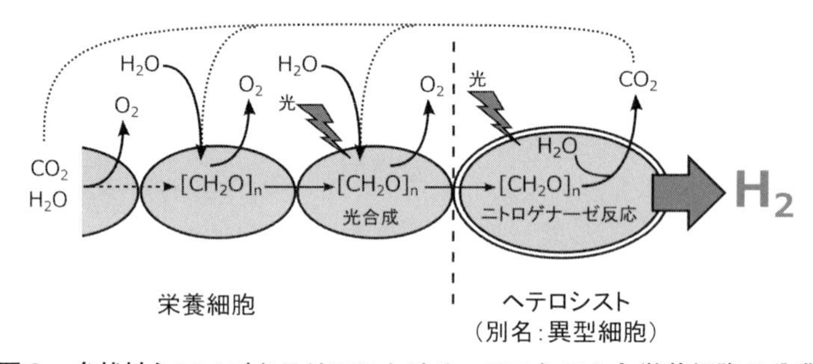

図2　糸状性シアノバクテリアにおけるヘテロシストと栄養細胞の分業

4. ヒドロゲナーゼとニトロゲナーゼ

シアノバクテリアの水素生産に利用できる酵素はヒドロゲナーゼとニトロゲナーゼであり，後者は一部のものだけが持つ。ニトロゲナーゼは，空気中の窒素ガスをアンモニアへと固定する酵素で，マメ科植物の根に共生する根粒菌など，一部の原核生物のみが活性を持つ。水を電子供与体として利用できる光合成生物のうち，ニトロゲナーゼを持つのは，一部のシアノバクテリアに限られ，クロレラ，クラミドモナス，ユーグレナなどの真核光合成生物は持たない。ニトロゲナーゼは，多くの場合，モリブデン（Mo），鉄（Fe），硫黄（S）からなる金属クラスターを結合している（Mo型ニトロゲナーゼ）が，Moの代わりにバナジウム（V）(V型ニトロゲナーゼ）やFeのみ（Fe-only型ニトロゲナーゼ）を持つものもある。窒素固定の効率が最も高いとき（N_2濃度が十分高いとき），Mo型酵素の反応は，式(1)のように表され，電子の1/4が水素生産に向けられるニトロゲナーゼによる窒素（N_2）固定反応では，アンモニア生成に伴う必然的な副産物として水素が発生する。

$$N_2 + 8e^- + 8H^+ + 16ATP \rightarrow H_2 + 2NH_3 + 16\ (ADP + P_i) \tag{1}$$

式(1)では，電子の約3/4が窒素固定（N_2還元）に，残りの約1/4が水素発生（H^+還元）に使われる。窒素ガスが存在しないアルゴン（Ar）気相下などでは，投入された全ての電子が水素生産に向かう。

$$2H^+ + 2e^- + 4ATP \rightarrow H_2 + 4\ (ADP + P_i) \tag{2}$$

反応に必要な電子は，直接的にはFdまたはフラボドキシン（フラビンタンパク質）から供給される。ニトロゲナーゼは，式(1)に示されるように大量のATP（生体内の高エネルギー物質）を消費するので，理論的な最大エネルギー変換効率は低いが，ヒドロゲナーゼと異なり酸素存在下でも不可逆的に水素を生産できる点が，大規模生産時の省力化にとっての利点となる（**表1**）。

ヒドロゲナーゼは，水素の発生または吸収を触媒する酵素で，次の反応を触媒する。

$$2H^+ + 2e^- \rightleftarrows H_2 \tag{3}$$

生理的条件下で，上記のように可逆的に反応を触媒できるものは，双方向性（可逆的）ヒドロゲナーゼ（シアノバクテリアのものはNiFe型ヒドロゲナーゼHox，緑藻のものはFe型ヒドロゲナーゼ）と呼ばれ，水素生産への利用が可能である。この反応の電子供与体はFdまたはNADPHである。これに対し，水素の吸収だけを触媒するものは，取込み型ヒドロゲナーゼ（Hup）と呼ばれ，ヘテロシスト内部で発現している。Hupはニトロゲナーゼにより発生するH_2を再吸収し，エネルギーの損失を防いでいると考えられる。

光合成微生物では，各種光合成細菌，シアノバクテリア，緑藻など多くのものがヒドロゲナーゼを持つ。ニトロゲナーゼと比較して，ヒドロゲナーゼは反応にATPを必要としないので理論的最大エネルギー変換効率が高い。しかし，酸素発生型光合成生物のヒドロゲナーゼを利用して水素生産を行わせる場合は，酵素が正逆両方向の反応を触媒するため（式(3)），夜間や曇天下では水素の再吸収が起こり，水素の生産効率は著しく低下する。窒素ガスを常にフローさせながら水素を収穫する方法もあるが，低濃度の水素しか得られない。緑藻クラミドモナスでは，

表1　水素生産に利用されるヒドロゲナーゼとニトロゲナーゼ

	反応式	長所	短所
ヒドロゲナーゼ	$2e^- + 2H^+ \rightleftarrows H_2$	理論的エネルギー効率が高い	可逆反応であり、水素の再吸収（夜間、曇天下）の抑制が必要
ニトロゲナーゼ	$8e^- + 8H^+ + 16ATP \rightarrow 2NH_3 + H_2 + 16\ (ADP + Pi)$	不可逆反応であり、酸素存在下でも水素の吸収を抑制可能	理論的エネルギー変換効率が低い

第1段階で通常の光合成を行わせて細胞内に光合成産物を蓄積させたのち，第2段階で細胞を嫌気的気相下で硫黄欠乏培地に移して光照射を続けると，酸素発生を伴う通常の光合成活性が低下し，次いで，前段階で蓄積した糖質を分解して水素を連続光下で3～5日程度生産できる。硫黄欠乏下ではタンパク質の合成が阻害され，光化学系Ⅱの光失活からの修復が行えず酸素発生が停止すると考えられる。このようにして，酸素発生期から嫌気的水素生産期へと培養条件を変えることで時間的に分離できるので，ヒドロゲナーゼを利用して水素生産を行うことは可能である[1)]。

水素生産におけるヒドロゲナーゼとニトロゲナーゼの長所および短所を表1に示す。ニトロゲナーゼを利用した水素生産は，理論的最大エネルギー変換効率の点ではヒドロゲナーゼ利用系より低いが，遺伝子工学的手法による改良を積み重ね，エネルギー変換効率を高めていけば，その長所（表1）から水素生産の省力化，低コスト化，大規模化の可能性が開けると期待される。

筆者らは，このような総合的判断から，ニトロゲナーゼを基礎とする水素生産方式を採用し，その研究開発に取り組んでいる[2)-5)]。

5. 遺伝子工学によるシアノバクテリアの改良

5.1　形質転換法

光合成の研究によく用いられる*Synechocystis* sp. PCC6803は自然形質転換が可能であり，単にDNAと細胞を混合するだけでDNAは細胞内に取り込まれて，相同組み換えでゲノムに取り込ませることが可能である。一方，多くのシアノバクテリア（*Nostoc*，*Anabaena*など）は，独自の制限酵素系を持っているため，その認識部位をあらかじめDNAメチラーゼ遺伝子を組み込んだ大腸菌内でメチル化する必要がある。著者らは，Wolkらの開発したtriparental mating[6)]を用いて，*Nostoc*や*Anabaena*の形質転換を行っている。この方法は，形質転換させたいシアノバクテリア株と，その株が持つ制限酵素の認識部位をメチル化するメチラーゼ遺伝子と導入したい遺伝子の両方を持つ大腸菌株，さらに接合性プラスミドを持つ大腸菌の3種の細菌細胞を混合後，形質転換できたシアノバクテリア株を薬剤スクリーニングする。*Nostoc*や*Anabaena*では，ほとんどの場合，相同組換えは1点（1ヵ所）でしか起こらない。2点（2ヵ所）での相同組換えによる遺伝子置換を行う場合，1点での相同組換え株を単離後，この株を用いて，もう一度接合による形質転換，薬剤耐性および*sacB*遺伝子（スクロース致死遺伝子）を用いたスクロース耐性によるスクリーニングを行うので，自然形質転換法に比べて時間と労力が必要となる。

5.2　取込み型ヒドロゲナーゼHupLの遺伝子破壊

Anabaena sp. PCC 7210株は，窒素固定シアノバクテリアとして初めて全ゲノム塩基配列が明らかにされた株である[7)]。この株は，取込み型（Hup）および双方向型（Hox）の2種類のヒドロゲナーゼ遺伝子を持つ[3) 8)]。また，*Nostoc* sp. PCC 7422株は，シアノバクテリア株のなかから光合成に基づくニトロゲナーゼ活性が最も高い野生株として選抜された株である[9)]。この株はHox活性がほとんどなく，Hup活性のみが高い。筆者らは，この2株を主に用いて遺伝子工

学的な改良を進めている。

Nostoc sp. PCC 7422のHup活性を遺伝子工学的に不活性化した変異株ΔHup株では，水素生産活性が野生株に比べて3倍程度増加し，光合成による酸素発生を行いながら水素を約30%（v/v）まで蓄積できた[9]。

5.3　ホモクエン酸合成酵素NifVの破壊

Mo型ニトロゲナーゼはN_2還元の触媒活性部位であるFeMo-cofactorと呼ばれる金属クラスターを結合するモリブデン・鉄タンパク質（ジニトロゲナーゼ）とこれに電子を供給する鉄タンパク質（ジニトロゲナーゼレダクターゼ）から構成される[10]。モリブデン-鉄タンパク質は*nifD*遺伝子がコードするαサブユニット2個と*nifK*遺伝子がコードするβサブユニット2個からなるヘテロ四量体から構成されるが，結晶構造解析によるとFeMo-cofactorはシステイン残基とヒスチジン残基を介してαサブユニットに結合している（**図3**）。FeMo-cofactorのMo原子に結合するホモクエン酸は，効率的な窒素固定反応を行うためには必須であり，従属栄養細菌*Klebsiella pneumoniae*では，ホモクエン酸の合成酵素遺伝子*nifV*を破壊すると，ホモクエン酸の代わりに炭素鎖が1つ短いクエン酸がFeMo-cofactorに結合するようになり[11]，N_2還元はほとんどできなくなるが，水素生産は野生株と同程度の活性を持つ[12]。Masukawaら[13]は*Anabaena* PCC7120のΔHup株を親株としてヘテロシスト内で発現するホモクエン酸合成酵素の遺伝子*nifV1*の破壊株を作成した。この株は親株であるΔHup株に比べて培養液あたり水素生産性が2倍程度増加した。

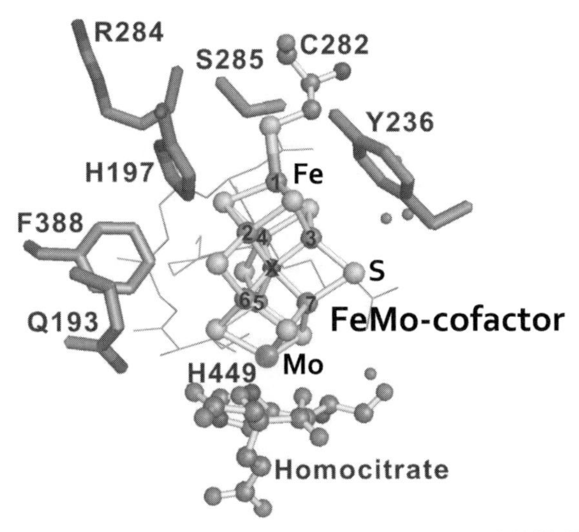

図3　Mo型ニトロゲナーゼのFeMo-cofactor周辺の立体構造[14]

5.4　FeMo-Co 周辺を取り巻くアミノ酸残基の部位特異的置換株

続いて，Masukawa ら[14]は，N_2ガス存在下のニトロゲナーゼ反応（式(1)）における電子の大部分（約3/4）が窒素固定に使われ，水素生産に使われる電子がわずか（約1/4）であるため，この電子配分比率を遺伝子工学的手法により変更し，N_2存在下の窒素固定活性が低く，水素生産活性が上昇する変異株を作成した。ニトロゲナーゼは，その活性部位にモリブデン（Mo）と鉄（Fe）からなる金属クラスターを持ち，その近傍には高度に保存されたアミノ酸残基が位置している。この立体構造情報をもとに，活性中心近傍アミノ酸残基のなかから6つの残基を選び（図3），別の残基への置換株を合計49株作成した。ほとんど変異株で窒素固定活性が大幅に低下したが，そのうちのいくつかの株は，N_2ガス存在下でも水素生産の低下が見られず，親株ΔHup株と比較して，約3～4倍高い水素生産活性を示し向上した。これらのなかから最も優れた置換株を選び，長期間にわたる水素生産性について評価した[15]。親株は窒素固定活性が高いので窒素栄養充足になりニトロゲナーゼ活性が低下する結果，水素生産の活性レベルは低く持続しない。一方，置換株では，窒素固定活性が大幅に低下しているので，N_2存在下でも窒素栄養充足になりにくく，比較的高い水素生産活性が約3週間にわたり持続するようになった。これまでは，気相中のN_2ガスをArガスで置換することで，窒素栄養飢餓状態にして高活性を持続させることができたが，このような改変株の利用により，コストのかかるArガスは必要なくなり，水素生産のための培養ガスのコストの削減が可能となった。

6.　水素バリア性プラスチック素材を利用したバイオリアクター

大規模にシアノバクテリアを培養し水素生産を行わせる場合，バイオリアクターのコスト低減が大きな課題となる。ガラスやアクリルを素材としたバイオリアクターは大型化が困難であり，大きなコストもかかる。筆者らは水素バリア性プラスチック膜を含む3層のプラスチックバッグを用いることで，安価なバイオリアクターの作成が可能であると提案している[16]。水素バリア性プラスチック膜として，市販品のBeselaフィルム（㈱クレハ）およびGLフィルム（凸版印刷㈱）を選択し，水素のバリア性について検討した。両者ともPET樹脂フィルムをベースとしたラミネート膜で，水素ガスバリア層は前者がアクリル酸樹脂系高分子コート，後者が酸化アルミニウムコートとなっている。どちらも水素ガスバリア層の上に，二軸延伸ナイロン層，さらに無延伸ポリプロピレン（CPP）または直鎖状低密度ポリエチレン（LLDPE）層がラミネートされている。これら4種類のバッグ，Besela-CPP（Be-P），Besela-LLDPE（Be-E），GL-CPP（Gl-P），GL-LLDPE（Gl-E）をオートクレーブ滅菌処理（120℃，20 min），間欠滅菌処理（100℃，20 min，3回）したもの，および未加熱処理のものを，熱融着によって密閉バッグを作り，内部に封入した水素ガスの透過性を測定した。一例を挙げると，ガスサンプリングデバイスを付けたGl-Eバッグに17%（v/v）となるように水素ガスを注入し，内部水素ガス濃度の測定を行ったところ，15日目でも15%程度保持された。同様の測定を4種類の未加熱および加熱処理済みフィルムで行い，水素透過性を算出した。これらプラスチックバッグの水素透過性は20～90 $cm^3m^{-2}day^{-1}atm^{-1}$程度であり，将来の実用化の材料として候補となり得ることが示された。

また，加熱処理のGl-Eを用いて，密閉容器内での水素生産量とプラスチックバッグ内での水素生産量を比較した。窒素栄養充足培地（BG11）から窒素欠乏培地（$BG11_0$）へと移した *Nostoc* sp. PCC 7422 ΔHupL株の細胞培養液を，同じ直径の，容量のガラス容器に等量ずつ分注し，一方の容器はブチルゴム栓で密封，もう一方の容器はプラスチックバッグに入れた。初期気相を1% N_2/5% CO_2/94% Arにして，12時間ごとの明暗周期光照射を行いながら生産された水素の蓄積量を測定した。その結果，3日目まではどちらの水素蓄積量もほぼ同等であったが，光照射後9日目ではプラスチックバッグの水素蓄積量が密閉容器に比べて約30%程度多かった。密閉内部では水素と酸素の混合ガスが蓄積し，酸素の分圧が高まることでニトロゲナーゼの活性が低下することが予想される。しかし，柔軟性のあるプラスチック素材によるバッグでは，この活性の低下が緩和されたことが考えられる。

7. 今後の課題

今後さらにエネルギー変換効率と長期の生産性を向上させコストを削減するためには，ヘテロシスト形成頻度の改変，V型，Fe-only型などの代替ニトロゲナーゼの利用，電子伝達系や色素系などの改変，バイオリアクターの大型化，多層化も今後必要である。

これらの改良を積み重ねることで，水素生産が強光下で数週間持続するようにし，光から水素へのエネルギー変換効率を屋外の条件下で1%以上に高めることが今後の目標である。

文　献

1）M. L. Ghirardi et al.：*Annu. Rev. Plant Biol.*, **58**, 71（2007）.
2）H. Masukawa et al.：*Ambio*, **41**, 169-173（2012）.
3）H. Sakurai et al.：*J. Photochem. Photobiol., C. Photochem. Rev.*, **17**, 1-25（2013）.
4）H. Sakurai et al.：*Mar. Biotechnol.*, **9**, 128-145（2007）.
5）H. Sakurai et al.：*Life*, **5**, 997-1018（2015）.
6）T. Thiel et al.：*Methods Enzymol.*, **153**, 232-243（1987）.
7）T. Kaneko et al.：*DNA Res.*, **8**, 205-213（2001）.
8）P. Tamagnini et al.：*Microbiol. Mol. Biol. Rev.*, **66**, 1-20（2002）.
9）F. Yoshino et al.：*Mar. Biotechnol.*, **9**, 101-112（2007）.
10）L. C. Seefeldt et al.：*Annu. Rev. Biochem.*, **78**, 701-722（2009）.
11）S. M. Mayer et al.：*J. Biol. Chem*, **277**, 35263-35266（2002）.
12）P. A. McLean et al.：*Nature*, **292**, 655-656（1981）.
13）H. Masukawa et al.：*Appl. Environ. Microbiol.*, **73**, 7562-7570（2007）.
14）H. Masukawa et al.：*Appl. Environ. Microbiol.*, **76**, 6741-6750（2010）.
15）H. Masukawa et al.：*Int. J. Hydrogen Energ.*, **39**, 19444-19451（2014）.
16）M. Kitashima et al.：*Biosci. Biotech. Bioch.*, **76**, 831-833（2012）.
17）桜井英博，柴岡弘郎，芦原坦，高橋陽介著：植物生理学概論　培風館，49-98（2008）.
18）L. Taiz and E. Zaiger 編，西谷和彦，島崎件一郎監訳：植物生理学　第3版，培風館，109-141（2004）.

第3章　錯体化学的アプローチ1—CO_2還元反応

東京理科大学　倉持　悠輔，東京工業大学　石谷　治

1. はじめに

今日，化石資源の大量消費に伴うCO_2（二酸化炭素）の排出により，地球温暖化や海洋酸性化など地球環境に深刻な変化を引き起こしつつある。このようなことから，植物の光合成のように太陽光エネルギーを利用してCO_2を還元し高エネルギー物質を得る技術は，上記環境問題を解決するだけでなく化石燃料の枯渇の問題も同時に解決できることから近年非常に注目を集めている。しかしながら，CO_2は炭素が最も酸化された安定な状態であり，これを高エネルギー物質へと変換するには困難を伴う。たとえば，CO_2の一電子還元の平衡電位は式(1)に示すように−1.9 Vと非常に高く，また得られる生成物は不安定である。ただし多電子が関与するCO_2還元反応，たとえば二電子還元反応では，式(2)〜(4)に示すように一電子還元反応と比較するとはるかに低い電位でCO_2を還元できる[1) 2)]。

$$CO_2 + e^- \rightarrow CO_2^{\bullet -} \quad : -1.9\ \mathrm{V}\ (\mathrm{vs.\ SHE}) \tag{1}$$

$$2CO_2 + 2e^- \rightarrow CO + CO_3^{2-} \quad : -0.64\ \mathrm{V} \tag{2}$$

$$CO_2 + 2H^+ + 2e^- \rightarrow CO + H_2O \quad : -0.52\ \mathrm{V} \tag{3}$$

$$CO_2 + 2H^+ + 2e^- \rightarrow HCOOH \quad : -0.61\ \mathrm{V} \tag{4}$$

それでもなおプロトン還元の平衡電位は上記反応より正側にあり，熱力学的にはCO_2よりもプロトンの還元が先行して起こりやすい。そこで，CO_2還元触媒には多電子還元反応を駆動し，またプロトン還元に対しては高い活性化エネルギーを有する特性が求められる。

金属錯体は，利用可能な複数のレドックス状態をとることができ，また多電子反応を駆動できることから，有望なCO_2還元触媒として研究されてきた[1) 2)]。さらに金属錯体は，固体触媒などの不均一系触媒と比較して分子レベルでの調整が可能であり，均一系で取り扱うことにより反応中間体の同定や反応機構にかかわる情報を得ることができる。また，プロトン還元の抑制が可能で，水系溶媒中においてCO_2を優先的に還元できる系が構築できるのも特長の1つである。これまで，報告されている金属錯体触媒の中心金属元素は第6〜11族に及んでおり，近年その金属元素種の種類は広がりつつある。CO_2還元触媒能が知られる主な金属錯体としては，Ni（ニッケル）(Ⅱ）およびCo（コバルト）(Ⅱ）のテトラアザマクロサイクリック錯体，Fe（鉄）(Ⅲ）ポルフィリンおよびFe（Ⅱ）ジイミン錯体，Pd（パラジウム）(Ⅱ）ホスフィン錯体，Re

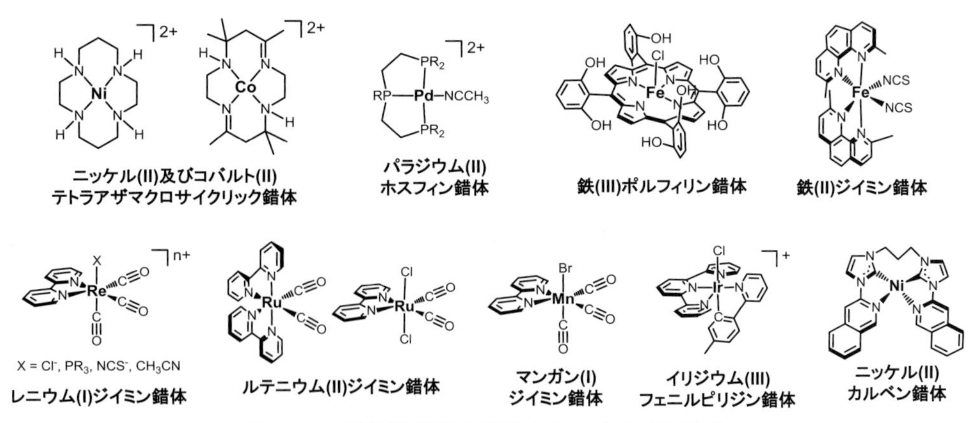

図1　二酸化炭素還元触媒能を有する金属錯体

(レニウム)(Ⅰ) およびRu (ルテニウム)(Ⅱ) ジイミン錯体が挙げられ，最近ではMn (マンガン)(Ⅰ) ジイミン錯体，Ir (イリジウム)(Ⅲ) トリイミン錯体やNi (Ⅱ) *N*-ヘテロ環状カルベン錯体なども報告されている (**図1**)。本稿では，これら金属錯体触媒の活性に寄与する要因について分子設計の観点から解説し，またCO_2還元触媒反応評価に用いられる電気化学的および光化学的還元の手法についての違いや注意点について述べる。最後にそれら金属錯体触媒を用いて太陽光，水，CO_2から有機物を合成する試みについて紹介する。

2. η_1-CO_2付加錯体と触媒活性

多くの金属錯体触媒によるCO_2還元反応では，二電子還元反応によりCOかギ酸，もしくはその両方を与えるものがほとんどである。この場合，CO_2還元反応は金属錯体前駆体が還元されることにより開始され，生成した電子豊富な金属錯体がCO_2の炭素を求核攻撃，もしくはプロトンと反応する。その結果，それぞれ、η_1-CO_2付加錯体もしくはヒドリド錯体が中間体として生成する。生成物に至る詳細な反応機構が検討された系においては，COの生成はη_1-CO_2付加錯体を経由し，一方ギ酸生成は，主にヒドリド錯体にCO_2が挿入してできるギ酸錯体が反応中間体として提案されている。

Co (コバルト)(Ⅱ) テトラアザマクロサイクリック錯体において，η_1-CO_2付加錯体の安定性と構造の相関が詳しく調査されている。たとえば，**図2**に示したように配位子上のN-Hプロトンがη_1-CO_2付加錯体のCO_2の酸素と分子内水素結合し安定化に寄与していることが報告されており，また錯体の還元電位 ($Co^{+2/+}$) がより負側にシフトするとCO_2との結合力が強化される傾向がある[3]。さらにCO_2との結合力は溶媒によって大きく変化する。図1に示したCo錯体の還元体とCO_2との結合定数は，アセトニトリル中で1.2×10^4 M^{-1}であるが，水中では4.5×10^8 M^{-1}と40,000倍近くも大きな値を示す。これはCo (Ⅰ) に結合したCO_2が，水分子との水素結合により安定化するためと推定されている (図2)[4]。このように，η_1-CO_2付加錯体構造が，CO_2と水分子との水素結合によって安定化される現象は，Ruジイミン錯体においても観測されている。すなわち，[Ru(bpy)$_2$(CO)(η_1-CO_2)]^0 (bpy：2,2'-ビピリジン) の単結晶X線構造解析において３つの水分子がCO_2部位と水素結合ネットワークを形成していることが確認された。これら結晶水を取り除くと，η_1-CO_2付加錯体は分解してしまう[5]。また，金属錯体触媒の還元電位がより負側にシフトすると，触媒還元種とCO_2との反応速度に加え，CO_2還元反応速度も向上する現象は，ホスフィン配位子を導入したRe（Ⅰ）ビピリジントリカルボニル錯体[6]，Pd（Ⅱ）ホスフィン錯体[7]，ビピリジンの5,5'位にさまざまなアミド置換基を導入したRu（Ⅱ）ビピリジンビスカルボニルビスクロライド錯体[8]などでも観測されている。

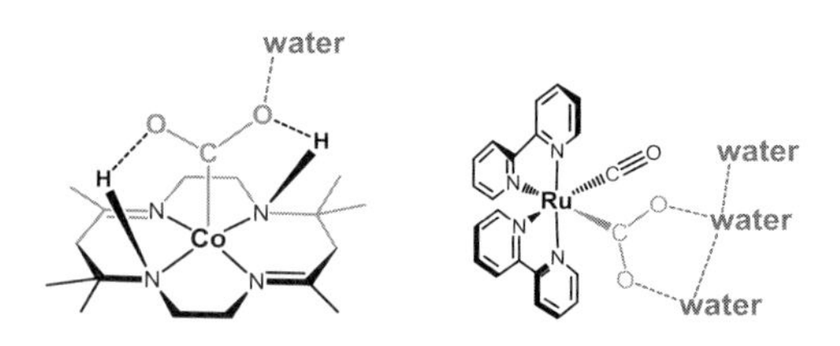

図２　水素結合によるη_1-CO_2付加錯体構造の安定化

最近筆者らは，光化学的CO_2還元反応でよく電子源として使用されるトリエタノールアミン（TEOA）が脱プロトン化してRe（Ⅰ）に配位した錯体*fac*-[Re(bpy)(CO)$_3$(OC$_2$H$_4$NR$_2$)]（R＝C$_2$H$_4$OH）がCO_2を効率良く分子内に取り込み，炭酸エステル錯体を生成することを見出した（**図３**）[9]。この錯体の光化学的還元反応により，非常に高効率にCO_2のCOへの変換が進行する。

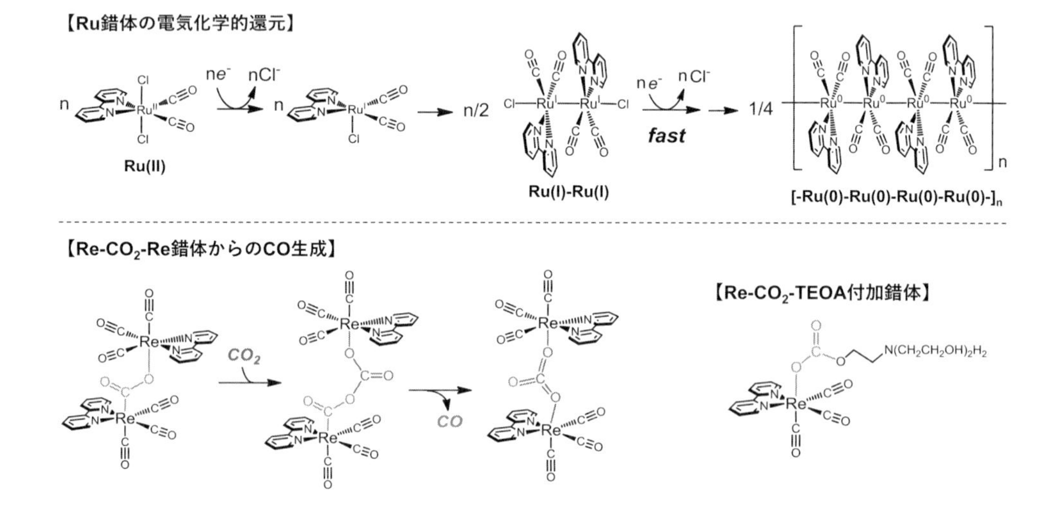

図３　Ru錯体触媒の還元によるポリマー錯体生成（上）と光化学的二酸化炭素還元反応におけるRe-CO_2付加錯体（下）

3. CO_2還元における光触媒反応と電気化学触媒反応の比較

金属錯体触媒によるCO_2還元反応を評価する際，錯体を還元する方法には主に以下の２つがある。すなわち，電極から電子を触媒に供給する電気化学的手法と，光増感剤を光励起して還元種を生成させ，そこから触媒に電子を供給する光化学的手法である。後者の触媒反応では，光増感剤の光励起状態の電子源による還元的消光過程と，それによって生成する光増感剤の一電子還元体から触媒への電子供給過程を経て進行する。図１に示したIr（Ⅲ）錯体やRe（Ⅰ）

錯体のように，触媒が直接光を吸収する光増感剤の役割を合わせ持つ例もあるが，光誘起電子移動を駆動する光増感剤およびCO_2を還元する触媒として，それぞれの目的に適した錯体を合わせ用いる方が耐久性や反応量子収率の点などで優れている場合が多い[1) 2) 10)]。光化学的CO_2還元反応では，光増感剤と触媒の濃度比や照射光量などの反応条件によっては，触媒上でのCO_2還元反応以外の過程，たとえば光増感剤の一電子還元体の生成などが律速段階となる場合もあることに注意が必要である。

電気化学的CO_2還元反応では，電極から触媒が直接電子を受け取り，触媒反応速度を電流値として簡便に観測できることから金属錯体の触媒活性評価に広く用いられてきた。ただし，この方法で錯体触媒の評価を行う際には，電極のごく表面に存在する触媒のみがCO_2還元反応に関与する点に注意しなければならない。触媒活性評価の1つとして，単位時間あたり触媒1分子が与える生成物の量を示すターンオーバー速度（TOF）は重要である。このTOFを，生成物を溶液中すべての触媒量で割って求めると，ある時点では触媒反応に関与できない電極から離れて存在する錯体まで加えて計算することになるので，触媒活性を過小評価してしまうことになる。この方法では，電極の表面積や形状がCO_2還元生成物の生成速度に大きく影響を与えることも問題となる。そこで真のTOFを求めるためには，不活性雰囲気下とCO_2雰囲気下のサイクリックボルタモグラム（CV）をそれぞれ測定し波形解析をすることにより，電極表面付近でCO_2還元に関与した触媒量を見積もり，その値と電流値をもとにTOFを求める手法がとられる。

触媒への印加電圧とTOFの関係を示す例として，2種類のポルフィリンのTOFの対数と，電極電位とCO_2還元の平衡電位の差（過電圧）のプロットを**図4**に示した[11)]。同じTOF＝100 (s^{-1}) を得るのに必要な電位で比較すると，FeTDMPPでは，1V近くの高い過電圧の印加が

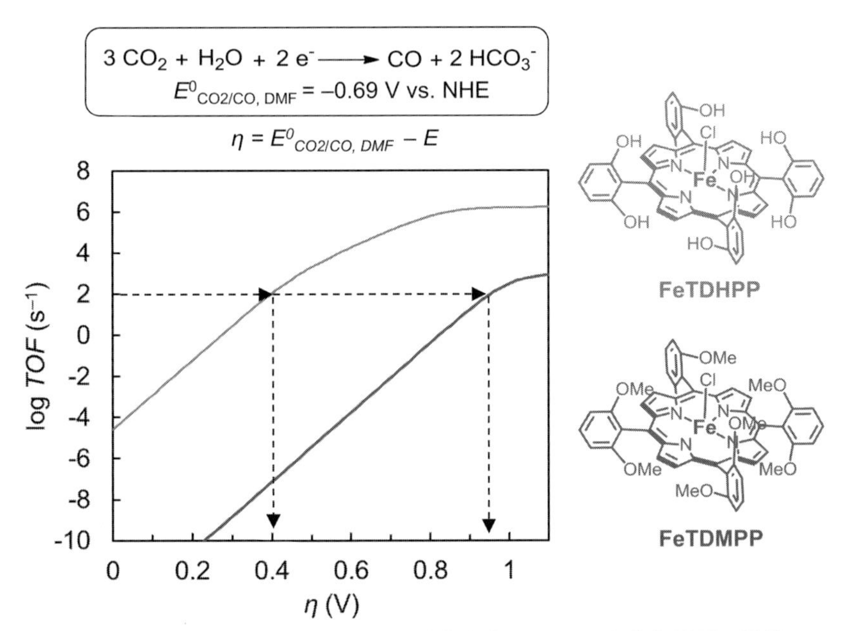

図4　ポルフィリン錯体触媒における二酸化炭素還元TOFと印加電圧の関係

必要であるが，FeTDHPPでは0.4 Vという低い過電圧で十分にCO_2還元が進行することがわかる。このような差が生じるのは，FeTDHPPのポルフィリン部に存在するOH基により，Feに付加したCO_2周辺のプロトン濃度が局所的に上昇し，プロトン共役電子移動が促進されたためと説明されている。このように，TOFと印加電圧の関係を検討することで，さまざまな錯体触媒の活性評価を統一的に行うことが可能になる。

CO_2還元における電気化学触媒反応と光触媒反応では，同じ錯体触媒を用いても，CO，ギ酸および副生する水素の生成物分布が異なったり，異なる錯体触媒を比較したときにその活性の序列が変わってしまったりすることがある。このような違いが生じるのは，以下のことが主因である。電極反応では，触媒への電子供給はスムーズで，たとえば，1つの錯体分子に一度の多電子を注入することも可能である。また，錯体触媒の1電子還元後の反応が素早く進行する場合，2個目の電子注入も高速で進行する（ECE機構による2電子還元)。ところが，光化学反応では基本的に1光子の吸収により1電子しか移動できない。このため触媒の2電子目の還元は，通常高速に進行せず，複雑な反応過程を伴うことも多い。たとえば，Ru錯体触媒*trans*(Cl)-Ru(bpy)$(CO)_2Cl_2$の定電位電解反応を行うと，1電子還元された触媒は速やかにクロライドイオンを脱離し，より還元されやすい錯体へと変換されるため，同じ電位で速やかにもう1電子を受け取りRu（0）ポリマーへと変化する（図3)[12]。このRu（0）ポリマーがさらに還元されてCO_2と反応し，COを選択的に与えることが報告されている。一方で，同じ錯体を触媒として用いても，Ru（Ⅱ）トリス（ビピリジン）錯体（$[Ru(bpy)_3]^{2+}$）を光増感剤，1-ベンジル-1,4-ジヒドロニコチンアミド（BNAH）を電子源として共存させて光反応を行うと，Ru (0) ポリマーは生成せずCO_2還元生成物としてCOだけでなくギ酸も与える。光化学反応のケースでは，触媒の還元が，光増感剤の1電子還元種との衝突により段階的に進行するため，Ru（Ⅰ）触媒二量体が比較的安定に溶液中に存在することができる。この二量体が，ギ酸生成の前駆体となることが，光化学系ではギ酸が生成した原因ではないかと推定されている[13]。

また，Re錯体*fac*-$[Re^{I}(bpy)(CO)_3L]^{n+}$を触媒として用いた場合，電気化学的$CO_2$還元反応では，2電子還元されたRe錯体が中間体として生成しCO_2と反応する機構が進行する[14]。一方，光化学的CO_2還元反応では，*fac*-$[Re^{I}(bpy)(CO)_3L]^{n+}$の光化学的1電子還元が進行したあと$CO_2$と反応することで生成した反応中間体が，もう1分子のRe錯体の1電子還元種から2電子目を供与されることによりCOが生成する（図3)[6,15]。

4. 半導体と金属錯体のハイブリッド光触媒

人工光合成系を実用化するためには，還元剤として有機物などを使うのではなく，地球上に豊富に存在する水を利用できるシステムを構築しなければならない。近年，これを目指した，水の還元よりCO_2還元を優先的に起こすことができる金属錯体触媒と，水から電子を取ることのできる半導体光触媒，もしくは太陽電池と水の酸化触媒を組み合わせたハイブリッド光触媒が報告されている[16,17]。太陽光の主成分を占める可視光の有効利用も，人工光合成系の実用化のためには達成すべき条件である。そのために，植物の光合成が行っている2光子の順次的な利用による電子移動反応（Z-スキーム）を組み込んだCO_2還元光触媒の開発も盛んに行われる

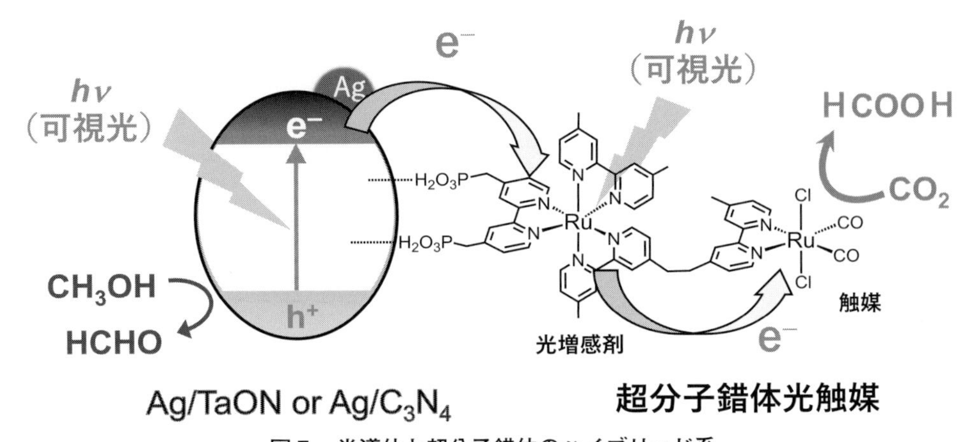

図5　半導体と超分子錯体のハイブリッド系

ようになった。たとえば，光増感剤と金属錯体触媒を架橋配位子により結合した超分子型錯体光触媒と，Ag（銀）を担持した酸窒化タンタル（V）やカーボンナイトライド（C_3N_4）などの半導体光触媒を結合させることにより，錯体光増感剤と半導体がいずれも励起される[18)19)]。このことにより，錯体光触媒のみでは酸化できなかった比較的弱い電子源であるメタノールを用いてCO_2還元反応を駆動することが可能になっている（**図5**）。水を還元剤として用いることができるCO_2還元光触媒開発へつながる系ではないかと期待されている。

5. 今後の課題

金属錯体触媒は，水中においても水素生成を伴わずにCO_2を選択的に駆動できる特長があり，CO_2還元能の低い半導体光触媒と組み合わせてもCO_2還元を高効率および高選択的に駆動することが可能になることが近年の研究で明らかになった。この点からも，金属錯体によるCO_2還元触媒反応はさらに注目されるであろう。しかし，金属錯体触媒によるCO_2還元反応の機構についてはいまだ不明な点も多い。これが今後の高機能な新規（元素戦略的な観点も考慮した）錯体触媒系の開発の足かせにならぬように，光増感剤と犠牲還元剤を合わせ用いた光化学的CO_2還元反応の，分光学的手法や速度論解析による反応機構解明を目指した研究はさらに深く多様に行われなくてはならない。また，水を還元剤として用いることのできる系への進展は必要不可欠である。その場合，水の酸化によって生成するO_2が還元サイトを阻害しない仕組みの開発が必要となる。また，金属錯体などの分子光触媒は，光密度の薄い太陽光を用いることを考えると，何らかの形で光を捕集する仕組み（植物の光合成における光アンテナに対応する）を組み込む必要がある。このように，この分野において解決すべき課題は山積している。金属錯体のCO_2還元選択性の高さを活用した，新たな研究がさらに活発に行われることを期待したい。

文　献

1）Y. Yamazaki, H. Takeda and O. Ishitani：*J. Photochem. Photobiol. C：Photochem. Rev.*, **25**, 106 (2015).

2）石谷治，野崎浩一，石田斉：複合系の光機能研究会選書２ 人工光合成，三共出版，165-193 (2015).

3）E. Fujita, C. Creutz, N. Sutin and D. J. Szalda：*J. Am. Chem. Soc.*, **113**, 343 (1991).

4）C. Creutz, H. A. Schwarz, J. F. Wishart, E. Fujita and N. Sutin：*J. Am. Chem. Soc.*, **113**, 3361 (1991).

5）H. Tanaka, B. Tzeng, H. Nagao, S. Peng and K. Tanaka：*Inorg. Chem.*, **32**, 1508 (1993).

6）K. Koike, H. Hori, M. Ishizuka, J. R. Westwell, K. Takeuchi, T. Ibusuki, K. Enjouji, H. Konno, K. Sakamoto, O. Ishitani：*Organometallics*, **16**, 5724 (1997).

7）P. R. Bernatis, A. Miedaner, R. C. Haltiwanger and D. L. DuBois：*Organometallics*, **13**, 4835 (1994).

8）Y,Kuramochi, K. Fukaya, M. Yoshida, H. Ishida：*Chem. Eur. J.*, **21**, 10049 (2015).

9）T. Morimoto, T. Nakajima, S. Sawa, R. Nakanishi, D. Imori and O. Ishitani：*J. Am. Chem. Soc.*, **135**, 16825 (2013).

10）H. Takeda, K. Koike, H. Inoue and O. Ishitani：*J. Am. Chem. Soc.*, **130**, 2023 (2008).

11）C. Costentin, S. Drouet, M. Robert and J. -M. Savéant,：*Science*, **338**, 90 (2012).

12）M. N. Collomb-Dunand-Sauthier, A. Deronzier and R. Ziessel：*J. Chem. Soc.,Chem. Commun.*, 189 (1994).

13）Y. Kuramochi, J. Itabashi, K. Fukaya, A. Enomoto, M. Yoshida and H. Ishida：*Chem. Sci.* **6**, 3063 (2015).

14）J. A. Keith, K. A. Grice, C. P. Kubiak, and E. A. Carter：*J. Am. Chem. Soc.*, **135**, 15823 (2013).

15）J. Agarwal, E. Fujita, H. F. Schaefer III, J. T. Muckerman：*J. Am. Chem. Soc.*, **134**, 5180 (2012).

16）S. Sato, T. Arai, T. Morikawa, K. Uemura, T. M. Suzuki, H. Tanaka and T. Kajino：*J. Am. Chem. Soc.*, **133**, 15240 (2011).

17）T. Arai, S. Sato and T. Morikawa：*Energy Environ. Sci.*, **8**, 1998 (2015).

18）K. Sekizawa, K. Maeda, K. Domen, K. Koike and O. Ishitani：*J. Am. Chem. Soc.*, **135**, 4596 (2013).

19）R. Kuriki, H. Matsunaga, T. Nakashima, K. Wada, A. Yamakata, O. Ishitani and K. Maeda：*J. Am. Chem. Soc.*, **138**, 5159 (2016).

第4章 錯体化学的アプローチ2—酸素発生反応

分子科学研究所 近藤 美欧，正岡 重行

1. はじめに

人工光合成反応においては，水の酸化による酸素（O_2）発生反応（$2H_2O \rightarrow O_2 + 4H^+ + 4e^-$）により生じた電子を用い，輸送可能な化学エネルギーを創出することができる。すなわち，良好な酸素発生触媒の開発は，人工光合成技術の実現にとって不可欠である。

天然の光合成反応においてもまた水の酸化は電子源の供給反応である。ラン藻や高等植物は，葉緑体中のチラコイド膜中に光化学系Ⅱ（Photosystem II：PS-Ⅱ）と呼ばれる巨大なタンパク質複合体を有する。そして，PS-Ⅱ内部には生体中の酸素発生反応を担う触媒，酸素発生錯体（Oxygen Evolving Complex：OEC）が存在する。OECは4つのマンガンイオンと1つのカルシウムイオンとが酸素原子により架橋された多核構造を有し，非常に温和な条件（酸素発生過電圧<0.3 V）[1]で，効率良く（触媒回転頻度（Turnover frequency：TOF）$\sim 400\ s^{-1}$）[2]酸素発生反応を進行させることができる。ただし，OECは生体中でのみ安定であるため，この構造をそのまま抽出して人工光合成反応における酸素発生触媒として用いることは現実的ではない。

上記の観点から，人工的にデザインされた材料を用いて酸素発生触媒を開発する試みが数多く報告されてきた。これまでに報告されている酸素発生触媒は主に無機半導体物質を用いた不均一系触媒，金属錯体などを用いた分子性の均一系触媒の2つに大別される。不均一系触媒は，安定性が高い点で有用な材料であるが，材料の組成のみならず，触媒の粒径，表面状態，表面構造といった局所構造によっても反応性が大きく変化する。そのため，触媒反応機構の詳細解明が難しく，材料を戦略的に設計しづらい。他方均一系触媒は，活性点の反応性を分子構造によって制御することが可能である。さらに，各種分光法を駆使した分子レベルでの反応機構解明も数多く展開されている。つまり均一系触媒は，酸素発生反応を深く理解し，より高活性な触媒系を創製するための合理的設計指針を得るうえで非常に重要な材料であると言える。そこで本章では，これまでの金属錯体を用いた均一系酸素発生触媒の開発状況に関して紹介する。

2. ルテニウム二核錯体触媒

金属錯体を用いた均一系酸素発生触媒の開発は，1982年に始まる。ノースカロライナ大学のT. J. Meyer教授らのグループにより，ブルーダイマーと呼ばれるルテニウム（Ru）二核錯体，*cis,cis*-$[(bpy)_2(H_2O)Ru(\mu\text{-}O)Ru(H_2O)(bpy)_2]^{4+}$（**1**，bpy：4,4'-bipyridine，（**図1**））が初めての酸素発生金属錯体触媒として報告された[3]。この発見により，均一系酸素発生触媒開発における重要な戦略が示された。それは，多電子移動反応とプロトン解離反応とを連動することで高

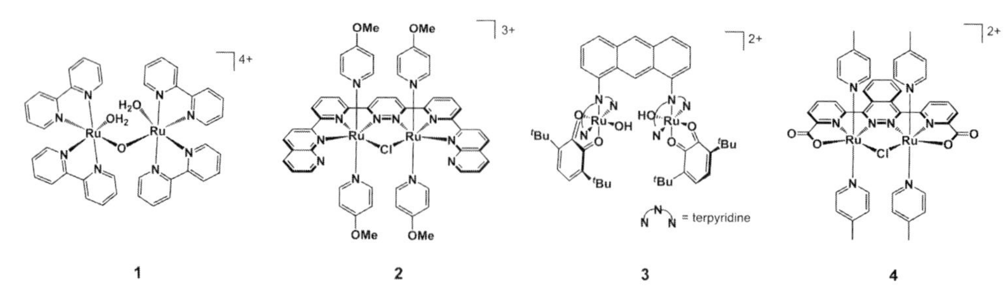

図１　酸素発生能を示すルテニウム二核錯体[3) 5) 6) 7)]

原子価状態であるルテニウムⅤ価オキソ種（$Ru^{V}=O$）を生成させられること，そして，得られた$Ru^{V}=O$種が酸素発生反応における活性種として機能することである。また，二核構造により電荷が非局在化し，高原子価状態が安定化されることも$Ru^{V}=O$の生成に寄与しているとされた。この重大なブレークスルーによりルテニウム二核錯体は酸素発生触媒開発における重要なターゲットとされ，現在までに活性の向上を目指した種々の錯体が報告されている。以下にその代表例を紹介する。

ブルーダイマーは架橋μ-オキソ部位が酸化還元に対し不安定なために触媒反応中に不活性な単核錯体へと分解しやすく，そのことが触媒活性の低さ（触媒回転数（Turnover number：TON）＝13.2[4)]）の一因であるとされてきた。そこで架橋部位をより強固な配位子へと変更した種々の錯体が開発された。そのなかでも，図１に示す錯体**2**の触媒活性はブルーダイマーと比較して飛躍的に向上する（TON＝689）ことが判明した[5)]。

一方，田中らは独自のアプローチにより高活性な酸素発生触媒の創製に成功している[6)]。彼らは，配位子部位に電子移動能が付与されたルテニウム二核錯体，$[Ru_2(OH)_2(3,6\text{-}t\mathrm{Bu}_2\mathrm{qu})_2(\mathrm{btpyan})]^{2+}$（**3**，3,6-$tBu_2$qui＝3,6-di-$t$-butyl-1,2-benzoquinone；btpyan＝1,8-bis(2,2′：6′,2″-terpyridyl)anthracene）を開発した。**3**の電気化学測定の結果，配位子のレドックスサイトであるキノン部位および中心金属由来の酸化還元波がいずれも観測され，**3**が柔軟な電子移動能を有していることが示された。さらに，**3**をITO基板上に固定化し，1.90 V（vs NHE at pH 4）で電解したところ，TON＝33,500と非常に高い酸素発生活性を示すことが明らかとなった。他方，レドックス活性サイトを持たない類縁体は酸素発生能を全く示さず，レドックス活性な配位子の重要性が示唆された。

さらに近年では，光を駆動力とした酸素発生反応への展開を目指し，より低過電圧で酸素発生反応が進行する触媒の開発も行われている。一般にアニオン性の配位子を有する金属錯体では，高酸化状態の金属中心が配位子の電子供与能により安定化されるため，その酸化還元電位が低電位側にシフトすることが知られている。このことを利用し，ÅkermarkとSunらは２つのカルボキシル基をピリジン部位の６位に導入した新規配位子を有するルテニウム二核錯体（**4**，図1）を開発した[7)]。**4**は，高活性かつ高耐久性を有する酸素発生触媒であり，Ce(IV)を酸化剤として用いた場合には，そのTONは10,000以上となった。また，酸素発生のオンセット電位は1.20 V（vs NHE at pH 7.2）程度であり，中性の配位子を持つ錯体（一般的に1.4 V以上）と比較して有意に低いものであった。

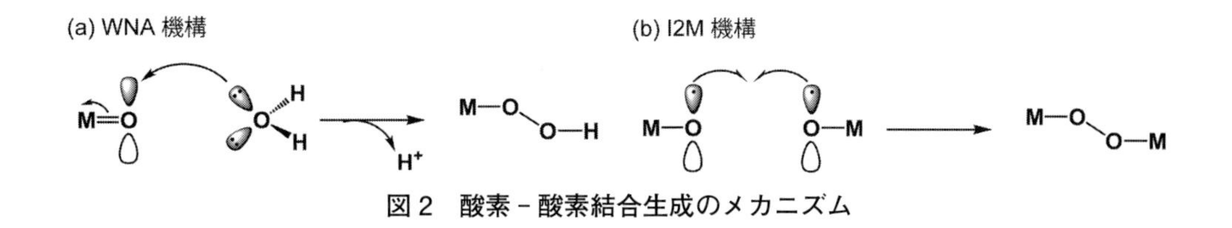

図２　酸素－酸素結合生成のメカニズム

ブルーダイマーに代表されるルテニウム二核錯体は，触媒開発における重要な分子群であるとともに，反応速度論解析および同位体実験などの結果に基づく酸素発生機構の提唱が数多くなされている点でも重要である。ここでは各錯体の詳細な反応機構の説明は割愛するが，これらの研究によりルテニウム錯体を用いた酸素発生反応においては，大きくわけて２つの機構により酸素－酸素結合生成反応が進行することが明らかとなった。それは，①金属オキソ種に対し溶媒分子である水分子が求核攻撃することで結合生成する機構（Water Nucleophilic Attack：WNA 機構，**図２**）ならびに②２つのオキソ種間で結合生成する機構（Interaction of two M-O units：I2M 機構，図２）である。いずれの機構においても多電子移動反応により生じた高原子価ルテニウムオキソ種が酸素発生のトリガーとなる活性種として機能し，酸素－酸素結合生成反応を進行させることがわかる。これらのルテニウム二核錯体の研究により得られた知見により，金属錯体を用いた酸素発生触媒開発の礎が構築されたと言える。

3. ルテニウム単核錯体触媒

天然の光合成の酸素発生中心（OEC）ならびに黎明期に開発された人工酸素発生触媒がいずれも多核構造を有していたために，酸素発生触媒には，複数の金属イオンの存在が必須であると考えられてきた。しかし，前述のルテニウム二核錯体における触媒反応機構解析の結果は，酸素発生反応を進行させるうえではルテニウムオキソ種が少なくとも１つ存在すれば良いことを示している。すなわち，ルテニウム単核錯体も酸素発生触媒として機能し得るはずである。このような経緯から，単核のルテニウム錯体は酸素発生触媒の新たな分子群として期待されることとなった。そして，ほぼ同時期に複数のグループによって酸素発生触媒能を示すルテニウム単核錯体が報告された[8)]。一部の例を**図３**に示す（**5**～**7**）。これらはいずれも多座配位子を少なくとも１つ有するポリピリジル錯体である。その後，配位子の種類および配位形式などをさまざまに変化させた数多くの錯体に関して酸素発生能の調査が行われた。その結果，アクア配位子などの置換活性な単座配位子を有することが酸素発生能の発現に重要であることが判明した[8c) 9)]。さらに，錯体を構成する多座配位子の構造および配位様式が酸素発生能に大きく影響することも明らかとなった[9) 10)]。多座配位子の変化は，錯体の電子状態，安定性，立体構造といった数多くのパラメータに影響を及ぼすため，高効率な酸素発生錯体を得るための明確な指針は現在のところ得られていない。しかしながら，単核錯体が酸素発生能を示し得るという事実の発見は，酸素発生触媒の設計戦略に大きな影響を与える重要なブレークスルーであったといえる。

ルテニウム単核錯体は，前述の二核錯体と比較して触媒反応中に錯体の分解が起こりにくく，分子骨格自体も単純であるという利点を有しているため，その反応機構に関して詳細な議

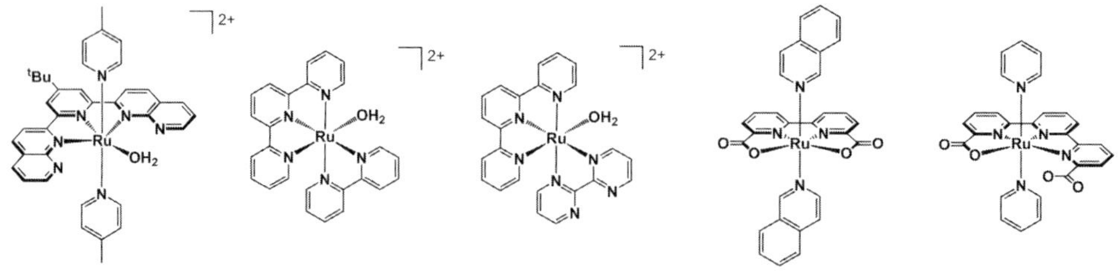

図３　酸素発生能を示すルテニウム単核錯体[8) 12) 13)]

論が展開されている[8b) 11)]。これらの研究の結果，二核錯体と同様に単核錯体においても，多くの場合に多電子移動反応とプロトン解離反応を介し $Ru^{V}=O$ 種が生成し，得られた $Ru^{V}=O$ 種が酸素発生反応の活性種として機能することが示された。そして，酸素－酸素結合生成反応は，錯体の種類に応じて WNA および I2M 機構のいずれかをとることが明らかとなった。

上記の一連の研究により，ルテニウム単核錯体を用いた触媒デザインならびに反応メカニズムに対して一定のコンセンサスが得られた。そのため近年では，これらの知見に基づいたより高機能な触媒の開発が進んでいる。Sun らは，アニオン性の配位子である 2,2'-bipyridine-6,6'-dicarboxylic acid（H_2bda）と中性の配位子であるイソキノリン（isoq）を有する錯体［Ru(bda)(isoq)$_2$］(**8**，図３）を開発した[12)]。**8** は，bda のアニオン性よりルテニウム中心の電子密度が増大することで，酸素発生のオンセット電位が 1.27 V（vs NHE at pH 1.0）程度と非常に低い値を示した。さらに，反応系中で触媒２分子がイソキノリン部位の π － π スタッキングを介した会合状態をとり，会合した分子間での酸素－酸素結合生成が効率的に進行することが明らかとなった。硝酸セリウムアンモニウム存在下での **8** の TOF 値は 300 s^{-1} に達し，これは OEC の TOF 値（100～400 s^{-1}）に匹敵する良好な値であった。さらに Llobet らは，同様のアニオン性配位子，［2,2'：6',2"-terpyridine］-6,6"-dicarboxylic acid を有する錯体 **9**（図３）を水溶液中で酸化することで非常に高い活性（TOF＝50,000 s^{-1}）を示す錯体触媒が得られることを報告した[13)]。得られた錯体では，アニオン性配位子のカルボン酸アニオン部位がプロトン受容サイトとして機能し，迅速な酸素－酸素結合生成を促進している。

以上述べたとおりルテニウム単核錯体は，触媒設計の自由度が高く，反応機構解析が比較的容易である。つまり反応機構解析の結果を新たな触媒設計にフィードバックしやすく，触媒開発に適した分子群であると言える。このため近年では，本錯体群は均一系酸素発生触媒開発においてルテニウム二核錯体に代わる主流の研究対象となっている。

4. 第一遷移金属錯体触媒

均一系酸素発生触媒としては，前項までに述べたルテニウム錯体が最も精力的に研究されている。しかし，ルテニウムは高価な希金属であるため，資源としての利用しやすさを考えた場合には必ずしも魅力的ではない。このような観点から，地殻存在量が多く安価な第一遷移金属元素を用いた酸素発生触媒の開発は重要な研究対象であるといえる。そこで以下では，第一遷

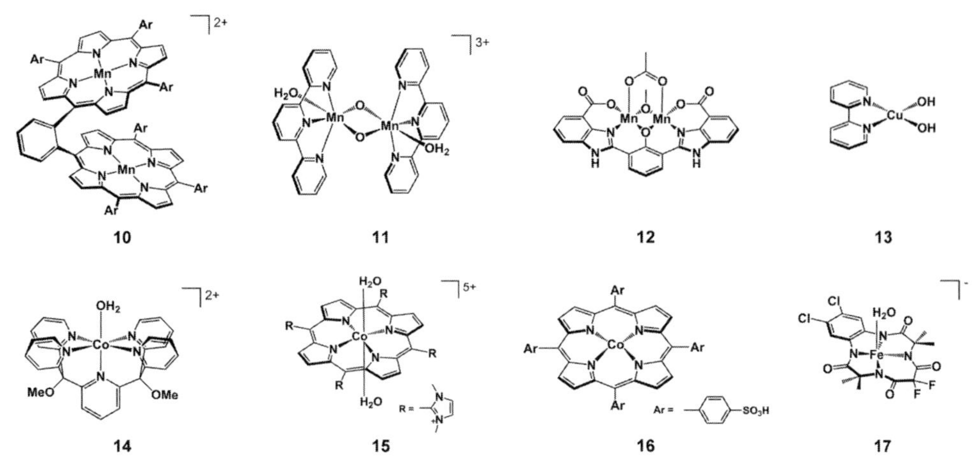

図4　酸素発生能を示す第一遷移金属錯体[14) 16) -18) 20) -23)]

移金属錯体を用いた酸素発生触媒の代表例をいくつか紹介する。

［1.］で述べたとおり，天然の光合成ではOECと呼ばれるマンガン（Mn）を含むクラスター錯体が酸素発生反応を触媒する。このため，マンガン錯体は均一系触媒の有用な分子群であると期待されている。酸素発生能を示すマンガン錯体の開発は，1994年に成田らにより報告された錯体（**10**，**図4**）に端を発する[14)]。**10**は分子内にマンガンポルフィリン骨格を2つ有し，電気化学的条件下で酸素発生反応を触媒する。このとき，$Mn^{V}=O$種が触媒活性種となり，分子内で近接する2つのマンガンイオン間で酸素−酸素結合生成反応が進行している[15)]。続いての報告例は，BrudvigとCrabtreeにより報告された二核錯体（**11**，図4）である[16)]。**11**は，次亜塩素酸ナトリウムを酸化剤とすることで酸素発生反応が進行する。しかしながら**11**を用いた酸素発生反応では，酸化剤である次亜塩素酸イオン（ClO^-）が錯体に配位し，水分子と反応することで酸素−酸素結合生成が進行しており，純粋な水の酸化による酸素発生反応は達成されていない。その後もいくつかのマンガン錯体触媒が開発されたが，その多くで酸化剤の酸素原子を介した酸素発生反応が進行することが示されている。一方，近年Åkermarkらはアニオン性の配位子を有するマンガン錯体触媒（**12**，図4）を報告した[17)]。**12**では，アニオン性配位子の効果により酸化電位が引き下げられており，$[Ru(bpy)_3]^{3+}$を一電子酸化剤として用いることで，水からの酸素発生反応を達成することに成功している。

銅錯体は，酸素−酸素結合の活性化触媒として作用する分子が数多く存在することから，酸素発生触媒への展開が期待されている分子群である。Mayerらは2011年にビピリジン（bpy）を配位子として有する錯体（$[Cu(bpy)(OH)_2]$(**13**)，図4）が，酸素発生触媒として機能することを見出した[18)]。この錯体の酸素発生過電圧は0.75 V程度と比較的大きかったが，TOF＝100 s^{-1}というルテニウム錯体触媒に遜色ない触媒活性を有することが判明した。さらにその後の研究により，**13**のビピリジン部位をプロトン共役電子移動能を有する配位子，6,6′-dihydroxy-2,2′-bipyridineへと置換することで過電圧を0.56 V程度まで引き下げることにも成功している[19)]。

酸素発生能を示すコバルト（Co）錯体は，2011年にBerlinguetteらによって初めて報告された[20)]。彼らは，酸化に対して安定な5座配位子，2,6-(bis(bis-2-pyridyl)methoxy-methane)

-pyridine（Py5）を用い，アクア配位子を有する錯体［$Co(Py5)(OH_2)]^{2+}$（**14**，図4）を開発した。**14**は電気化学的条件下で酸素発生反応を触媒し，その酸素発生速度はTOF＝79 s^{-1}と比較的良好な値を示した。また酸素発生過電圧も比較的小さかった（ca. 0.5 V）。その後，コロールあるいはポルフィリンといった大環状π共役分子を配位子として用いたコバルト錯体が酸素発生触媒として機能することも報告された。特に，近年Grovesらにより報告されたCo(Ⅲ)ポルフィリン錯体（**15**，図4）は，TOF＝1,400 s^{-1}という非常に高い反応速度を示した[21]。また定電位電解実験において数時間にわたって触媒電流の大幅な減少が見られず，電流変換効率が85～90%と高い値を示したことから**15**が安定な触媒であることも示された。また酒井らは，Co(Ⅲ)ポルフィリン錯体（**16**，図4）を用い，$[Ru(bpy)_3]^{2+}$を光増感剤とすることで光駆動型の酸素発生反応に成功している[22]。

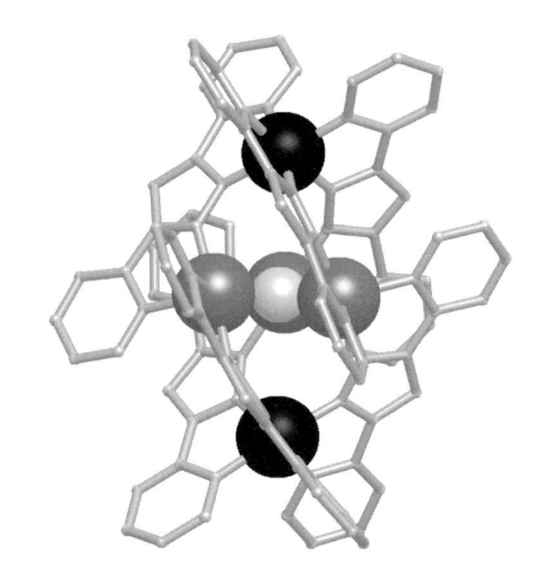

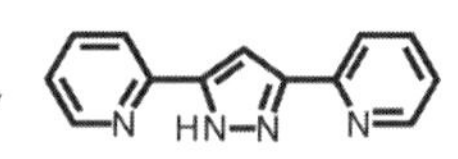

図5　高い酸素発生能を示す鉄五核錯体（18）の構造[25]

遷移金属のなかで最も地殻存在量が多く，低毒性で環境負荷の低い鉄を用いた錯体触媒の開発は，人工光合成の実用化を考えた場合に極めて重要である。BernhardとCollinsらは，2010年にマクロ環型4座配位子（TAMLs）を有する鉄錯体（**17**，図4）が酸素発生能を示すことを初めて報告した[23]。しかしながら，**17**は安定性が低く，酸化剤との混合後，数秒で触媒活性がほぼ消失してしまう。その後，多座配位子を有するいくつかの鉄単核錯体触媒が報告され，安定性には一定の改善が見られたが[24]，これらの錯体の活性はいずれも非常に低いものであった。一方最近，3,5-bis(2-pyridyl)pyrazoleと鉄イオンとにより構築される鉄五核錯体（**18**，**図5**）が酸素発生触媒として機能することが報告された[25]。**18**は5つの鉄イオンと6つの配位子ならびに1つの架橋酸素原子からなる。そして，5つの鉄イオンのうち中央に存在する3つは，水分子の活性サイトとして機能し得る配位不飽和構造をとる。**18**は電気化学的条件下で選択的に酸素発生反応を進行させる（電流変換効率～96%）安定な触媒であり，その活性も極めて高い（TOF＝1,900 s^{-1}）ものであった。また，詳細な反応機構解析の結果，**18**が良好な触媒能を示す鍵が「多核構造」ならびに「隣接する活性サイト」にあることも明らかとなった。

以上述べたとおり，第一遷移金属錯体もまた酸素発生触媒として機能し得る分子群である。ルテニウム錯体と比較してその報告例はそれほど多くないが，良好な触媒能を有する錯体も開発され始めており，今後さらなる発展が期待できる分野と言える。

5. おわりに

ブルーダイマーの発見に始まった分子性の水の酸化触媒の開発はめざましい発展を遂げ，数多くの有用な触媒が報告されるとともに反応機構に関しても理解が深まりつつある。今後の課題としては，①OECに匹敵する反応速度を有し，②安定性が高く，③温和な条件（低過電圧）で酸素を発生させ，④環境負荷が少なく安価であるという理想的な条件を全て満たす触媒分子の開発が挙げられる。現在のところこのような触媒は開発されていないが，それぞれの課題に対する解はこれまでの研究によりある程度得られたと言える。前述のとおり，分子性触媒はその電子状態を分子レベルで制御することが可能であるという大きな利点を有しており，その力をもってすれば，今後OECを超える活性および効率を有する触媒分子を構築することも夢ではないと確信している。

文　献

1) H. Dau：I. Zaharieva, *Acc. Chem. Res.*, **42**, 1861 (2009).
2) G. C. Dismukes, R. Brimblecombe, G. A. N. Felton, R. S. Pryadun, J. E. Sheats, L. Spiccia, G. F. Swiegers：*Acc. Chem. Res.*, **42**, 1935 (2009).
3) S. W. Gersten, G. J. Samuels, T. J. Meyer：*J. Am. Chem. Soc.*, **104**, 4029 (1982).
4) J. P. Collin, J. P. Sauvage：*Inorg. Chem.*, **25**, 135 (1986).
5) Z. Deng, H.-W. Tseng, R. Zong, D. Wang, R. Thummel：*Inorg. Chem.*, **47**, 1835 (2008).
6) T. Wada, K. Tsuge, K. Tanaka：*Angew. Chem. Int. Ed.*, **39**, 1479 (2000).
7) Y. Xu, A. Fischer, L. Duan, L. Tong, E. Gabrielsson, B. Åkermark, L. Sun：*Angew. Chem., Int. Ed.*, **49**, 8934 (2010).
8) a) R. Zong, R. P. Thummel：*J. Am. Chem. Soc.*, **127**, 12802 (2005). b) J. J. Concepcion, J. W. Jurss, J. L. Templeton, T. J. Meyer：*J. Am. Chem. Soc.*, **130**, 16462 (2008). c) S. Masaoka, K. Sakai：*Chem. Lett.*, **38**, 182 (2009).
9) D. J. Wasylenko, C. Ganesamoorthy, B. D. Koivisto, M. A. Henderson, C. P. Berlinguette：*Inorg. Chem.*, **49**, 2202 (2010).
10) a) J. J. Concepcion, J. W. Jurss, M. R. Norris, Z. Chen, J. L. Templeton, T. J. Meyer：*Inorg. Chem.*, **49**, 1277 (2010). b) N. Kaveevivitchai, R. Zong, H.-W. Tseng, R. Chitta, R. P. Thummel：*Inorg. Chem.*, **51**, 2930 (2012). c) M. Yoshida, S. Masaoka, K. Sakai：*Chem. Lett.*, **38**, 702 (2009). d) B. Radaram, J. A. Ivie, W. M. Singh, R. M. Grudzien, J. H. Reibenspies, C. E. Webster, X. Zhao：*Inorg. Chem.*, **50**, 10564 (2011).
11) a) D. J. Wasylenko, C. Ganesamoorthy, M. A. Henderson, B. D. Koivisto, H. D. Osthoff, C. P. Berlinguette：*J. Am. Chem. Soc.*, **132**, 16094 (2010). b) D. J. Wasylenko, C. Ganesamoorthy, M. A. Henderson, C. P. Berlinguette：*Inorg. Chem.*, **50**, 3662 (2011). c) A. Kimoto, K. Yamauchi, M. Yoshida, S. Masaoka, K. Sakai：*Chem. Commun.*, **48**, 239 (2012). d) M. Yagi, S. Tajima, M. Komi, H. Yamazaki：*Dalton Trans.*, **40**, 3802 (2011).
12) L. Duan, F. Bozoglian, S. Mandal, B. Stewart, T. Privalov, A. Llobet, L. Sun：*Nat. Chem.*, **4**, 418 (2012).
13) R. Matheu, M. Z. Ertem, J. Benet-Buchholz, E. Coronado, V. S. Batista, X. Sala, A. Llobet：*J. Am. Chem. Soc.*, **137**, 10786 (2015).
14) Y. Naruta, M. Sasayama, T. Sasaki：*Angew. Chem., Int. Ed.*, **33**, 1839 (1994).
15) Y. Shimazaki, T. Nagano, H. Takesue, B.-H. Ye, F. Tani, Y. Naruta：*Angew. Chem., Int. Ed.*, **43**, 98 (2004).
16) J. Limburg, J. S. Vrettos, L. M. Liable-Sands, A. L. Rheingold, R. H. Crabtree, G. W. Brudvig：*Science*, **283**, 1524 (1999).
17) E. A. Karlsson, B.-L. Lee, R.-Z. Liao, T. Åkermark, M. D. Kärkäs, V. Saavedra Becerril, P. E. M. Siegbahn, X. Zou, M. Abrahamsson, B. Åkermark：*Chem Plus Chem*, **79**, 936 (2014).
18) S. M. Barnett, K. I. Goldberg, J. M. Mayer：*Nat. Chem.*, **4**, 498 (2012).
19) T. Zhang, C. Wang, S. Liu, J.-L. Wang, W. Lin：*J. Am. Chem. Soc.*, **136**, 273 (2014).
20) D. J. Wasylenko, C. Ganesamoorthy, J. Borau-Garcia, C. P. Berlinguette：*Chem. Commun.*, **47**, 4249 (2011).
21) D. Wang, J. T. Groves：*Proc. Natl. Acad. Sci.*

U.S.A., **110**, 15579 (2013).
22) T. Nakazono, A. R. Parent, K. Sakai：*Chem. Commun.*, **49**, 6325 (2013).
23) W. C. Ellis, N. D. McDaniel, S. Bernhard, T. J. Collins：*J. Am. Chem. Soc.*, **132**, 10990 (2010).
24) a) J. L. Fillol, Z. Cordolà, I. Garcia-Bosch, L. Gómez, J. J. Pla, M. Costas：*Nat. Chem.*, **3**, 807 (2011).
b) M. K. Coggins, M.-T. Zhang, A. K. Vannucci, C. J. Dares, T. J. Meyer：*J. Am. Chem. Soc.*, **136**, 5531 (2014).
25) M. Okamura, M. Kondo, R. Kuga, Y. Kurashige, T. Yanai, S. Hayami, V. K. K. Praneeth, M. Yoshida, K. Yoneda, S. Kawata, S. Masaoka：*Nature*, **530**, 465 (2016).

第5章　光合成の光捕集アンテナの組織化と機能拡張

名古屋工業大学　出羽　毅久

1. はじめに

光合成生物はそれぞれの生育環境に応じて独自の光捕集アンテナを発達させている。光捕集アンテナは実に多様性に富んでいる[1)]。これは光合成生物が利用する光の波長領域や強度に対応した色素群の選択とその組織化戦略を，その種が進化の過程で獲得してきた結果であろう。電荷分離反応を行う反応中心複合体（Reaction Center：RC）の基本構造が1つ（詳細に見るとⅠ型とⅡ型の2種類：それぞれ光化学系Ⅰ複合体PSIと光化学系Ⅱ複合体PSIIに相当）であること考えると，光捕集アンテナの多様性は非常に対照的である[1) 2)]。

光捕集アンテナは地上に降り注ぐ光子を効率良く吸収し，RCに伝達する。これは光捕集アンテナに組み込まれた色素間での超高速励起エネルギー移動により達成されている。高強度の太陽光照射下では，クロロフィル1分子は1 sに最大で10光子程度を吸収すると概算できる[1)]。しかし，0.1 sに1回程度の光励起では，水の光分解などの多電子反応を駆動するには不十分であり，次の光子による励起を待つ間に短寿命の反応中間種が分解することになる[1) 3)]。したがって光合成生物はRCを多く生産するよりも，この「高価な電荷分離装置」をより効率良く駆動させるために光捕集アンテナをネットワーク状に張り巡らせ，効率的に光子を捕獲し，RCに伝達することで光化学反応を行っている[1)]。

光合成生物にとって光捕集アンテナは，光子束密度に応じて相反する役割（光エネルギーの収穫と散逸）を持つ。弱光条件下（日陰，曇天）などでは光捕集機能，強光下においては過剰な光エネルギーが有害となるために熱エネルギーとして放出する機構となり，この2つの機能を可逆的にスイッチさせている（ステート遷移，非光化学的消光など）[1) 4)]。

紅色光合成細菌ではRCとコアアンテナ（LH1）が一体化したLH1-RC[5) 6)]が存在し，さらに周辺アンテナ（LH2）[7) 8)]を持つものがある。立体構造を**図1**に示す。LH2とLH1はアポタンパク質LHα，LHβ，および色素（バクテリオクロロフィルBChl *a*，カロテノイド）からなるリング状あるいは楕円状の膜貫通型タンパク質—色素複合体である（図1）。LH2により収穫された光エネルギーはLH1に集められ（3 ps），RCに伝達されたあと（35 ps），電荷分離反応が行われている。LH1-RCとLH2は光合成膜中に高密度で充填され協同的に機能している。異なる光強度条件下で生育した光合成細菌の膜ではLH1-RCとLH2の比が変化し，また組織構造が異なることが原子間力顕微鏡（AFM）による分子レベルでの解析で明らかになった[9) 10)]。また，興味深いことに，LH1-RCとLH2がそれぞれクラスター化したドメイン構造も見出されている[11)]。筆者らは光捕集および電荷分離ユニットのLH1-RCと光捕集アンテナLH2の集合構造と機能との相関に注目して研究を進めてきた。天然系では常に100%のパフォーマンスで駆動し

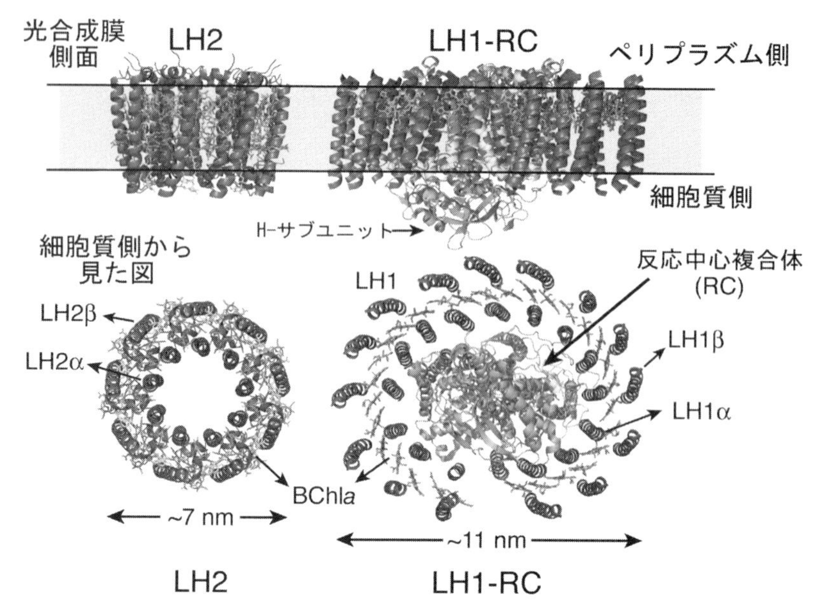

図1　光合成の光捕集アンテナLH2（*Rps. acidophilla* 10050）[7]とコアアンテナ―反応中心複合体LH1-RC（*Rps. palustris* 2.1.6）のX線結晶構造[5]

ているわけではないので，最大効率となる集合構造が見出されれば，「天然から学ぶ人工光合成」として，光捕集アンテナの有効な設計指針を与えるものと期待できる。

本稿では，筆者らがこれまで取り組んできたLH1-RCおよびLH2の人工系での組織化と，光捕集アンテナLH2の機能拡張についての研究について述べる。

2. 脂質膜へのLH1-RCとLH2のドメイン選択的な二次元組織化[12)]

2004年にBahatyrovaらにより発表された紅色光合成細菌*Rhodobacter sphaeroides*の光合成膜のAFM像はLH1-RCとLH2がそれぞれ集合しドメイン構造を形成していることを示した。このようなLH2とLH1-RCからなる組織構造を人工系で構築するために，脂質二分子膜が形成する脂質ドメインを利用した組織化手法を開発した。LH2をリポソーム中に再構成したプロテオリポソームが固体基板上に形成した平面脂質二分子膜に膜融合することにより，LH2を平面脂質二分子膜中に導入できる手法を発展させた[12,13)]。その手法を以下に述べる。**図2**に示すように，アミノプロピルトリエトキシシラン（APTES）によりカチオン性に修飾したカバーガラス上に（図2(a)），アニオン性脂質DMPGからなるリポソームをベシクル融合法により部分的に平面膜化する（図2(b)）。その上に，カチオン性脂質（EDOPC）からなるリポソーム中に組み込んだLH2を添加すると，DMPG二分子膜に対して静電相互作用により選択的に膜融合し，LH2が導入される（図2(c)）。その後，LH1-RCを再構成した酸性脂質DOPGからなるリポソーム溶液を添加すると，カバーガラス上の未修飾部分に選択的に吸着および平面膜化し，LH1-RCが組織化される（(図2(d))。このような段階的なLH2およびLH1-RCの組織化の確認はAFMおよび全反射型蛍光顕微鏡（図2右側）により確認した。10～数十マイクロメート

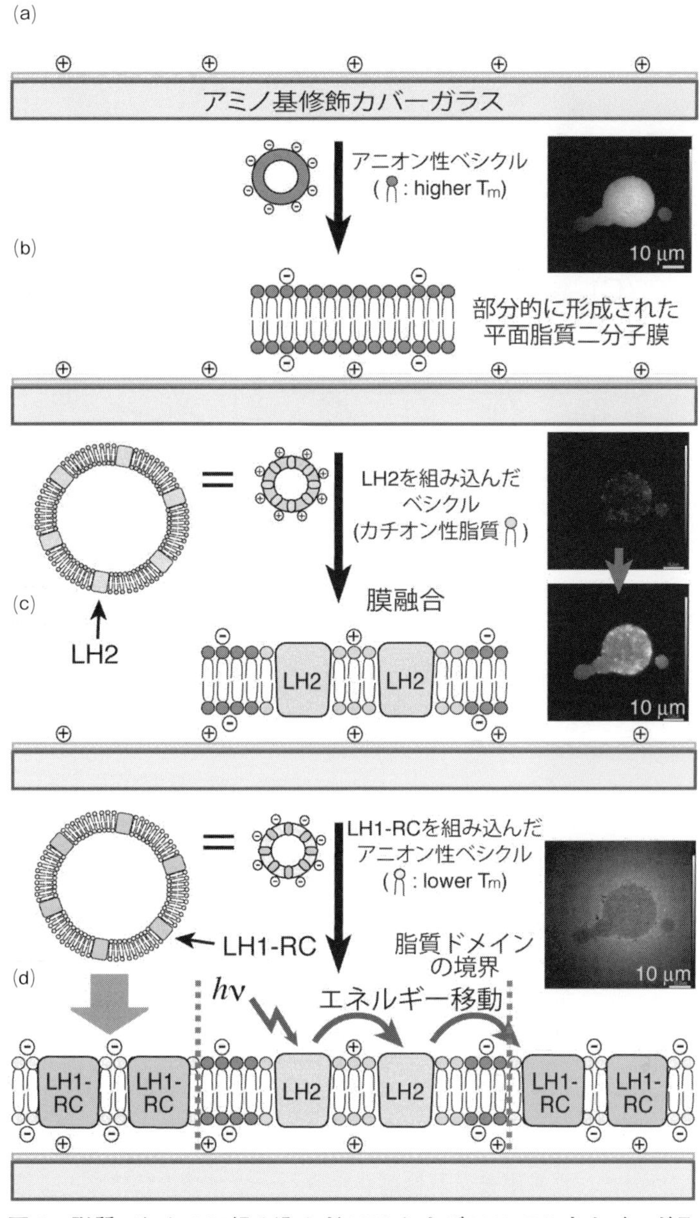

図2　脂質ベシクルに組み込んだLH2およびLH1-RCをカバーガラス上に段階的に固定化することにより，脂質ドメイン選択的にLH2およびLH1-RCが配置できる。組織化の様子は全反射型蛍光顕微鏡（蛍光像：図右側）により確認できる[12]

ル程度の脂質ドメイン中にLH2およびLH1-RC由来の蛍光が観察された。AFMによる分子レベルでの観察により，ベシクル融合法により，完全な二分子膜1層を形成してLH2およびLH1-RCが二次元組織化できることが明らかとなった。また，このように二次元組織化されたLH2とLH1-RC間でエネルギー移動を起こすことが定常蛍光分光計測により認められた[12]。

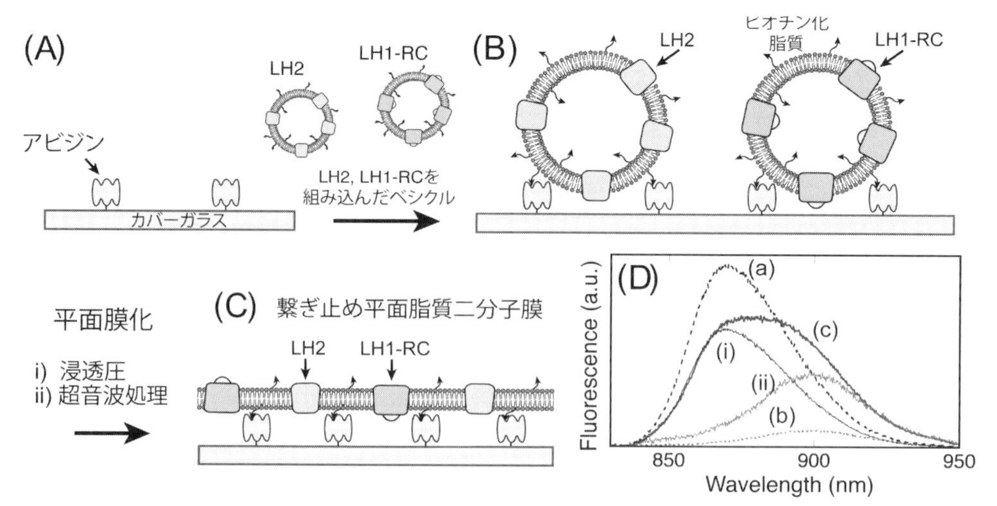

((A)～(C)) LH2 および LH1-RC を組み込んだ繋ぎ止め平面脂質二分子膜の作成方法[14]
(B)繋ぎ止め平面脂質二分子膜中に LH2 および LH1-RC を組み込むことにより，側方拡散が可能になり，LH2 から LH1-RC へのエネルギー移動が観察される。
励起波長 800 nm での(a)LH2（ドナー）および(b)LH1-RC（アクセプター）の蛍光スペクトル。(c)LH2/LH1-RC 共存膜（LH2/LH1-RC＝1/2.5［mol/mol］，Lipid/Protein＝500/1［mol/mol］）の蛍光スペクトル。
それぞれの蛍光スペクトルを分割したものが（(i)LH2）と（(ii)LH1-RC）。

図３　繋ぎ止め脂質二分子膜の形成と LH2，LH1-RC の導入

3. 繋ぎ止め脂質二分子膜中への LH2 および LH1-RC の組織化[14]

前述のような手法により，固体基板上に脂質二分子膜を形成させると，基板表面と脂質二分子膜間に約 1～2 nm 程度の水層が形成されることが知られている[15]。大きな細胞外ドメインを有する膜タンパク質では，基板との物理的な接触による変性や，膜中での固有のダイナミクスを失う可能性がある。そこで，脂質二分子膜と固体表面との間にスペーサーとなる分子（アビジン）を部分的に固定化し，その上にビオチン化脂質により繋ぎ止めることにより，5 nm 程度の水層を設けた「繋ぎ止め脂質二分子膜」を形成させ，そこに LH2 と LH1-RC を導入した。その手法を**図３**に示す[14]。カルボキシ基修飾したカバーガラス上にアビジンをアミド結合で固定化する(A)。その上に，LH2，LH1-RC およびビオチン化脂質を含むベシクルを加えると，アビジン―ビオチン結合により，ベシクルがアビジン上に繋ぎ止められる(B)。その後，穏和な条件下でベシクルを平面膜化すると，隣接するベシクル同士が融合し，連続性の高い平面脂質二分子膜が形成する(C)。この形成プロセスは，全反射型蛍光顕微鏡および AFM により詳細に明らかにされた[14]。このように作成した繋ぎ止め平面脂質二分子膜はカバーガラス上に直接形成させた平面膜とは異なり，タンパク質の側方拡散性が非常に高いことが光退色後蛍光回復（FRAP）法により明らかとなった。すなわち，3 nm の膜外ドメイン（H- サブユニット（図1））を有する LH1-RC は，図２の膜中ではガラス基板表面との接触によりほとんど側方拡散性を示さないが，図３の繋ぎ止め脂質二分子膜中では基板表面との物理的接触が解消され，LH2 と同様に側方拡散することが可能となった。

このようにカバーガラス上に繋ぎ止めた脂質膜中のLH2からLH1-RCへの励起エネルギー移動を定常蛍光法により調べた。図3の定常蛍光スペクトル(D)中の(a)，(b)はそれぞれ繋ぎ止め膜中のLH2およびLH1-RC単独のものである。励起波長はともに800 nmで，この励起波長光でLH2をより強く励起する。LH2/LH1-RC共存膜の蛍光スペクトルを計測すると，(c)のようにブロードなスペクトルとなった。これはLH2の励起エネルギーがLH1-RCに移動し，LH1-RCからの発光によるものである。(c)のスペクトル波形をLH2とLH1-RCの波形に分離すると，(i)，(ii)となり，明らかにLH1-RC由来の発光が増大していることがわかる。平面脂質膜とガラス基板の間にナノオーダーの水層が存在することから，この空間をペリプラズムと考えて，エネルギー生産に利用することが可能となると期待できる。

4. 光捕集アンテナLH2の機能拡張[16)]

前述のように，光合成生物は生育環境に応じた光捕集アンテナを有している。**図4**にLH2（*Rps. acidophila* 10050）の吸収スペクトルを示す。420～560 nmの吸収帯はカロテノイド（ロドピングルコシド），590 nmはBChl *a*のQx帯，802 nmと858 nmの吸収帯はBChl *a*のQy帯である。この2つのQy帯は2種類の分子集団に由来する吸収であり，その吸収波長からそれぞれB800，B850と呼ばれている。カロテノイドにより吸収されたエネルギーはB800およびB850に伝達され，Qxに吸収されたエネルギーはQyに内部転換により伝達される。最終的にそれぞれの吸収帯で捕獲されたエネルギーはB850に集められる。このように，LH2に組み込まれた色素（BChl *a*, カロテノイド）の全てが光捕集に関与しており，励起エネルギーは色素間を<1 psの超高速で移動し，B850に集められる[17) 18)]。

LH2の吸収帯はこのスペクトルから明らかなように，620～750 nmの波長領域の吸収帯は著しく小さく，この波長領域の光はほとんど利用できないことを示している。この波長領域に吸収/発光帯を有する蛍光色素をLH2に結合させ，効率良くLH2の2種類のバクテリオクロロフィル色素集団（B800とB850）にエネルギー移動させることができれば，太陽光をより効率良く捉えることができるように機能拡張できる。筆者らはAlexa Flour® 647（Alexa647）をLH2のLH2 α ペプチドのN末端領域とC末端領域に存在するリシン側鎖に化学結合によりコンジュゲートさせたLH2-Alexa647を作成した。その吸収スペクトル（図4）が示すように，Alexa647の吸収帯は620～700 nmの領域をカバーしている。Alexa647はLH2分子に対して約9個結合していることがわかった。Alexa647の励起により，Alexa647の発光は著しく消光し，さらにB850から発光することから，Alexa647からB800/B850へのエネルギー移動が起こっていることがわかった。またその効率は約90%であった。

エネルギー移動の詳細なダイナミクスを調べるために，フェムト秒過渡吸収計測を行った。解析の結果，興味深いことに，B800に近い位置（N末端領域）に結合したAlexa647はB800に440 fsと4.3 psの時定数での超高速エネルギー移動に寄与していることが明らかとなった。また，B850に近い位置（C末端領域）に結合したAlexa647は23 psの時定数でB850に直接エネルギー移動していることもわかった。この励起エネルギー移動はFörster機構で説明できた。また，このような化学的な改変により，LH2が持つ本来のサブピコ秒でのエネルギー移動

(A) LH2および蛍光色素（Alexa647）を結合したLH2-Alexa647の吸収スペクトル

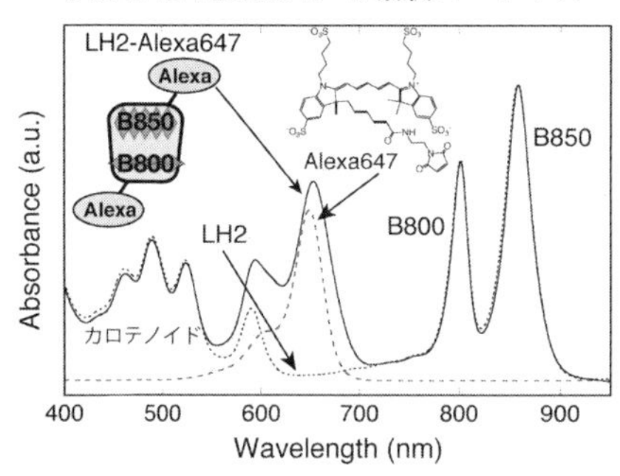

(B) フェムト秒過渡吸収計測により明らかになったAlexa647からLH2のBChl *a* 分子団（B800, B850）への超高速エネルギー移動

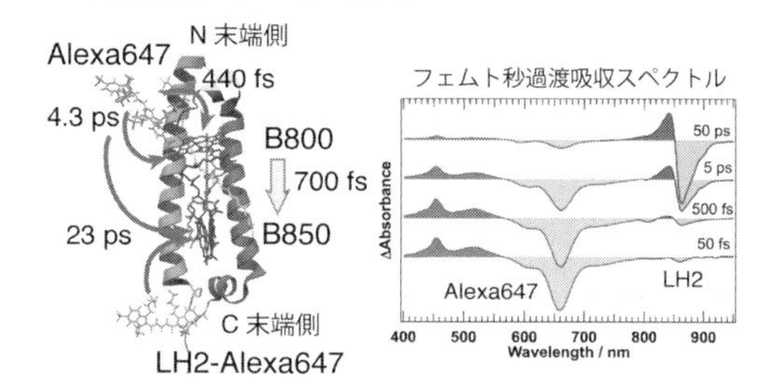

図4　Alexa647により吸収された励起エネルギーが高効率にB800/B850にFörster機構により伝達される[16]

（B800→B850）に全く影響を及ぼさないこともわかった。これは，化学修飾によりLH2の本来の機能を損なうことなく，光捕集機能を拡張できることを示している。

5. おわりに

紅色光合成細菌の光捕集アンテナ（LH2）とコアアンテナ―反応中心複合体（LH1-RC）の平面基板上への組織化とLH2の機能拡張について述べた。天然の光捕集アンテナを用いた人工光合成への応用のためには，集めた光エネルギーをどのように取り出すか，安定性をいかに高めるか，などまだ解決すべき問題が多く残されている。ボトムアップ的なアプローチにより，分子レベルでの機能の改変および拡張が可能となり，収穫した光エネルギーを取り出すことができる高次集積体の開発も進みつつある。

謝　辞

本研究は国立研究開発法人科学技術振興機構戦略的創造研究事業さきがけ研究（「光エネルギーと物質変換」領域）により行われたものである。引用文献中の共著者の方々のご協力に深く感謝いたします。

文　献

1）R. E. Blankenship：Molecular Mechanisms of Photosynthesis, 2nd ed. Wiley Blackwell（2014）.
2）杉浦美羽，伊藤繁，南後守編：光合成のエネルギー変換と物質変換　人工光合成をめざして，化学同人（2015）.
3）石谷治，野﨑浩一，石田斉編著：人工光合成　光エネルギーによる物質変換の化学，三共出版（2015）.
4）A. Ruban：The Photosynthetic Membrane -Molecular Mechanisms and Biophysics of Light Harvesting- Wiley（2012）.
5）A. W. Roszak, T. D. Howard, J. Southall, A. T. Gardiner, C. J. Law, N. W. Isaacs and R. J. Cogdell：*Science*, **302**, 1969-1972（2003）.
6）S. Niwa, L. J. Yu, K. Takeda, Y. Hirano, T. Kawakami, Z. Y. Wang-Otomo and K. Miki：*Nature*, **508**, 228-232（2014）.
7）G. McDermott, S. M. Prince, A. A. Freer, A. M. Hawthornthwaite-Lawless, M. Z. Papiz, R. J. Cogdell and N. W. Isaacs：*Nature*, **374**, 517-521（1995）.
8）J. Koepke, X. Hu, C. Muenke, K. Schulten and M. Hartmut：*Structure*, **4**, 581-597（1996）.
9）S. Scheuring and S. J. N. Sturgis：*Science*, **309**, 484-487（2005）.
10）S. Scheuring, R. P. Gonçalves, V. Prima and J. N.

Sturgis : *J. Mol. Biol.*, **358**, 83-96 (2006).

11) S. Bahatyrova, R. N. Frese, C. A. Siebert, J. D. Olsen, K. O. van der Werf, R. van Grondelle, R. A. Niederman, P. A. Bullough, C. Otto and C. N. Hunter : *Nature*, **430**, 1058-1062 (2004).

12) A. Sumino, T. Dewa, M. Kondo, T. Morii, H. Hashimoto, A. T. Gardiner, R. J. Cogdell and M. Nango : *Langmuir*, **27**, 1092-1099 (2011).

13) T. Dewa, R. Sugiura, Y. Suemori, M. Sugimoto, T. Takeuchi, A. Hiro, K. Iida, A. T. Gardiner, R. J. Cogdell and M. Nango : *Langmuir*, **22**, 5412-5418 (2006).

14) A. Sumino, T. Dewa, T. Takeuchi, R. Sugiura, N. Sasaki, N. Misawa, R. Tero, T. Urisu, A. T. Gardiner, R. J. Cogdell, H. Hashimoto and M. Nango : *Biomacromolecules*, **12**, 2850-2858 (2011).

15) M. Tanaka and E. Sackmann : *Nature*, **437**, 656-663 (2005).

16) Y. Yoneda, T. Noji, T. Katayama, N. Mizutani, D. Komori, M. Nango, H. Miyasaka, S. Itoh, Y. Nagasawa, T. Dewa : *J. Am. Chem. Soc.*, **137**, 13121-13129 (2015).

17) B. R. Green, W. W. Parson (Eds) : Light-Harvesting Antennas in Photosynthesis Kluwer Academic Publishers (2003).

18) T. Polívka, D. Zzigmantas, J. L. Herek, Z. He, T. Pascher, T. Pullerits, R. J. Cogdell, H. A. Frank and V. Sundström : *J. Phys. Chem.*, **106**, 11016-11025 (2002).

第6章 メソポーラス有機シリカを用いた人工光合成の構築

株式会社豊田中央研究所 稲垣 伸二

1. はじめに

人工光合成の研究は，大まかに半導体系，分子系，生体系に分類することができる。そのなかで分子系光触媒は，光合成の反応中心の構造に近いことから，古くから活発に研究されてきた。しかし，半導体光触媒が実用レベルに近付いているのに対し，分子系光触媒はまだ基礎レベルにあると言える。その要因の1つが，分子系の研究がいまだに均一系を主体に行われていることである。実用化を見据えるには，固体系へのシフトが不可欠と思われるが，その取り組みはまだ限られる。その理由の1つに，土台に利用できる担体として，従来はシリカゲルやポリマーなど表面構造が不均一なものしかなかったため，均一溶液系と比較して反応メカニズムの議論が難しかった点がある。ところが最近，ナノレベルで構造が制御されたナノ多孔体の研究が活発になってきた。特に，メソポーラス有機シリカ[1](Periodic Mesoporous Organosilica：PMO）や金属有機骨格体（Metal-Organic Framework：MOF）など，分子との相性の良い有機基を含むナノ多孔体の研究の進展は目覚ましく，これらの利用により，固体でありながら分子レベルの設計が可能になってきた。本稿では，筆者が取り組んでいるPMOを利用した固体分子系光触媒の研究について紹介する。

2. PMOと光捕集アンテナ機能

2.1 PMO

PMOは架橋有機シラン［$(R'O)_3Si\text{-}R\text{-}Si(OR')_3$, R＝有機基，R'＝Me, Et, etc.］を原料にして，界面活性剤を構造規定剤として合成される[2]（**図1**）。PMOの主な構造的特徴は次の3つである。①骨格内に高密度の有機基（R）を有する，②2～30 nmと比較的大きな細孔を有する，③共有結合の安定な骨格構造を有する。PMO骨格に導入できる有機基としては，当初はエタン(ethane)[2]やベンゼン（benzene）[3]などの単純なものであったが，その後，カルバゾール(carbazole)[4]，アクリドン（acridone)[5]，フェニルピリジン（phenylpyridine)[6]，2,2'-ビピリジン（bipyridine)[7]などのヘテロ環有機基や，オリゴフェニレンビニレン(oligophenylenevinylene)[8]，テトラフェニルピレン（tetraphenylpyrene)[9]，スピロビフルオレン（spirobifluorene)[10]，トリススチリルベンゼン（tris-stylylbenzene)[11]，ペリレンビスイミド(perylenebisimide)[12]などπ共役有機基へと拡張された。それに伴い，PMO骨格に多様な機能を発現できるようになった。たとえば，オリゴフェニレンビニレン，テトラフェニルピレン，スピロビフルオレンを導入したPMO薄膜は，400～600 nmの可視域に強い発光を示し，発光

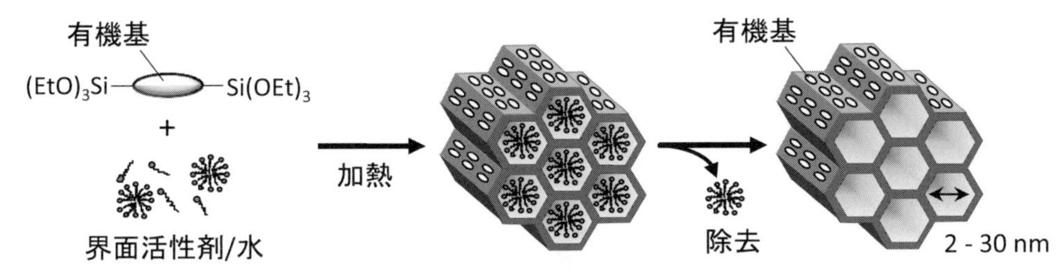

図1　PMOの合成スキーム

量子収率は最大で79%に達する。また，トリススチリルベンゼンやペリレンビスイミドを導入したPMO薄膜は，それぞれ骨格中でのホールや電子輸送特性を示す。さらに，フェニルピリジンや2,2'-ビピリジンを導入したPMO粒子は，細孔表面に直接金属錯体を固定できる固体配位子として機能する。

エタン-PMOは規則的な細孔構造を有するが，細孔壁はアモルファスであり，エタン基は壁中にランダムに分布している[2)]。ところがベンゼン-PMOは，周期的な細孔構造に加え，壁内にも層状の規則構造を有する[3)]。この壁内の周期構造は，架橋有機シランの疎水性-親水性相互作用が駆動力となり形成されると考えられている。この層状の壁構造は，ビフェニル（biphenyl）[13)]，ナフタレン（naphthalene）[14)]，フェニルピリジン[6)]，2,2'-ビピリジン[7)]-PMOにおいても形成された。これらの結晶状PMOの有機基は，ややゆるく充填されており，ベンゼンやビフェニルでは，両側のSi-Cを軸に回転していることがNMRの研究で明らかにされている[15) 16)]。最近では，ペリレンビスイミドが壁中で強くπスタッキングしたPMO[11)]や，シクロヘキサントリアミド（cyclohexanetriimide）がカラム状に水素結合したPMO[17)]も報告されている。

2.2　光捕集アンテナ機能

光合成の光捕集アンテナは，密度の低い太陽光を効率的に捕捉し濃縮することで，難しい多電子反応を促進する重要な役割を果たしている。アンテナを構成するクロロフィル分子が光を吸収して励起状態になり，その励起状態が次々と隣接するクロロフィル分子を移動し（エネルギー移動），最終的に反応中心クロロフィル（スペシャルペア）に集められる。光合成の多くは，1個の反応中心に対し100～200個のアンテナクロロフィルを有するために，反応中心の励起頻度は100～200倍に増強される。

PMOは光合成に匹敵する優れた光捕集アンテナ機能を示す[18)-20)]。PMOの骨格有機基が光を吸収し，その励起エネルギーが細孔内に導入した色素分子に集約される（**図2**(a))。たとえば，クマリン（coumarin）色素を細孔内に導入したビフェニル（Bp)-PMOを280 nmの波長の光で励起したところ，380 nmで励起した場合と比較してクマリンからの発光が大幅に増強される（図2(b))[18)]。これは，280 nmの光がPMO骨格内の高密度のBp基に吸収され，その励起エネルギーが細孔内の少量のクマリン色素に効率良く移動したためである。このときのエネルギー移動の量子効率はほぼ100%であることがわかった。このような効率的なエネルギー移動が起こる要因は，PMOの構造にある。つまり，骨格のBp基が細孔内のクマリン分子を取り囲むよ

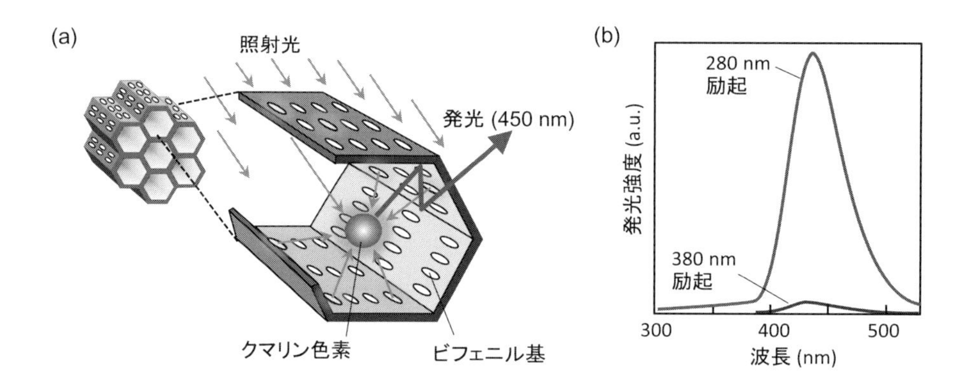

(a)クマリン色素を導入したBp-PMOの模式図 (a) と発光スペクトル(b)

クマリン色素を導入した Bp-PMO 模式図(a)と発光スペクトル(b)

図２　PMO による光捕集アンテナ機能

うに配置されており，Bp 基とクマリン間の距離がフェルスター半径（3.2 nm）に収まるような構造になっている（Bp-PMO の細孔直径は3.5 nm）。クマリンの導入量を変化させた実験により，125 個の Bp 基の励起エネルギーが１個のクマリン分子に集約される優れたアンテナ効果が確認された。このアンテナ機能は，アクリドンなどの可視光吸収型の PMO[5] でも確認されている。

3.　PMO を利用した固体分子系光触媒の構築

PMO は比較的大きな細孔径を有するため，細孔内に光触媒などの機能物質を固定しても，閉塞することなくスムーズな物質拡散が可能である。また，細孔内の機能物質と骨格有機基との連動により，高度な光反応場を構築できる。ここでは，PMO の骨格有機基の役割に応じて分類した３つのタイプの固体分子系光触媒について紹介する。

3.1　光捕集型光触媒

これは PMO の光捕集アンテナ機能を利用したもので，細孔内に光触媒を固定することで，その触媒活性を増強させることができる。このタイプの最初の報告例は，Bp-PMO の細孔内に CO_2 還元触媒である Re 錯体［$Re(bpy)(CO)_3Cl$］を固定したものである（**図３**(a)）[21]。Re 錯体の固定により，Bp-PMO の蛍光は大きく減少し，Bp 基から Re 錯体へのエネルギー移動が示唆された。犠牲剤（triethanolamine：TEOA）を含む溶媒（CH_3CN）に Re 錯体を固定した Bp-PMO を分散させ，CO_2 ガスをバブリングしながら波長 365 nm の光照射したところ，少量の CO が生成した。一方，同じ系に 280 nm の光を照射したところ，より多くの CO が生成し，触媒活性は４倍以上に向上した（図３(b)）。これは，280 nm の光が Bp-PMO アンテナに効率的に吸収され，そのエネルギーが Re 錯体に集約されたためである。この光触媒系は，人工アンテナと光触媒を連動させた初めての例である。しかし，Bp-PMO をアンテナに用いた系では 300 nm 以下の紫外光しか利用できないという問題があった。

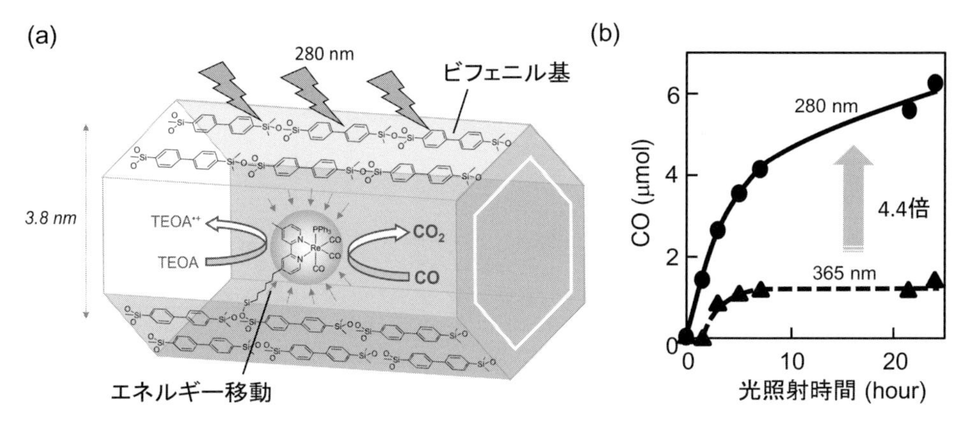

(a) Re 錯体を固定した Bp-PMO の模式図と反応メカニズム，(b) CO_2 光還元反応（CH_3CN : TEOA = (5 : 1v/v) 50 ml），励起波長：280 nm (●)，365 nm（▲）

図 3　Bp-PMO を用いた光捕集型 CO_2 還元光触媒

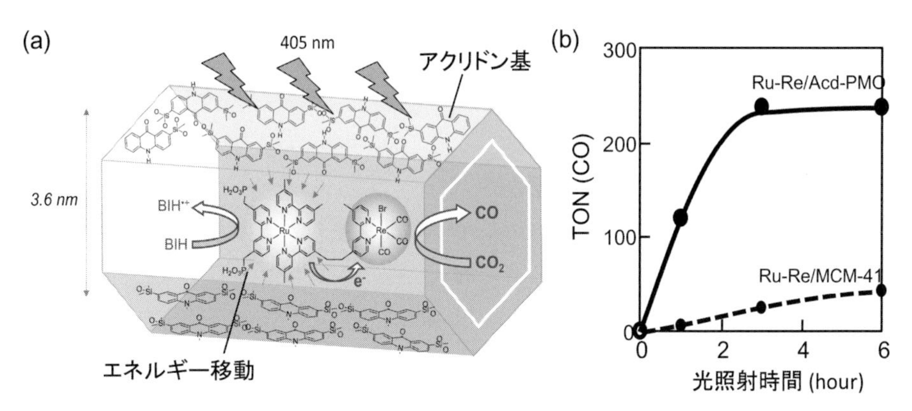

(a) Ru-Re 錯体を固定した Acd-PMO の模式図と反応メカニズム，(b) CO_2 還元反応（励起波長 = 405 nm，BIH（0.1 M）in DMF-TEOA（5 : 1v/v））

図 4　Acd-PMO を用いた光捕集型 CO_2 還元光触媒

この問題を解決するためRu-Re二核錯体［$Ru(dmb)_3^{2+}$-$Re(bpy)(CO)_3Br$］をアクリドン-PMO（Acd-PMO）の細孔内に固定した固体分子系光触媒が報告された（**図4**(a)）[22]。Acd-PMOは，450 nm 以下の可視光を吸収し，その光エネルギーは Ru-Re の Ru 錯体部位に集められる。励起したRu錯体は犠牲剤（1,3-dimethyl-2-phenylbenzimidazoline : BIH）より電子を受け取り，Re 錯体部に電子を供給する。そして，Re 錯体上で CO_2 は CO に還元される。光捕集機能を持たないメソポーラスシリカ（MCM-41）にRu-Re錯体を固定した触媒系と比較すると触媒活性は約 10 倍大きく，光捕集機能による効果が確認された（図 4(b)）。触媒回転数は 635 回に達している。

一方，光捕集アンテナと連動した水の酸化光触媒系も構築された（**図5**(a)）[23]。Ru錯体（［$Ru(bpy)_3]^{2+}$）を固定したAcd-PMO（細孔直径：4.2 nm）をIr前駆体と酸化犠牲剤（$Na_2S_2O_8$）を含む溶液中で 400 nm の光を照射することで，光化学的に酸化イリジウム粒子（IrO_x）を析出

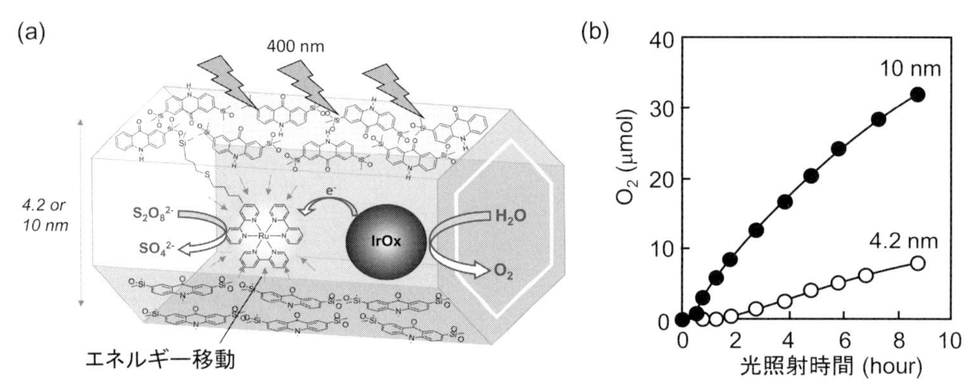

(a)Ru錯体とIrO_xを固定したAcd-PMOの模式図と反応メカニズム，(b)水の酸化反応（励起波長：400 nm，$Na_2S_2O_8$（31 mM）in water），Acd-PMOの細孔直径＝4.2 nm：(○)，10 nm（●）

図5　Acd-PMOを用いた光捕集型O_2生成光触媒

させた。このIrO_xを触媒として，水からの酸素生成が進行した。見掛けの反応量子収率は1.4%であった。PMOの細孔径を10 nmに拡大したところ量子効率は4.8%まで向上し，これは物質拡散の影響と考えられる（図5(b)）。

3.2　ドナー/アクセプター型光触媒

これはPMOの骨格有機基からの励起エネルギー移動を使うのではなく，有機基からの直接の電子移動を利用するものである。この最初の例は，Bp-PMOにビオロゲンと白金を固定した系である（**図6**）[24]。Bp-PMOにビオロゲン（viologen）を固定したところ，320〜500 nmにビオロゲンとBp基の電荷移動錯体と思われる新しい吸収バンドが現れた。犠牲剤（reduced nicotinamide adenine dinucleotide：NADH）の存在下で400 nmの光を照射すると，少量ではあるが水素の生成が確認された。Bp-PMOからビオロゲンへの光誘起電子移動が起こり，続いて白金上に電子が移動しプロトンを還元し水素が生成したと考えられる。ここでは，Bp-PMOが電子ドナーとして機能している。

幅広い可視光を吸収可能でかつ代表的なレドックス光増感剤であるRu錯体（$[Ru(bpy)_3]^{2+}$）を骨格に導入したPMOが合成された（Ru-PMO）(**図7**(a))[25]。一般に，嵩高いRu錯体を含む有機シラン原料からのPMOの直接合成は難しいが，有機シランと界面活性剤との相互作用を促進する添加剤を加えることで合成が可能となった。Ru-PMOは，600 nm以下の可視光を吸収し，かつ$Ru(dmb)_3(PF_6)_2$とほぼ同じ約0.8 V（vs. $Ag/AgNO_3$）にRu^{III}/Ru^{II}の酸化還元電位を示したことから固体の光増感剤として利用できる。たとえば，白金を担持したRu-PMO（Pt/Ru-PMO）を犠牲剤（1-benzyl-1,4-dihydronicotinamide：BNAH）を含むH_2O/CH_3CN溶液に分散し500 nmの光を照射したと

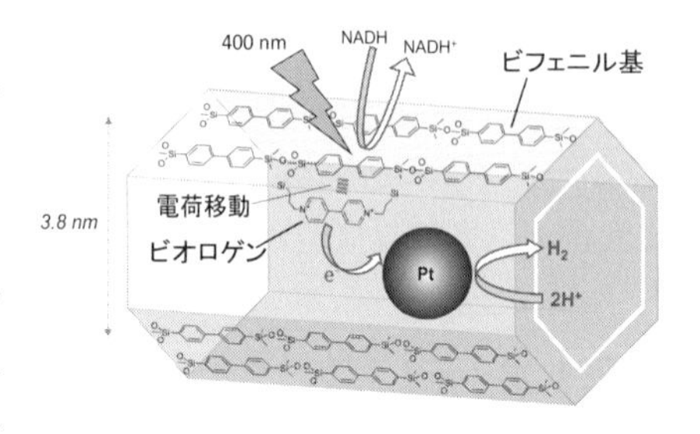

図6　ビオロゲンと白金を固定したBp-PMOを用いたH_2生成光触媒の模式図

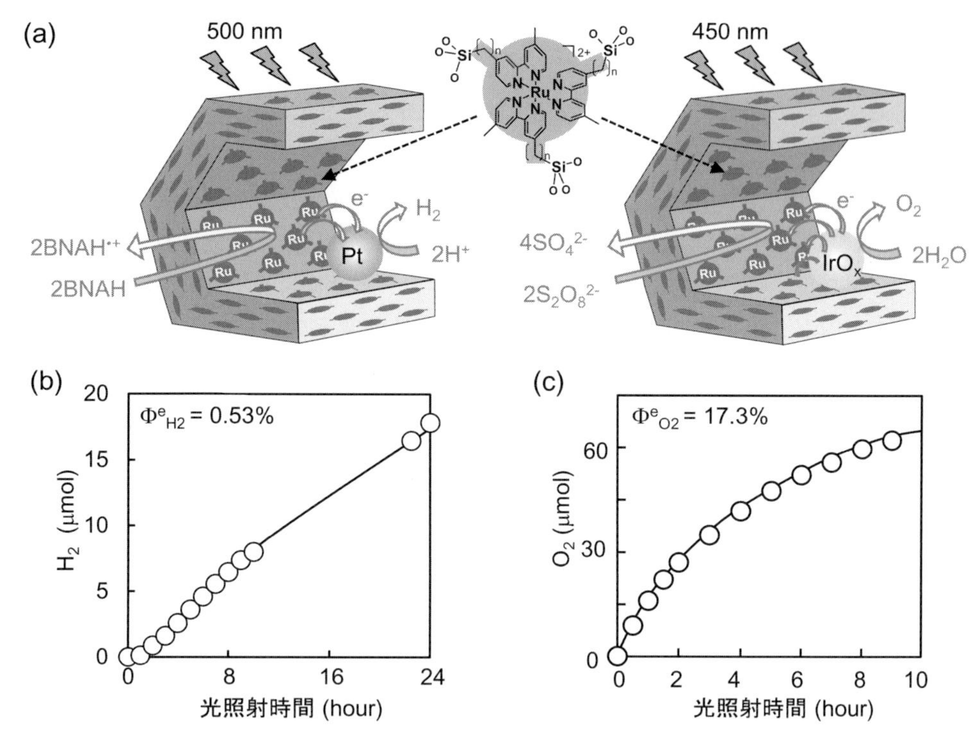

(a) Ru-PMO を光増感剤とした水素（左）および酸素（右）生成光触媒の模式図と，(b)水素および(c)酸素生成量の経時変化

図7　Ru-PMO を用いた光触媒

ころ水素が生成した（図7(b)）。また，IrO_x を光化学的に析出した Ru-PMO（IrO_x/Ru-PMO）は，犠牲剤（$Na_2S_2O_8$）を含む水溶液中に分散させ450 nmの光を照射したところ効率的に酸素が生成した（図7(c)）。このときの反応量子収率は17.3%と高い値を示した。このように，Ru-PMO に触媒を担持するだけで，種々の固体分子系光触媒を構築することができる。

3.3　表面固定型光触媒

細孔壁内に2,2'- ビピリジン（BPy）基が規則配列したPMO（BPy-PMO）が合成された[7]。この骨格ビピリジン基を利用して，細孔表面に金属錯体を直接形成できるようになった。分子リンカーによる金属錯体のグラフト化と比較すると，金属錯体が細孔表面に張り付いているので，細孔内の基質の拡散を阻害しにくい，固定化による活性低下が小さい，耐久性が向上するなどのメリットがある。

図8に，Ce^{4+} による水の酸化反応に活性な Ir 錯体［Ir(bpy)Cp*Cl］を BPy-PMO に固定した固体分子触媒系の結果を示す[26]。BPy-PMO を Ir 錯体前駆体［$IrCp^*Cl_2)_2$］を含む溶液に分散し，加熱（78℃）することで細孔表面に Ir 錯体を容易に固定化できる（Ir-BPy-PMO）。このIr-BPy-PMO と均一系 Ir 触媒［Ir(bpy)Cp*Cl］による水の酸化活性を比較すると，ほとんど同じ触媒回転速度（TOF ＝ 2.8 と 3.0 min^{-1}）が得られた（図8(b)）。一般に，細孔内では基質の拡散が律速となり反応速度が低下する。実際に，細孔直径が約1 nmの MOF に固定した Ir 触

媒では，TOFは一桁低い値となった（TOF ＝ 0.12 min^{-1}）。BPy-PMOの細孔直径は3.8 nmと大きいこと，金属錯体が細孔内に突出していないことから，均一系と同等の反応速度が実現されたと考える。さらに，触媒の繰り返し使用の結果，BPy-PMOへの固定化により，Ir触媒の耐久性が向上していることが確認された（図８(c)）。

図９には，BPy-PMO上に固定したRu錯体と白金による水からの水素生成光触媒の結果を示す[7]。TEOAを犠牲剤として385 nm以上の可視光を照射したところ，効率良く水素が生成した（図９(b)）。興味深いのは，均一系では電子メディエータとなるメチルビオロゲン（MV^{2+}）の添加が必要であるが，BPy-PMO系ではMV^{2+}がなくても水素が生成した。BPy-PMO上では，Ru錯体と白金が近接して固定化されているため，すみやかに電子移動が起こったと考える。

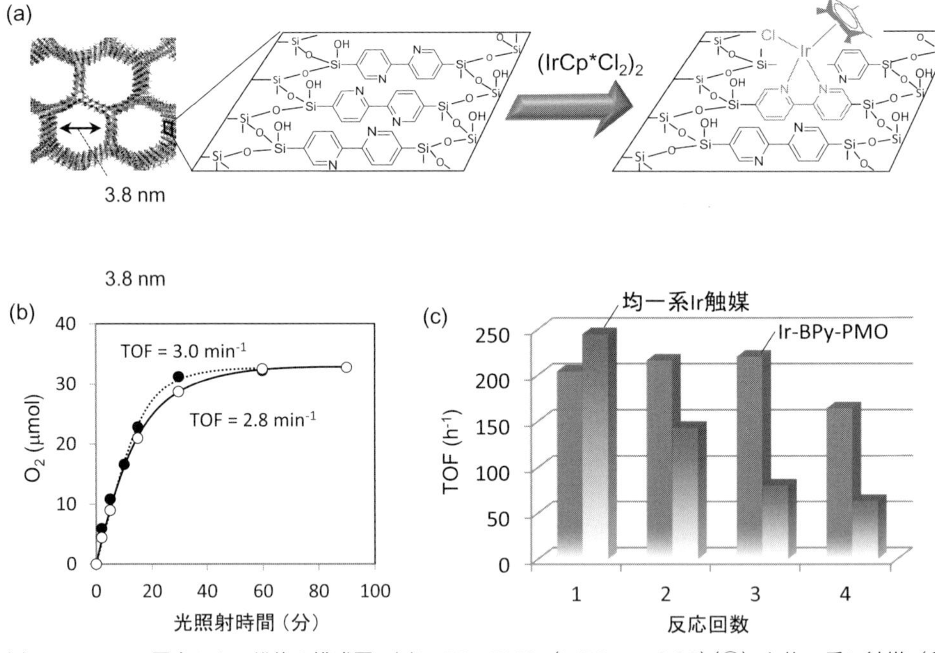

(a)BPy-PMOに固定したIr錯体の模式図，(b)Ir-BPy-PMO（Ir/BPy ＝ 0.03）(○）と均一系Ir触媒（●）によるCe^{4+}(3 mM）を酸化剤とした水の酸化反応，(c)触媒の繰り返し使用実験（Ce^{4+}：15 mM）

図８　BPy-PMOを用いた水の酸化触媒

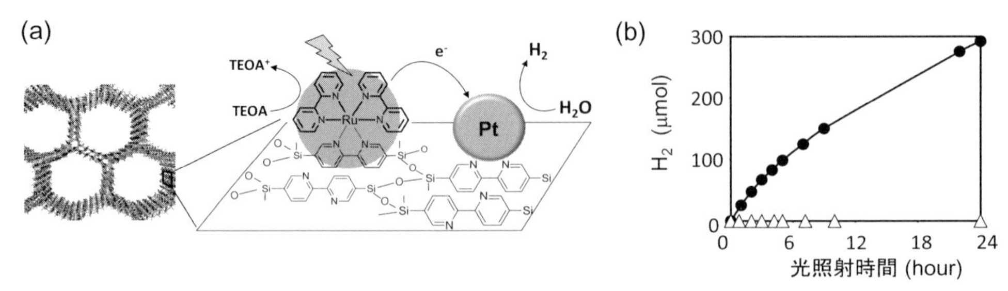

(a)Ru錯体とPt粒子を固定したBPy-PMOの模式図と反応メカニズム，(b)水からの水素生成反応，（●）Ru/Pt/BPy-PMO，（△）$[Ru(bpy)_3]^{2+}$＋Pt colloid

図９　BPy-PMOを用いた水素生成光触媒

4. 今後の展開

PMOを利用した種々の固体分子系光触媒の構築例を紹介した。ここで挙げた例は，全て還元あるいは酸化反応系のどちらかであり，光合成で言うと半反応である。半反応の場合は，犠牲剤が必要であり実用化は難しい。犠牲剤をなくすには，光合成のように水を電子源に利用する必要があり，水の酸化反応系をH_2生成やCO_2還元など還元反応系と連結する必要がある。現時点では，分子のみの光触媒系で犠牲剤フリー化は達成されていないが，PMOを用いた研究の深化により，その実現が期待される。

文　献

1）N. Mizoshita, T. Tani and S. Inagaki：*Chem. Soc. Rev.*, **40**, 789 (2011).
2）S. Inagaki, S. Guan, Y. Fukushima, T. Ohsuna and O. Terasaki：*J. Am. Chem. Soc.*, **121**, 9611 (1999).
3）S. Inagaki, S. Guan, T. Ohsuna and O. Terasaki：*Nature*, **416**, 304 (2002).
4）Y. Maegawa, Y. Goto. S. Inagaki and T. Shimada：*Tetrahedron Lett.*, **47**, 6957 (2006).
5）H. Takeda, Y. Goto, Y. Maegawa, T. Ohsuna, T. Tani, K. Matsumoto, T. Shimada and S. Inagaki：*Chem. Commun.*, 6-32 (2009).
6）M. Waki, N. Mizoshita, T. Tani and S. Inagaki：*Angew. Chem. Int. Ed.*, **50**, 11667 (2011).
7）M. Waki, Y. Maegawa, K. Hara, Y. Goto, S. Shirai, Y. Yamada, N. Mizoshita, T. Tani, W.-J. Chun, S. Muratsugu, M. Tada, A. Fukuoka and S. Inagaki：*J. Am. Chem. Soc.*, **136**, 4003 (2014).
8）N. Mizoshita, Y. Goto, T. Tani and S. Inagaki：*Adv. Funct. Mater.*, **18**, 3699 (2008).
9）N. Mizoshita, Y. Goto, Y. Maegawa, T. Tani and S. Inagaki：*Chem. Mater.*, **22**, 2548 (2010).
10）N. Tanaka, N. Mizoshita, Y. Maegawa, T. Tani, S. Inagaki, Y. R. Jorapurac and T. Shimada：*Chem. Commun.*, **47**, 5025 (2011).
11）N. Mizoshita, M. Ikai, T. Tani and S. Inagaki：*J. Am. Chem. Soc.*, **131**, 14225 (2009).
12）N. Mizoshita, T. Tani, H. Shinokubo and S. Inagaki：*Angew. Chem. Int. Ed.*, **124**, 1182 (2012).
13）M. P. Kapoor, Q. Yang and S. Inagaki：*J. Am. Chem. Soc.*, **124**, 15176 (2002).
14）N. Mizoshita, Y. Goto, M. P. Kapoor, T. Shimada, T. Tani and S. Inagaki：*Chem. Eur. J.*, **15**, 219 (2009).
15）S. Bracco, A. Comotti, P. Valsesia, B. F. Chmelka and P. Sozzani：*Chem. Commun.*, 4798 (2008).
16）A. Comotti, S. Bracco, P. Valsesia, M. Beretta and P. Sozzani：*Amgew. Che, Int. Ed.*, **49**, 1760 (2010).
17）N. Mizoshita and S. Inagaki：*Angew. Chem. Int. Ed.*, **54**, 11999 (2015).
18）S. Inagaki, O. Ohtani, Y. Goto, K. Okamoto, M. Ikai, K. Yamanaka, T. Tani and T. Okada：*Angew. Chem. Int. Ed.*, **48**, 4042 (2009).
19）N. Mizoshita, K. Yamanaka, S. Hiroto, H. Shinokubo, T. Tani and S. Inagaki：*Langmuir*, **28**, 3987 (2012).
20）Y. Yamamoto, H. Takeda, T. Yui, Y. Ueda, K. Koike, S. Inagaki and O. Ishitani：*Chem. Sci.*, **5**, 639 (2014).
21）H. Takeda, M. Ohashi, T. Tani, O. Ishitani and S. Inagaki：*Inorg. Chem.*, **49**, 4554 (2010).
22）Y. Ueda, H. Takeda, T. Yui, K. Koike, Y. Goto, S. Inagaki and O. Ishitani：*ChemSusChem*, **8**, 439 (2015).
23）H. Takeda, M. Ohashi, Y. Goto, T. Ohsuna, T. Tani and S. Inagaki：*Chem. Eur. J.*, **20**, 9130 (2014).
24）M. Ohashi, M. Aoki, K. Yamanaka, K. Nakajima, T. Ohsuna, T. Tani and S. Inagaki：*Chem. Eur. J.*, **15**, 13041 (2009).
25）H. Takeda, M. Ohashi, Y. Goto, T. Ohsuna, T. Tani and S. Inagaki：*Ad. Funct. Mater.*, **26**, 5068 (2016).
26）X. Liu, Y. Maegawa, Y. Goto, K. Hara and S. Inagaki：*Angew. Chem. Int. Ed.*, **55**, 7943 (2016).

第３編

光半導体的アプローチ

第１章　バンドエンジニアリングによる酸化物半導体光触媒の開発

東京理科大学　工藤　昭彦，岩瀬　顕秀，髙山　大鑑

1. はじめに

半導体光触媒を用いたソーラー水分解は，安価かつクリーンな水素（H_2）製造方法の１つである。これまでに，金属酸化物，金属硫化物，金属（酸）窒化物および金属（酸）硫化物光触媒からなる粉末系および光電極系などを用いた水分解反応の研究が，世界的になされてきた。特に粉末系は，光触媒粉末を水中に懸濁させるだけのシンプルな系であるため，大面積化が比較的容易である。調製および取り扱いの容易さ，コスト，安定性などの観点から，金属酸化物が光触媒材料として魅力的である。しかし，多くの金属酸化物光触媒は紫外光応答性であったため，その可視光応答化が重要な課題であった。本稿では，このようなワイドバンドギャップ光触媒の可視光応答化のための設計指針（バンドエンジニアリング）について述べる。

2. 水分解反応に活性なワイドバンドギャップ金属酸化物光触媒の可視光応答化のためのバンドエンジニアリング

金属酸化物光触媒を用いた水分解は，1970 年代のホンダ・フジシマ効果[1]の発見以来，盛んに研究されてきた。なかでも，La（ランタン）をドープした $NaTaO_3$[2]，Zn（亜鉛）および Ca（カルシウム）を共ドープした Ga_2O_3[3]，および Al（アルミニウム）をドープした $SrTiO_3$[4] は，高い水分解性能を有する光触媒である。しかし，このような水分解に活性な金属酸化物光触媒の多くは，紫外光にしか応答しない。一般的な金属酸化物の価電子帯は O2p 軌道により形成され，その準位はおおよそ＋3.0 V vs. NHE at pH0 である[5]。一方，伝導帯が水の還元に必要なポテンシャルを有するためには，その準位は 0 V vs. NHE at pH0 より卑側である必要がある。したがって，必然的にバンドギャップが 3 eV より広くなってしまう（410 nm 未満の光しか吸収できない）（**図１**(a)）。つまり，金属酸化物光触媒を用いてソーラー水分解を達成するためには，バンドギャップを狭窄化するためのバンドエンジニアリングが必要不可欠である。バンドエンジニアリングとして，金属酸化物の禁制帯内への不純物準位形成（図 1(b)），価電子帯制御（図 1(c)），および固溶体形成（図 1(d)）が挙げられる[5]。［3.］では，これら３つの設計指針に関する実例を紹介する。

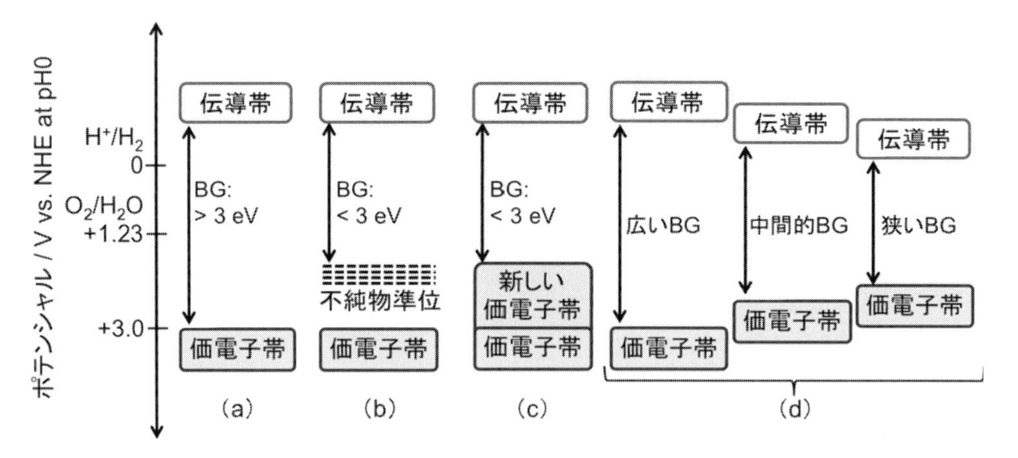

(a)　一般的なワイドバンドギャップ金属酸化物光触媒
(b)　ドーピング型光触媒（不純物準位形成）
(c)　価電子帯制御型光触媒
(d)　固溶体型光触媒
BG：バンドギャップ

図１　金属酸化物半導体のバンド構造

3. バンドエンジニアリングによって開発された可視光応答性金属酸化物光触媒

3.1　ドーピング型光触媒（不純物準位形成）

ドーピング型光触媒とは，ワイドバンドギャップ光触媒に対して，微量の遷移金属をドープ（格子置換）することによって，その禁制帯内に新たな不純物準位を形成させた光触媒である（図１(b)）。

ドーピング型光触媒として，3.2 eV のバンドギャップを有する $SrTiO_3$ に Ru（ルテニウム），Rh（ロジウム）およびIr（イリジウム）などの遷移金属をドープした光触媒がある[6]。これら光触媒は，Pt助触媒を担持した場合に，可視光照射下において犠牲試薬（還元剤）を含む水溶液から水素を生成することができる。これらのなかで，Rh をドープした $SrTiO_3$（以後，$SrTiO_3$:Rh と表記）が，最も高い水素生成能を有する。$SrTiO_3$ に Rh をドープすることで，$SrTiO_3$ のバンド間遷移による吸収に加え，420 nm および 580 nm 付近に新たな２つの吸収帯が発現する（**図２**(a)，(b)）。これは，$SrTiO_3$ の禁制帯内に，Rh^{3+} による電子ドナー性の不純物準位および Rh^{4+} によるアクセプター性の不純物準位がそれぞれ形成されたためである（**図３**(a)）[6)7)]。興味深いことに，この光触媒の吸収の形状は，Pt 助

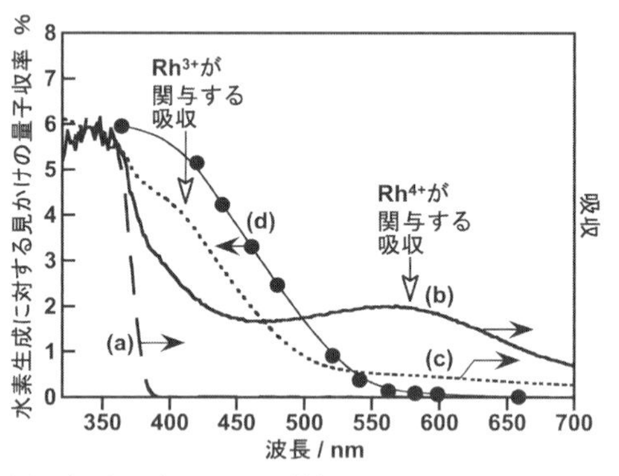

(a)　未ドープ $SrTiO_3$ の吸収
(b)　活性化前の Rh ドープ $SrTiO_3$ の吸収
(c)　活性化した Pt 助触媒担持 Rh ドープ $SrTiO_3$ の吸収
(d)　量子収率（アクションスペクトル）

図２　Pt 助触媒担持 Rh ドープ $SrTiO_3$ 光触媒によるメタノール水溶液からの水素生成反応に対するアクションスペクトル

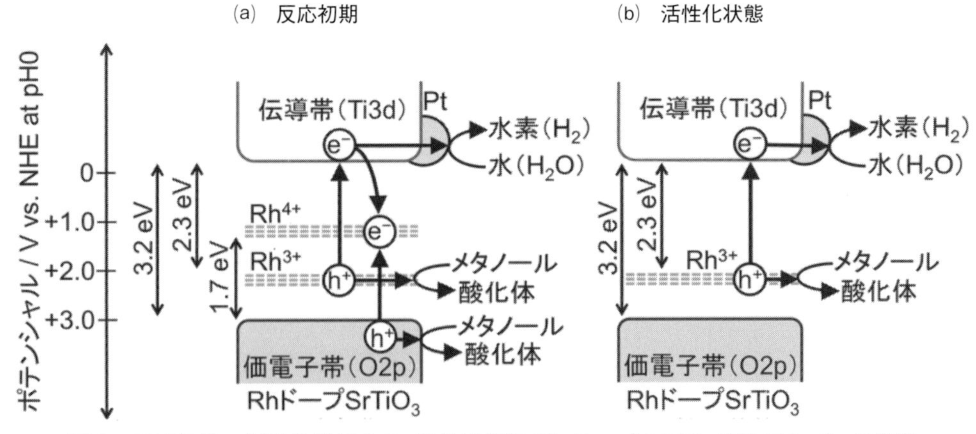

図3　反応初期，活性化状態のPt助触媒担持RhドープSrTiO$_3$光触媒のバンド構造

触媒を用いたメタノール水溶液からの水素生成反応中に変化する（図2(b)，(c)）。具体的には，Rh^{4+}が関与する吸収帯（580 nm付近）は減少するが，Rh^{3+}が関与する吸収帯（420 nm付近）は増大する。これは，価電子帯（O2p）からRh^{4+}が形成するアクセプター準位への光励起やRh^{3+}が形成するドナー準位から伝導帯（Ti3d）へ励起された電子によるRh^{4+}の還元（$Rh^{4+}+e^- \rightarrow Rh^{3+}$）が進行したためである（図3(a)）。図2(c)，(d)に示すように，このRh^{3+}が関与する吸収帯と水素生成活性が得られる波長が一致することから，Rh^{3+}が形成するドナー準位から伝導帯（Ti3d）への光励起によって水素生成反応が進行していることが確認されている（図3(b)）。その他のドーピング型光触媒として，Ir^{3+}からなるドナー性不純物準位を形成させた$K_2LaNb_5O_{15}$:Ir[8]およびCr^{6+}からなるアクセプター性不純物準位を形成させた$PbMoO_4$:Cr[9]などがある。

前述のような例があるものの，一般にドーピングは，光触媒の可視光応答化には不向きとされていた。それは，ワイドバンドギャップ光触媒にドープした遷移金属が，多くの場合，光生成したキャリア（電子および正孔）の再結合中心として働くためである。これに対し，2種の金属元素の共ドープによるドーパントの価数制御がドーピング型光触媒の開発に有用な手段であることが報告されている。たとえば，TiO_2および$SrTiO_3$などに対するドーピングの場合，Cr（クロム）をSb（アンチモン）とともにドープすることにより，式(1)のように，電荷のバランスを保ちながら，Ti^{4+}サイトにドーピングできる[10]。

$$2Ti^{4+} \Rightarrow Cr^{3+} + Sb^{5+} \tag{1}$$

このようにCrおよびSbを共ドープした$SrTiO_3$は，可視光照射下で犠牲試薬を含む水溶液からの酸素および水素生成反応において，Crを単独でドープした$SrTiO_3$よりも高い活性を示す[10,11]。これは，共ドーピングによる電荷補償が，光生成したキャリアの再結合を抑制しているためであると考えられている[5]。また，前述の$SrTiO_3$:Rhにおいても，RhとともにSb^{5+}をTi^{4+}のサイトへ共ドープすることによって，Rhの価数を式(2)のように制御することができる[12,13]。

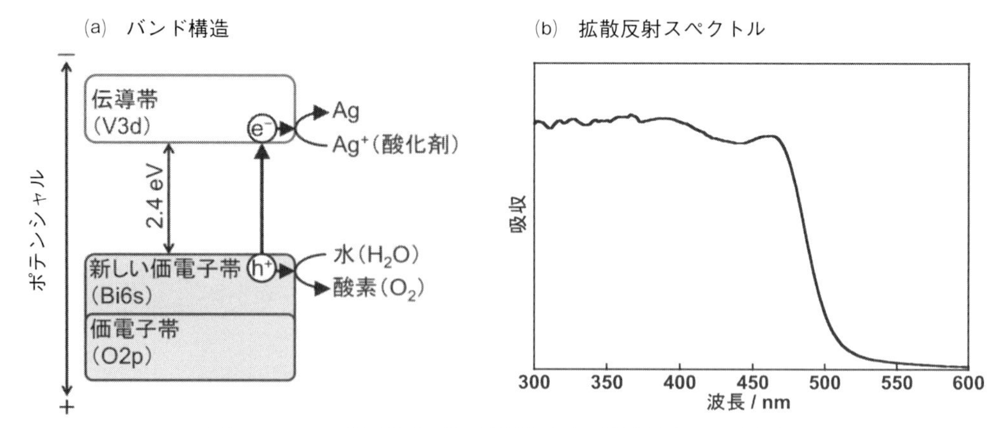

図４　$BiVO_4$ 光触媒のバンド構造および拡散反射スペクトル

$$2Ti^{4+} \Rightarrow Rh^{3+} + Sb^{5+} \tag{2}$$

このようにRhの価数が制御された$SrTiO_3$:Rh,Sbは，水素だけでなく酸素生成にも活性を示す。そして，共ドープ量を最適化した$SrTiO_3$:Rh,Sb光触媒は，IrO_2助触媒を担持することで，単一での可視光水分解に活性を示す[12]。このような共ドープにより開発された光触媒として，$SrTiO_3$:Cr,Ta[11]，TiO_2:Ni,Nb[14]，$SrTiO_3$:Ni,Ta[14]，TiO_2:Rh，Sb[15]，$NaNbO_3$:Ir,Sr[16]，$NaTaO_3$:Ir,La[16]などがある。

3.2　価電子帯制御型光触媒

価電子帯制御型光触媒とは，O2p軌道からなる価電子帯よりも浅い位置に新たな価電子帯を形成できる金属を構成元素とした光触媒である（図1(c)）。具体的には，Cu^+，Ag^+，Pb^{2+}，Sn^{2+}およびBi^{3+}が，新たな価電子帯形成によるバンドギャップの狭窄化に有効な金属として知られている[5]。

$BiVO_4$光触媒は，犠牲試薬（酸化剤）を含む水溶液中において，水を酸化して酸素を生成できる可視光応答性光触媒である[5]。これは，Bi^{3+}の6s軌道が，O2p軌道よりも浅い位置に価電子帯を形成するためである（**図4**(a)）。その結果，$BiVO_4$は，他の酸化物光触媒に比べて比較的狭いバンドギャップを有するため，可視光を吸収することができる（**図4**(b)）。その他の価電子帯制御型として，$AgNbO_3$[5]，$SnNb_2O_6$[5]，$Cu_{3x}La_{1-x}Ta_7O_{19}$[17]，$Cu(Li_{1/3}Ti_{2/3})O_2$[18]および$CuNb_3O_8$[19]などがある。

新たな価電子帯を形成できる金属をワイドバンドギャップ光触媒へ組み込む手法として，イオン交換がある。この手法は，イオン交換性の高い層状化合物に対して特に有効な手法である。たとえば，層状構造を有する$K_2La_2Ti_3O_{10}$の吸収波長は，CuCl溶融塩で処理することによって長波長化する（**図5**(a)，(b)）[20]。これは，CuCl溶融塩中で$K_2La_2Ti_3O_{10}$の層間のK^+がCu^+に交換されたことで，Cu^+の3d軌道からなる新たな価電子帯が形成されたためである（**図6**）。このCu^+-$K_2La_2Ti_3O_{10}$光触媒は，およそ600 nmまでの比較的長波長の光に応答して水素を生成することができる（図5(c)）。その他の層状化合物への応用として，Ag^+-$Na_2W_4O_{13}$[21]および

Sn^{2+}-$K_4Nb_6O_{17}$[22] などが報告されている。

3.3　固溶体型光触媒

固溶体型光触媒とは，バンドギャップの広い光触媒と狭い光触媒を固溶化させた中間的なバンドギャップを有する光触媒である（図1(d)）。固溶体形成によるバンド制御は金属硫化物で幅広く行われている。金属酸化物においても，固溶体形成によりバンド構造を制御することができる。たとえば，GaO_4 四面体からなる層および GaO_6 八面体からなる層が交互に積み重なった結晶構造の β-Ga_2O_3 を GaO_4 四面体からなる層および InO_6 八面体からなる層が交互に積み重なった結晶構造の $GaInO_3$ と固溶化（$Ga_{2-x}In_xO_3$）させることで，連続的なバンド構造の制御が可能である[23]。そして，$Ga_{2-x}In_xO_3$ は，紫外光照射下ではあるものの，犠牲試薬を含む水溶液から水素および酸素を生成する。また，In_2O_3 および ZnO の層が交互に規則配列したホモロガス構造の $In_2O_3(ZnO)_m$ (m＝3 および 9) 光触媒は，In_2O_3 および ZnO よりも長波長側に吸収端を有している（**図7**）[24]。そして，この $In_2O_3(ZnO)_9$ は，可視光照射下での犠牲試薬を含む水溶液からの水素および酸素生成反応に活性を示す。さらに，この材料を用いた電極は，可視光照射下でアノード光電流を与える。

4.　可視光応答性金属酸化物光触媒を用いたソーラー水分解系の構築

前述したドーピング型の $SrTiO_3$:Rh および価電子帯制御型の $BiVO_4$ は，それぞれ水素または酸素生成反応にのみ活性な粉末光触媒である。このような光触媒を水分解系に展開する方法として，光電極系[25)26)]（**図8**）および Z- スキーム[5)27)-29)] 系（**図9**）がある。

$BiVO_4$ 光触媒は，その伝導帯が水の還元電位 (0 V vs. NHE at pH0) よりも貴側に位置しているため，単独で水を分解することができない。

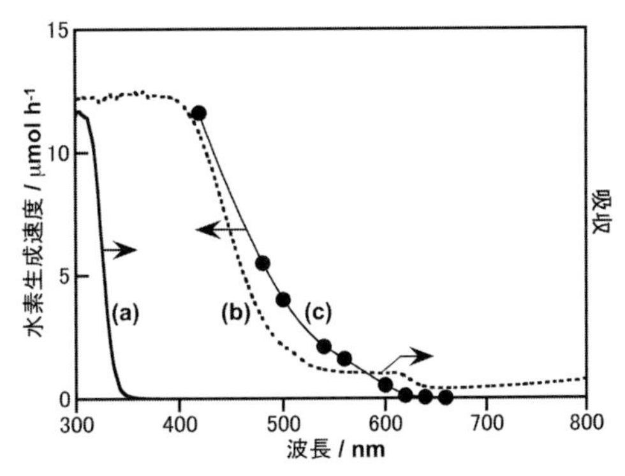

(a)　$K_2La_2Ti_3O_{10}$ の吸収，(b)　Cu^+-$K_2La_2Ti_3O_{10}$ の吸収，(c)　各波長以上の光照射下における水素生成速度

図5　Ru助触媒担持 Cu^+-$K_2La_2Ti_3O_{10}$ 光触媒の硫黄系還元剤を含む水溶液からの水素生成反応に対する照射波長依存性

(a)　CuCl 溶融塩処理による $K_2La_2Ti_3O_{10}$ 光触媒へのイオン交換の模式図

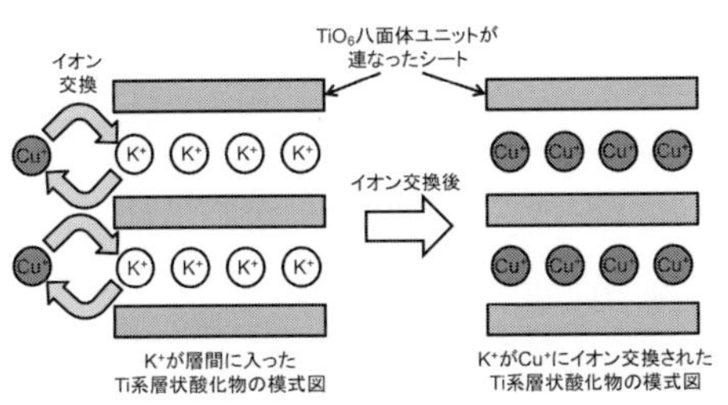

(b)　$K_2La_2Ti_3O_{10}$, Ru助触媒担持 Cu^+-$K_2La_2Ti_3O_{10}$ 光触媒のバンド構造

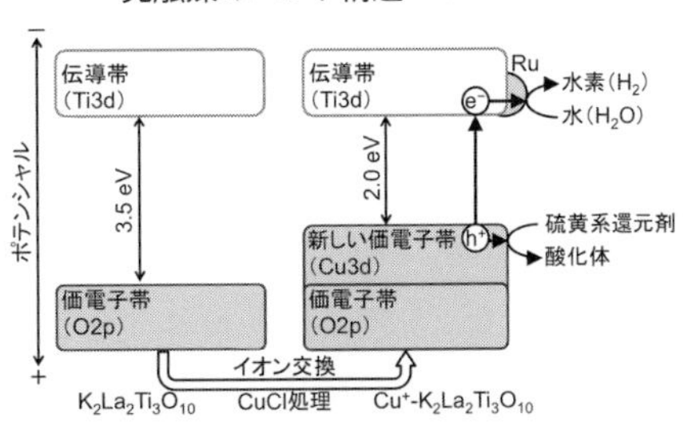

図6　$K_2La_2Ti_3O_{10}$ 光触媒への CuCl 溶融塩処理による可視光応答化

一方，$BiVO_4$ を基板電極に塗布した $BiVO_4$ 光電極は，n 型半導体特性を示す水の酸化に有効な光アノードであり，適切なバイアスの印加によって水を分解することができる[30)-35)]。一方，$SrTiO_3$:Rh 光電極は，p 型半導体特性を示す水の還元に有効な光カソードである[36)]。これらの光電極を組み合わせた光電気化学セルは，外部電源がない条件であってもソーラー水分解に活性を示す[34)]。

水素生成光触媒として Ru 助触媒を担持した $SrTiO_3$:Rh（以後，Ru/$SrTiO_3$:Rh と表記），酸素生成光触媒として $BiVO_4$，電子伝達剤として $Fe^{3+/2+}$ および Co (bpy)$_3^{3+/2+}$ などの Co 錯体を用いた Z- スキーム系は，可視光水分解に活性を示す[5) 32)]。水分解により得られる気体は，水素と酸素が 2:1 の爆鳴気である。電子伝達剤を用いた Z- スキーム系による水分解では，多孔質膜で隔てた２室セルを用いることで，水素と酸素を分離生成することができるという利点がある（**図 10**）。一方，$Fe^{3+/2+}$ および Co(bpy)$_3^{3+/2+}$ などの電子伝達剤を必要としない Z- スキーム系も開発されている。たとえば，Ru/$SrTiO_3$:Rh 粉末および $BiVO_4$ 粉末を pH3.5 の硫酸水溶液中に懸濁させ光を照射すると，水を分解し水素と酸素が化学量論比で生成する。一方，中性付近では，その水分解活性は低下する。これは，pH3.5 の硫酸水溶液中の場合，Ru/$SrTiO_3$:Rh および $BiVO_4$ 粒子が特異的に凝集し，**図 11** に示すような粒子間での電子伝達が起こりやすくなるためである[38)]。この水分解活性は，粒子間の電子移動をグラフェン系の固体導電性物質によって促進することで向上する[39)]。一方，Ru/$SrTiO_3$:Rh および $BiVO_4$ をあらかじめ複合化させたコンポジット光触媒は，中性付近においても比較的高いソーラー水分解活性を示す[40)]。

光電極系および Z- スキーム系は，さまざまな水素生成光触媒および酸素生成光触媒を組み合わせることが可能な系である。本章では，金

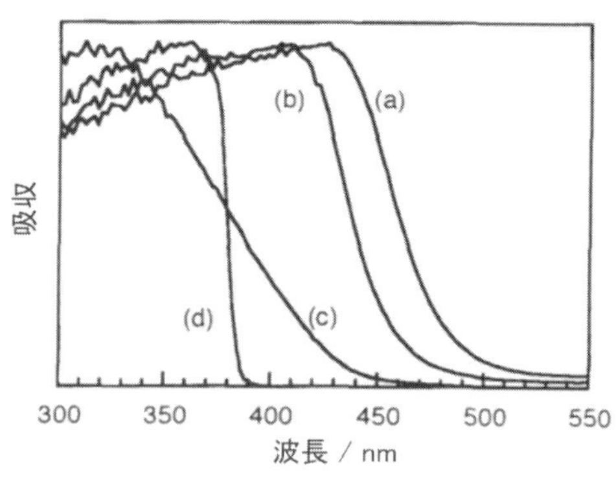

(a) $In_2O_3(ZnO)_3$ の吸収，(b) $In_2O_3(ZnO)_9$ の吸収，(c) In_2O_3 の吸収，(d) ZnO の吸収

図 7　In および Zn を含む金属酸化物の拡散反射スペクトル

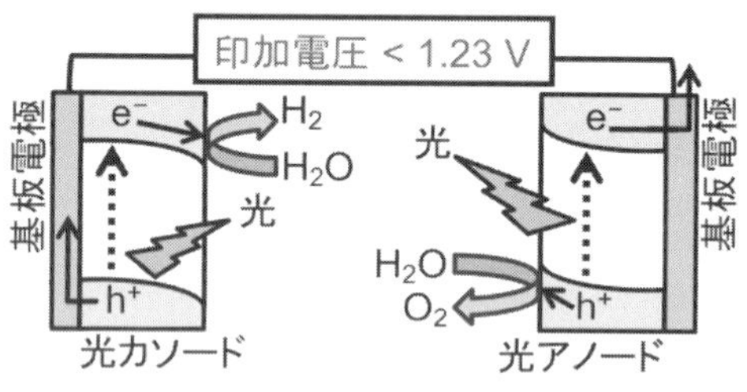

図 8　光カソードおよび光アノードを組み合わせた光電気化学セルを用いた水分解反応

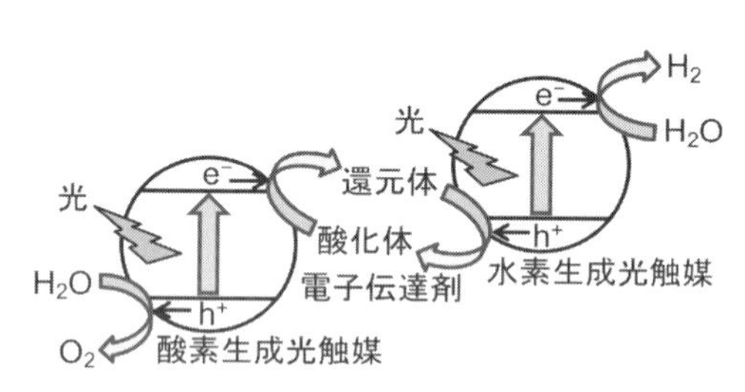

図 9　Z- スキーム型光触媒を用いた水分解反応

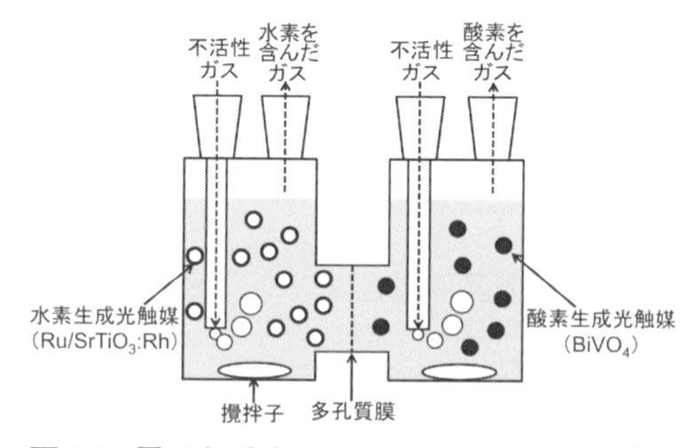

図 10　電子伝達剤を用いた Z- スキーム型光触媒による水分解反応における水素および酸素の分離生成のための反応セル

属酸化物光触媒からなる系を紹介したが，金属（酸）窒化物[28)29)]および金属硫化物光触媒[41)-43)]からなる系による水分解反応も報告されている。

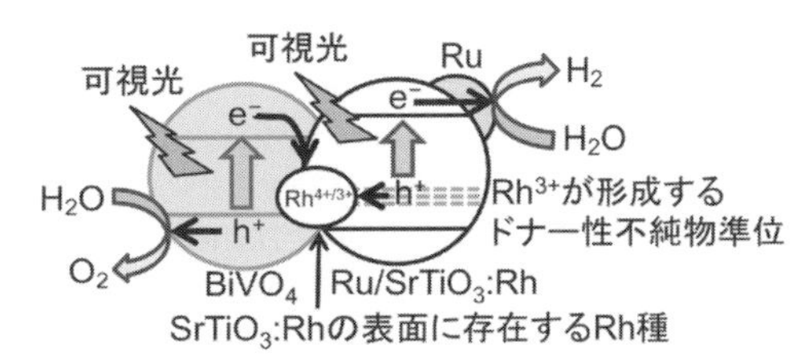

図 11　Ru 助触媒担持 Rh ドープ $SrTiO_3$ および $BiVO_4$ 光触媒の粒子間での電子移動によって駆動する Z- スキーム型水分解

5. おわりに

本稿では，バンドエンジニアリングに基づいて開発した可視光応答性金属酸化物光触媒について概説した。また，それら光触媒の光電極および単一粒子系や Z- スキーム系による水分解への応用について述べた。工業的なソーラー水素製造の観点から，水中で高い安定性を有する金属酸化物は魅力的な光触媒材料である。しかし，多くの酸化物光触媒は，可視光に応答しないものであった。一方，本稿で述べたバンドエンジニアリングによって，さまざまな可視光応答性金属酸化物光触媒を開発することが可能である。本稿で紹介したバンドエンジニアリングの実例が，新たなバンドエンジニアリング指針の確立およびそれらに基づいた高い安定性を有する高性能かつ安価な酸化物光触媒の開発に役立てば幸甚である。

文　献

1）A. Fujishima and K. Honda：*Nature*, **238**, 37 (1972).
2）H. Kato, K. Asakura and A. Kudo：*J. Am. Chem. Soc.*, **125**, 3082 (2003).
3）Y. Sakata, T. Hayashi, R. Yasunaga, N. Yanaga and H. Imamura：*Chem. Commun.*, **51**, 12935 (2015).
4）Y. Ham, T. Hisatomi, Y. Goto, Y. Moriya, Y. Sakata, A. Yamakata, J. Kubota and K. Domen：*J. Mater. Chem. A*, **4**, 3027 (2016).
5）A. Kudo and Y. Miseki：*Chem. Soc. Rev.*, **38**, 253 (2009) and references therein.
6）R. Konta, T. Ishii, H. Kato and A. Kudo：*J. Phys. Chem. B*, **108**, 8992 (2004).
7）S. Kawasaki, K. Akagi, K. Nakatsuji, S. Yamamoto, I. Matsuda, Y. Harada, J. Yoshinobu, F. Komori, R. Takahashi, M. Lippmaa, C. Sakai, H. Niwa, M. Oshima, K. Iwashina and A. Kudo：*J. Phys. Chem. C*, **116**, 24445 (2012).
8）Y. Miseki and A. Kudo：*ChemSusChem*, **4**, 245 (2011).
9）Y. Shimodaira, H. Kato, H. Kobayashi and A. Kudo：*Bull. Chem. Soc. Jpn.*, **80**, 885 (2007).
10）H. Kato and A. Kudo：*J. Phys. Chem. B*, **106**, 5029 (2002).
11）T. Ishii, H. Kato and A. Kudo：*J. Photochem. Photobiol. A：Chemistry*, **163**, 181 (2004).
12）R. Asai, H. Nemoto, Q. Jia, K. Saito, A. Iwase and A. Kudo：*Chem. Commun.*, **50**, 2543 (2014).
13）R. Niishiro, S. Tanaka and A. Kudo：*Appl. Catal. B*, **150**, 187 (2014).
14）R. Niishiro, H. Kato, and A. Kudo：*Phys. Chem. Chem. Phys.*, **7**, 2241 (2005).
15）R. Niishiro, R. Konta, H. Kato, W. J. Chun, K. Asakura and A. Kudo：*J. Phys. Chem. C*, **111**, 17420 (2007).
16）A. Iwase, K. Saito and A. Kudo：*Bull. Chem. Soc. Jpn.*, **82**, 514 (2009).
17）H. Kato, A. Takeda, M. Kobayashi, M. Hara and M. Kakihana：*Catal. Sci. Technol.*, **3**, 3147 (2013).
18）H. Kato, T. Fujisawa, M. Kobayashi and M. Kakihana：*Chem. Lett.*, **44**, 973 (2015).
19）U. A. Joshi and P. A. Maggard：*J. Phys. Chem. Lett.*, **3**, 1577 (2012).
20）K. Iwashina, A. Iwase and A. Kudo：*Chem. Sci.*, **6**, 687 (2015).
21）H. Horie, A. Iwase and A. Kudo：*ACS Appl. Mater. Interfaces*, **7**, 14638 (2015).
22）Y. Hosogi, H. Kato and A. Kudo：*J. Phys. Chem. C*, **112**, 17678 (2008).
23）A. Kudo and I. Mikami：*J. Chem. Soc., Faraday Trans.*, **94**, 2929 (1998).
24）A. Kudo and I. Mikami：*Chem. Lett.*, 1027 (1998).

25) M. G. Walter, E. L. Warren, J. R. McKone, S. W. Boettcher, Q. Mi, E. A. Santori and N. S. Lewis : *Chem. Rev.*, **110**, 6446 (2010) and references therein.
26) T. Hisatomi, J. Kubota and K. Domen : *Chem. Soc. Rev.*, **43**, 7520 (2014) and references therein.
27) R. Abe : *J. Photochem, Photobiol. C*, **11**, 179 (2010) and references therein.
28) K. Maeda : *ACS Catal.*, **3**, 1486 (2013) and references therein.
29) D. M. Fabian, S. Hu, N. Singh, F. A. Houle, T. Hisatomi, K. Domen, F. E. Osterloh and S. Ardo : *Energy Environ. Sci.*, **8**, 2825 (2015) and references therein.
30) K. Sayama, A. Nomura, Z. Zou, R. Abe, Y. Abe and H. Arakawa : *Chem. Comm.*, **2908** (2003).
31) A. Iwase and A. Kudo : *J. Mater. Chem.*, **20**, 7536 (2010).
32) S. P. Berglund, D. W. Flaherty, N. T. Hahn, A. J. Bard and C. B. Mullins : *J. Phys. Chem. C*, **115**, 3794 (2011).
33) Y. Liang, T. Tsubota, L. P. A. Mooij and R. Krol : *J. Phys. Chem. C*, **115**, 17594 (2011).
34) Q. Jia, K. Iwashina and A. Kudo : *P. Natl. Acad. Sci. USA*, **109**, 11564 (2012).
35) Y. Park, K. J. McDonal and K. S. Choi : *Chem. Soc. Rev.*, **42**, 2321 (2013).
36) K. Iwashina and A. Kudo : *J. Am. Chem. Soc.*, **133**, 13272 (2011).
37) Y. Sasaki, H. Kato and A. Kudo : *J. Am. Chem. Soc.*, **135**, 5441 (2013).
38) Y. Sasaki, H. Nemoto, K. Saito and A. Kudo : *J. Phys. Chem. C*, **113**, 17536 (2009).
39) A. Iwase, Y. H. Ng, Y. Ishiguro, A. Kudo and R. Amal : *J. Am. Chem. Soc.*, **133**, 11054 (2011).
40) Q. Jia, A. Iwase and A. Kudo : *Chem. Sci.*, **5**, 1513 (2014).
41) T. Kato, Y. Hakari, S. Ikeda, Q. Jia, A. Iwase and A. Kudo : *J. Phys. Chem. Lett.*, **6**, 1042 (2015).
42) K. Iwashina, A. Iwase, Y. H. Ng, R. Amal and A. Kubo : *J. Am. Chem. Soc.*, **137**, 604 (2015).
43) A. Iwase, S. Yoshino, T. Takayama, Y. H. Ng, R. Amal and A. Kubo : *J. Am. Chem. Soc.*, **138**, 10260 (2016)

第2章 光半導体バンドエンジニアリング —酸窒化物，酸硫化物系，カルコゲナイド系

東京大学 久富 隆史，堂免 一成

1．可視光応答性光触媒材料開発の必要性

さまざまな酸化物半導体光触媒が紫外光照射下で水の完全分解反応に活性を示すことが知られている。しかし，水を水素と酸素に分解できるバンド構造を持つ酸化物光触媒の多くはバンドギャップが大きく可視光照射下では水を分解できない[1]。$SrTiO_3$ に代表される水の完全分解反応に活性な酸化物光触媒は多くの場合，価電子帯が主にO2p軌道から構成され，およそ+3 V vs. RHEと酸素発生準位（+1.23 V vs. RHE）に比べて大きく貴な電位に位置している。このため，伝導帯下端のエネルギー準位が水素発生電位（0 V vs. RHE）よりも卑な電位にある，すなわち水素を発生させることが可能である場合には，必然的にバンドギャップが3 eVよりも大きくなる。他方，WO_3（酸化タングステン），$BiVO_4$（バナジン酸ビスマス）などの酸化物光触媒は可視光を吸収するが，伝導帯下端のエネルギー準位が水素発生電位よりも貴な電位にあるために水素を生成することができない。そのような酸化物光触媒を用いて水の分解反応を効率良く進行させるには，Zスキーム系[2]や後述する二段階励起型光電極系のように他の光触媒材料と組み合わせるか，外部から電圧を印加しなければならない。したがって，バンドエンジニアリングに基づいて可視光照射下で水を分解できる光触媒材料を設計することが大事である。可視光応答性光触媒の設計は，人工光合成の実現という観点からも本質的に重要である。アメリカの研究グループにより，種々の人工光合成型水素製造プラントで製造される水素の販売価格が試算されている[3]。これによれば，少なくとも5～10％の太陽光水素エネルギー変換効率が経済性の観点から必要であると考えられている。しかし，4光子で2分子の水が分解される反応を仮定した場合，太陽光のうち波長が400 nmよりも短い紫外光成分を全て（100％の量子効率で）利用できたとしても太陽光水素エネルギー変換効率は1.7％に留まり，実用性の基準には到底及ばない。そこで，本章では価電子帯構造の制御と固溶体形成による可視光応答性光触媒材料の設計，水分解反応への応用について記す。

2．可視光応答性光触媒材料としての酸窒化物，酸硫化物，カルコゲナイド

酸化物に代わる可視光応答性水分解用光触媒材料として，酸化物イオンが窒化物イオンや硫化物イオンおよびセレン化物イオンで置換された，酸窒化物・窒化物（以下，（オキシ）ナイトライド）や酸硫化物・硫化物・酸セレン化物・セレン化物（以下，（オキシ）カルコゲナイド）が知られている[1,4]。（オキシ）ナイトライドや（オキシ）カルコゲナイドに含まれるN2p軌道やS3p軌道，Se4p軌道はO2p軌道よりもエネルギー準位が卑な電位にある。そのため，（オキ

(a)　バンド構造

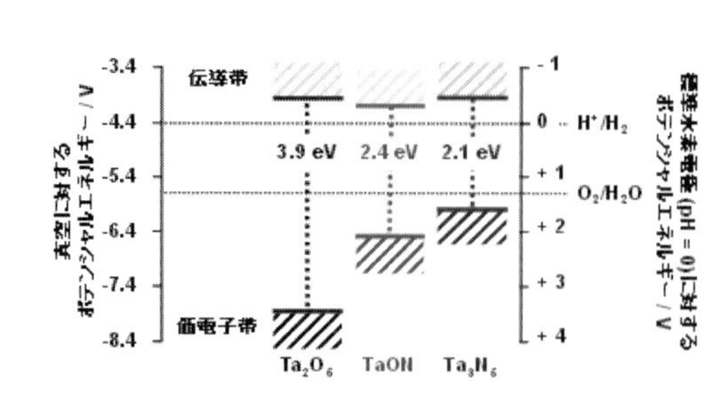

(b)　拡散反射スペクトル

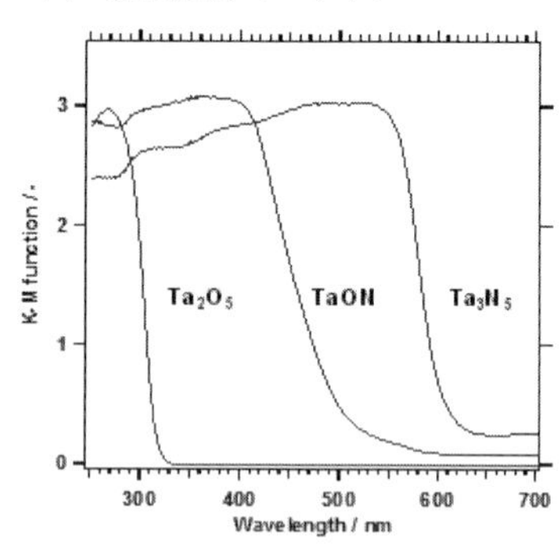

図1　Ta_2O_5，TaON，Ta_3N_5 の(a)バンド構造[5]と(b)拡散反射スペクトル

シ）ナイトライドや（オキシ）カルコゲナイドの価電子帯上端は酸化物の場合に比べて卑な電位にシフトする。一方で，化合物半導体の伝導帯は主に金属イオンから構成されるため，これらの陰イオン種は伝導帯下端の準位にほとんど影響を与えない。そのため，ある種の（オキシ）ナイトライドや（オキシ）カルコゲナイドは可視光照射下での水の分解反応に適したバンド構造を有することとなる。

図1にTa_2O_5（五酸化タンタル），TaON（酸窒化タンタル），Ta_3N_5（窒化タンタル）のバンド構造[5]および拡散反射スペクトルを示す。Ta_2O_5は水の分解が可能なバンド構造を有しているが可視光を利用できない。これに対し，TaONやTa_3N_5は窒化物イオンの置換量に応じて価電子帯上端が卑な電位にシフトしている。一方で，Ta5d軌道から構成される伝導帯の準位は大きく変動しない。このため，Ta_2O_5は320 nmまでの紫外光しか吸収できないのに対し，TaONとTa_3N_5はそれぞれ500 nm，600 nmまでの可視光を吸収する。これらの材料は可視光照射下で電子供与剤あるいは電子受容体の存在下で水素あるいは酸素を個別に生成することができるため，水の完全分解が可能なバンド構造を有していることが確かめられている。同様の例はオキシカルコゲナイドにも見られる。たとえば$Sm_2Ti_2O_7$は吸収端波長が340 nmと紫外光領域にあるのに対し，$Sm_2Ti_2S_2O_5$は吸収端波長が650 nmと可視光領域まで吸収する[6]。もっとも，後述するように可視光応答性光触媒により水を完全分解するには光励起された電子と正孔の分離，水素生成反応と酸素生成反応の促進，自己酸化分解の抑制が重要であり，光触媒材料の高品位化や助触媒や保護層などによる表面修飾を詳細に検討する必要がある。

3. 酸窒化物光触媒粉末による可視光水分解反応

現在までに，可視光照射下で水を完全分解できる酸窒化物光触媒材料として，$(Ga_{1-x}Zn_x)(N_{1-x}O_x)$[1]，$(Zn_{1+x}Ge)(N_2O_x)$[1]，$ZrO_2$/TaON[7]などが知られている。これらの光触媒は，適当な水素生成助触媒を担持することでおよそ500 nmまでの可視光を吸収して水を水素と酸素に分解することができる。特に，水素生成助触媒として$Rh_{2-y}Cr_yO_3$を担持した$(Ga_{1-x}Zn_x)(N_{1-x}O_x)$は420 nmの可視光照射下で5.1％と，懸濁光触媒による水の分解反応としては最も高い見かけの量子効率を示す。しかし，より高効率な水の分解反応を実現するうえで，より長波長側の光に応答して水を分解することができる光触媒の開発が依然として重要である。

最近，600 nm までの長波長側の可視光に応答して水を水素と酸素に分解できる光触媒として $LaMg_{1/3}Ta_{2/3}O_2N$ が報告された[8)9)]。$LaMg_{1/3}Ta_{2/3}O_2N$ はともにペロブスカイト型構造を有する $LaTaON_2$ と $LaMg_{2/3}Ta_{1/3}O_3$ の固溶体 $LaMg_xTa_{1-x}O_{1+3x}N_{2-3x}$ ($0 \leq x \leq 2/3$) とみなすことができ，対応する酸化物をアンモニア気流中で加熱窒化することで得られる。**図２**に $LaMg_xTa_{1-x}O_{1+3x}N_{2-3x}$ 固溶体の拡散反射スペクトルを示す。吸収端波長は x の値が大きくなるにつれて640 nmから520 nmへと短波長化している。密度汎関数法による計算の結果，$LaMg_xTa_{1-x}O_{1+3x}N_{2-3x}$ 固溶体の価電子帯上端は主に N2p 軌道から形成され，わずかに O2p 軌道が寄与していることが確かめられている。一方，伝導帯下端は固溶体組成によらず Ta5d 軌道から形成されている。したがって，x の値が大きくなるにつれて価電子帯に対する N2p 軌道の寄与が弱まり，価電子帯上端が貴な電位にシフトしてバンドギャップが広がると考えられている。

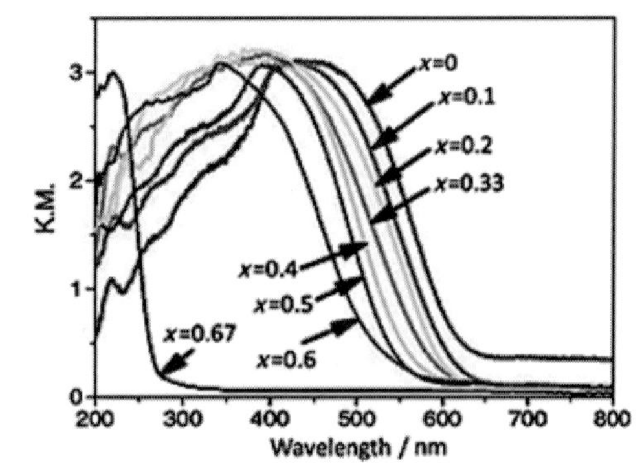

図２　$LaMg_xTa_{1-x}O_{1+3x}N_{2-3x}$ 固溶体の拡散反射スペクトル[8)]

水素生成助触媒として $RhCrO_y$ が担持された $LaTaON_2$ は光照射下で純水から水素を生成することができるが，酸素をほとんど生成しない。これに対し，$LaMg_{1/3}Ta_{2/3}O_2N$ は同じ反応条件下で，自己酸化分解による窒素の発生や生成物である水素と酸素が $RhCrO_y$ 上で反応して水を生成する逆反応を伴うものの，純水から水素と酸素の両方を生成することができる[8)]。したがって，自己酸化分解や逆反応の進行を抑制することで化学量論的な水の分解反応が達成できると期待される。実際に，$LaMg_{1/3}Ta_{2/3}O_2N$ 光触媒粉末をアモルファス TiO_2 層で被覆することにより自己酸化分解や逆反応が抑制され，600 nm までの可視光照射下で化学量論的な水の分解反応が進行することが確かめられている。さらに，アモルファス SiO_2 層による表面修飾により水分解活性が向上することも見出されている[8)]。

表面修飾された $LaMg_{1/3}Ta_{2/3}O_2N$ 光触媒による水分解反応の模式図を**図３**に示す[8)]。アモルファス酸化物層は表面保護層として機能し $LaMg_{1/3}Ta_{2/3}O_2N$ の酸化分解を抑制する一方で，選択的透過性を有する分子篩として機能していると考えられている。反応物である水分子はアモルファス酸化物層を透過して光触媒表面で水

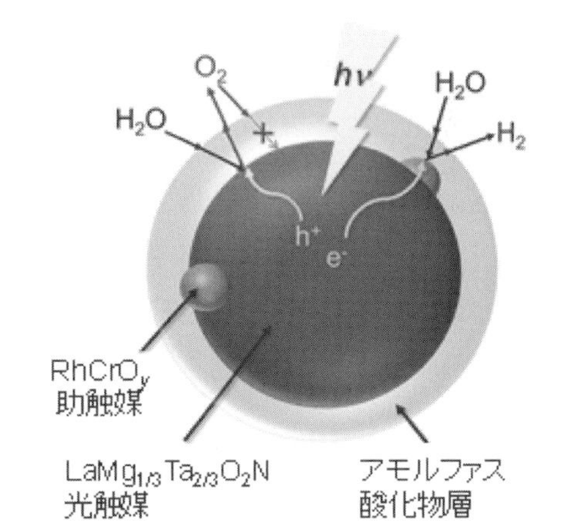

図３　アモルファス酸化物層で表面修飾された $RhCrO_y/LaMg_{1/3}Ta_{2/3}O_2N$ 光触媒による水分解反応の模式図[8)]

素と酸素に分解され，生成した水素と酸素はアモルファス酸化物層を透過して反応溶液中に放出される。一方で，水溶液中の水素や酸素は極性がなくアモルファス酸化物層との親和性に乏しいため，アモルファス酸化物層を浸透して光触媒表面に到達することが難しい。その結果，水素と酸素からの水の生成や酸素還元反応といった逆反応や副反応が抑制されると考えられている。現状では，$LaMg_{1/3}Ta_{2/3}O_2N$ 光触媒による水の分解反応の見かけの量子効率は440 nmにおいて0.2%であり[9]，さらなる高活性化が課題となっている。しかし，600 nmまでの長波長側の光を吸収する半導体光触媒材料で水の完全分解反応が進行したことは利用波長の長波長化の観点から意義深い。

4. 酸硫化物および酸窒化物粉末光電極を用いた可視光水分解反応

半導体光触媒粉末は，塗布法や電気泳動堆積法などの方法で導電性基板上に固定化することで光電極として応用することができる。しかし，粒子間の粒界や導電性基板との界面における抵抗のために，そのような手法で得られた光電極の光電気化学特性は低く機械的強度も不十分であることが多い。こうした問題は，たとえばキャリア伝達が可能な材料で光触媒粒子の結着性を改善するネッキング処理によりある程度改善することができる。しかし，処理中の半導体粒子や導電性基板の熱的，化学的安定性により処理条件が制約され，効果が限定的で汎用性に乏しいという問題がある。

最近，ネッキング処理に代わる粉末半導体からなる光電極の作製法として粒子転写法が報告されている[10]。粒子転写法による光電極の作製手順を**図4**に示す[11]。まず初めに，半導体粉末をガラス板などの基板に塗布する。次に，100～300 nm程度の厚さの導電層をコンタクト層として半導体粉末上に製膜する。ここで，コンタクト層は半導体との間にオーミック接合が形成されるような仕事関数を持つ材料を選ぶ。次に，十分な導電性と機械的強度を得るためにコン

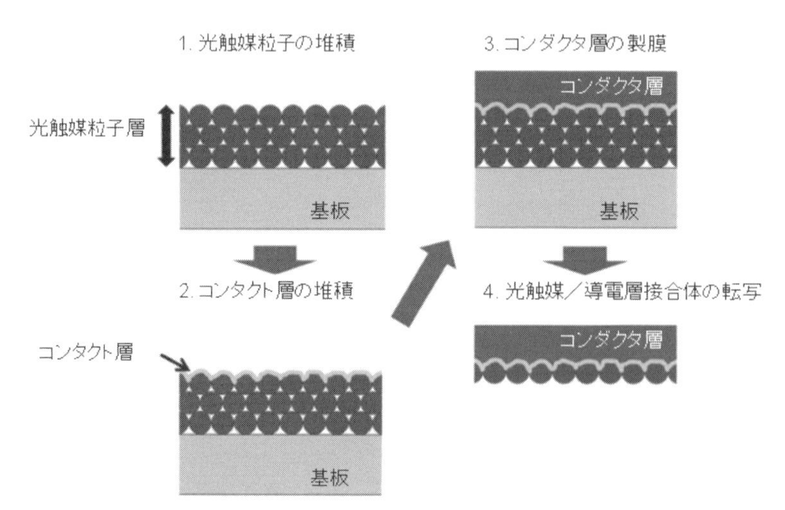

©2012, Royal Society of Chemistry

図4　粒子転写法による光触媒粉末電極の作製手順[11]

ダクタ層として数マイクロメートル程度の厚さの導電層を製膜する。その後，得られた半導体粉末/導電層の接合体を別の基板に剥離転写し，導電層上に物理的に弱く付着している光触媒粉末を超音波処理などにより除去する。このようにして得られた半導体粉末/導電層接合体は導電層に直接強固に保持されている半導体粒子からのみ構成されるため，半導体粒子と導電層の間に十分な電気的導通と機械的強度が確保されており，優れた光電気化学特性を示す。たとえば，酸素生成助触媒としてCo（コバルト）酸化物が担持された$BaTaO_2N$粒子（吸収端波長660 nm）からなる光アノードは，疑似太陽光照射下で＋0.2 V vs. RHEの電位から光応答し，＋1.2 V vs. RHEの電位で4.2 mA cm^{-2}の光アノード電流を生成する[12)]。また，光アノード電流は光電気化学的酸素発生反応に由来していることも確かめられている。

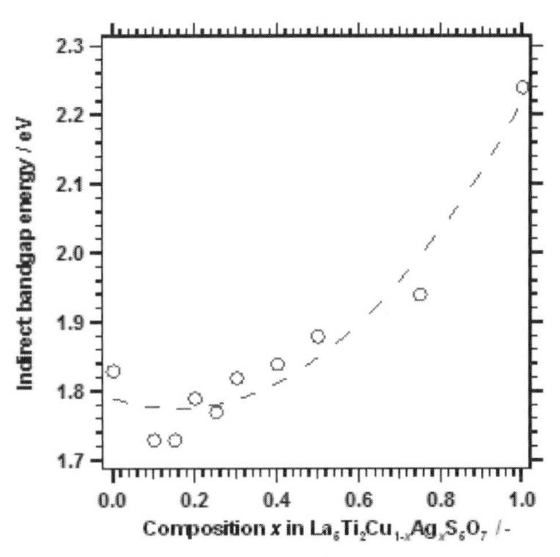

Published by The Royal Society of Chemistry

図５　$La_5Ti_2Cu_{1-x}Ag_xS_5O_7$固溶体のバンドギャップエネルギーと組成の関係[13)]

粒子転写法は汎用性が高く，さまざまな光触媒粉末の光電気化学特性の評価に応用できる。たとえば，$La_5Ti_2CuS_5O_7$と$La_5Ti_2AgS_5O_7$の固溶体である$La_5Ti_2Cu_{1-x}Ag_xS_5O_7$は裏面導電層としてAu（金）を用いると光カソードとして機能するが，光電気化学的水の還元反応における光電流開始電位が0.9 V vs. RHE付近と多くの光カソード材料に比べて貴な電位にあるなど，応用上興味深い物性を示すことが見出されている[13)]。$La_5Ti_2Cu_{1-x}Ag_xS_5O_7$は酸化物と硫化物の混合粉末を真空排気した石英管中に封じ，焼成することで合成できる。**図５**に，$La_5Ti_2Cu_{1-x}Ag_xS_5O_7$固溶体のバンドギャップエネルギーと組成の関係を示す。密度汎関数法による計算により，$La_5Ti_2CuS_5O_7$の価電子帯はCu 3d軌道，S 3p軌道，O 2p軌道の混成軌道から構成されるのに対し，$La_5Ti_2AgS_5O_7$の価電子帯は，Ag 4d軌道のエネルギー準位が貴な電位にあるためにS 3p軌道とO 2p軌道の混成軌道から構成されること，$La_5Ti_2CuS_5O_7$と$La_5Ti_2AgS_5O_7$の伝導帯はともにTi 3d軌道から構成されることがわかっている。$La_5Ti_2Cu_{1-x}Ag_xS_5O_7$固溶体のバンドギャップエネルギーは組成に対して非線形に変化し，Ag置換量xが30%までは$La_5Ti_2CuS_5O_7$よりも小さくなる。多くの半導体材料で格子定数が大きくなるにつれてバンドギャップが狭くなることが知られている。$La_5Ti_2Cu_{1-x}Ag_xS_5O_7$固溶体の場合は，Ag置換量が大きくなるにつれてCu 3d軌道の価電子帯上端への寄与の低下するためにバンドギャップが広くなる一方で，格子定数が大きくなるにつれて狭まるため，中間的な組成で最も狭くなったと考えられる。$La_5Ti_2Cu_{1-x}Ag_xS_5O_7$固溶体のバンドギャップエネルギー$E_{LTCA}$は$La_5Ti_2CuS_5O_7$と$La_5Ti_2AgS_5O_7$それぞれのバンドギャップエネルギー$E_{LTC}$と$E_{LTA}$を用いて経験的に式(1)で近似することができる。

$$E_{LTCA} = xE_{LTC} + (1-x)E_{LTA} - bx(1-x) = bx^2 + (E_{LTC} + E_{LTA} - b)x + E_{LTC} + E_{LTA} \quad (1)$$

ここで，bは湾曲係数である。$La_5Ti_2Cu_{1-x}Ag_xS_5O_7$固溶体の場合，$b$＝0.62 eVであり，バンドギャップエネルギーはAg置換量が16%のときに最小となる。このときの吸収端波長はおよそ710 nmである。

図6に，$La_5Ti_2Cu_{1-x}Ag_xS_5O_7$固溶体の光電流値の組成依存性を示す。ここで，試料には光カソードとしての特性を向上させるためにTi^{4+}サイトにAl^{3+}がドーピングされ，さらに光電極には水素生成触媒としてPtが担持されている。いずれの試料も光カソード応答を示すが，Ag置換量が10%である$La_5Ti_2Cu_{0.9}Ag_{0.1}S_5O_7$は$La_5Ti_2CuS_5O_7$に比べて2倍以上高い光カソード電流を生成する。また，半反応太陽光水素エネルギー変換効率は0.6 V vs. RHEで最大値（0.25%）を取り，生成する水素の量と流れる電荷の量を比較することにより流れた電荷が光電気化学的水素発生反応に利用されていることも確認されている。しかし，Ag置換量をさらに大きくすると光カソード電流は低下する。銅カルコゲナイドp型半導体材料においてCu^+をAg^+に置換するとp型半導体特性が弱まる例が多く知られている。$La_5Ti_2Cu_{1-x}Ag_xS_5O_7$固溶体においても同様にp型半導体としての特性が弱まり，光カソードとしての特性が低下していると考えられている。

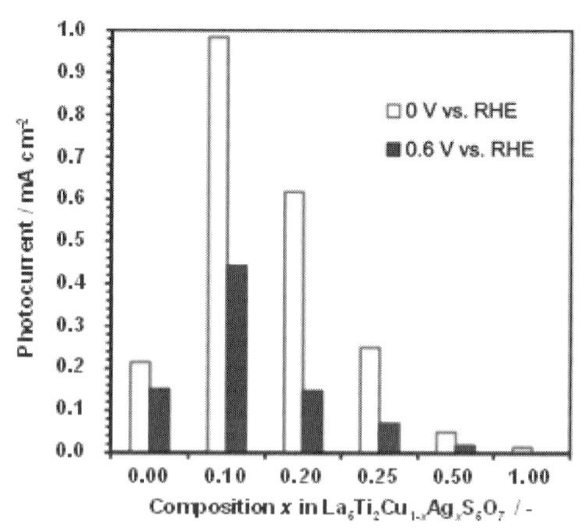

電解質溶液としてpH 10に調整した硫酸ナトリウム水溶液を使用

Published by The Royal Society of Chemistry

図6　Ptを担持した1%Alドープ$La_5Ti_2Cu_{1-x}Ag_xS_5O_7$固溶体光電極の疑似太陽光照射下における光電流値の組成依存性[13)]

上記のような特性を有する$La_5Ti_2Cu_{0.9}Ag_{0.1}S_5O_7$光カソードを前述の$BaTaO_2N$光アノードと短絡させて可視光を照射すると，**図7**に示すように水素と酸素が2：1の比率で10 hにわたり生成した。この間，電極電位は0.7 V vs. RHEで安定していた。生成した水素と酸素の量は光電極間を流れた電荷量とよく対応しており，両光電極を流れた電子が事実上全て水の分解反応に消費されたことが確かめられている。このように，波長660 nmまでの可視光照射下で無バイアス条件下での光電気化学的水分解反応が可能となっている。今後も，高品位な光触媒粒子の開発や機能的多層構造を持った電極構造を構築することで，光電気化学的水分解反応の効率を向上させることができると期待される。

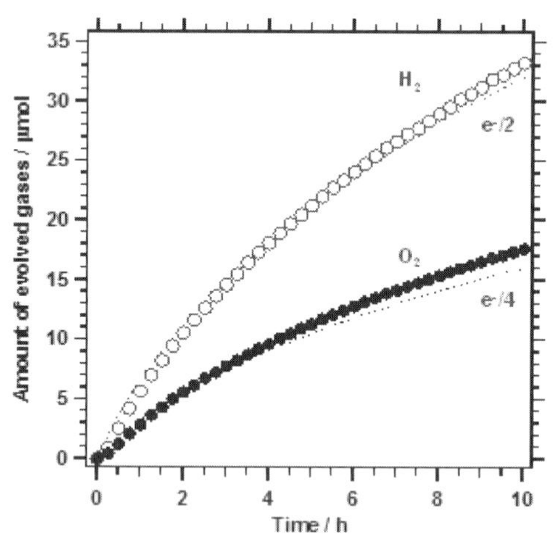

電解質溶液としてpH 11に調整した硫酸ナトリウム水溶液，光源として300 W Xeランプを使用

Published by The Royal Society of Chemistry

図7　Ptを担持した1%Alドープ$La_5Ti_2Cu_{0.9}Ag_{0.1}S_5O_7$光カソード（0.43 cm^2）およびCo酸化物を担持した$BaTaO_2N$光アノード（2.32 cm^2）による可視光照射下（λ > 420 nm）での無バイアス光電気化学的水分解反応[13)]

5. カルコゲナイド薄膜光電極を用いた可視光水分解反応

Cu(InGa)(S,Se)$_2$(CIGS)やCu_2ZnSnS_4(CZTS)などのCuを含むある種のカルコゲナイド化合物半導体はp型半導体材料として振る舞い，水を分解して水素を生成する可視光応答性の光カソードとして用いることができる[10]。太陽電池としても利用されるような高品位なカルコゲナイド化合物半導体薄膜は分子線エピタキシー法や多元蒸着法などの真空プロセスを用いて製膜できる。**図8**に，分子線エピタキシー法でMo(モリブデン)被覆ガラス状に製膜した$CuGaSe_2$光カソードの可視光照射下における電流電位曲線を示す[14]。$CuGaSe_2$の吸収端波長は750 nmであり，光電極表面に水素発生触媒としてPtが担持された$CuGaSe_2$光カソードは水素生成に帰属される光電流を生成している。ここで，化学浴堆積法により40 nm厚のCdS層を$CuGaSe_2$層に堆積させると光カソード電流が飛躍的に増加する。CdSはn型半導体材料であり，p型半導体である$CuGaSe_2$と良好なp-nヘテロ接合を形成する。そのため，固液界面におけるバンドベンディングが増強され，励起キャリアが効率良く分離されるようになる。その結果，光電流値や光電流開始電位が向上する[10][14]。

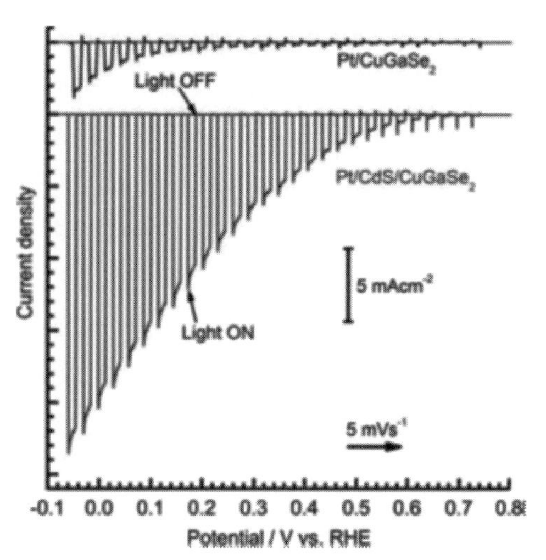

電解質溶液としてpH 9に調整した0.1 M硫酸ナトリウム水溶液，光源として300 W Xeランプを使用

図8　CdS層とPt触媒で修飾された$CuGaSe_2$光カソードの可視光照射下（λ>420 nm）における電流および電位曲線[14]

図9(a)および9(e)に分子線エピタキシー法で製膜した約1.8 μm厚の$CuGaSe_2$薄膜の走査電子顕微鏡を示す[15]。$CuGaSe_2$薄膜はサブミクロンサイズの粒状の結晶粒から構成されており，

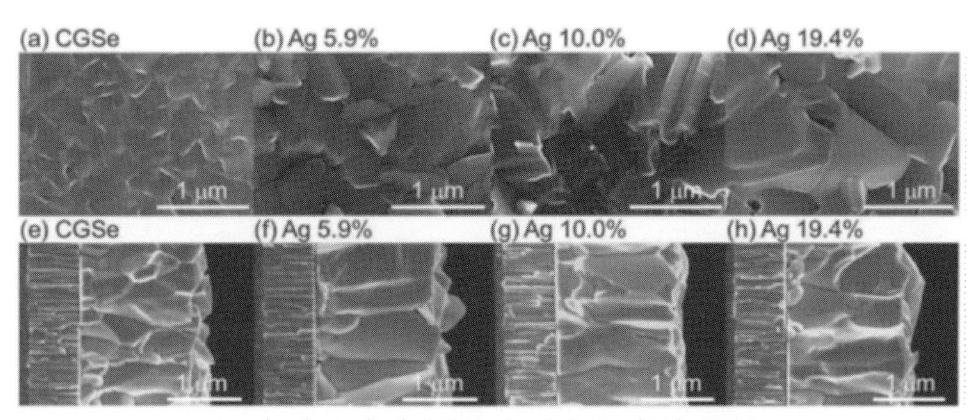

x=(a, e) 0,（b, f）0.059,（c, g）0.10,（d, h）0.194

図9　$Cu_{1-x}Ag_xGaSe_2$薄膜光電極の走査電子顕微鏡像[15]

粒界が含まれていることがわかる。このような粒界は電荷移動を妨げるために光電気化学的特性を低下させる。これに対し，Cu^+の一部がAg^+に置換された$Cu_{1-x}Ag_xGaSe_2$では，図９に示すようにより大きな結晶粒から形成され，薄膜の厚さ方向に粒界がない様子が見て取れる。これは，$CuGaSe_2$よりも低融点である$AgGaSe_2$が固溶することで製膜中の結晶成長が起こりやすくなったためであると考えられている。また，$Cu_{1-x}Ag_xGaSe_2$はAg置換量xが$0 \leq x \leq 0.194$の範囲で大きくなるにつれて，Cu 3d軌道の寄与が低下するために価電子帯上端のエネルギー準位が貴な電位にシフトする[15)]。このことは，光カソード電流開始電位を貴な電位にシフトさせるうえでは好ましいと期待される。しかし，実際に水素発生反応における光電気化学特性を測定すると，Ag置換量xが0.059の場合に最も光カソード電流が高く，かつ光カソード電流開始電位が貴な電位になる。これは，Ag置換量が大きくなるにつれて$Cu_{1-x}Ag_xGaSe_2$のp型半導体特性が悪くなっているためである。したがって，光電極の開発にあたってはバンド構造に加えて半導体物性も制御していく必要がある。

文　献

1）前田和彦，堂免一成：触媒，**54**(4)，276 (2012)．
2）阿部竜：触媒，**56**(4)，219 (2014)．
3）B. A. Pinaud, J. D. Benck, L. C. Seitz, A. J. Forman, Z. Chen, T. G. Deutsch, B. D. James, K. N. Baum, G. N. Baum, S. Ardo, H. Wang, E. Miller, T. F. Jaramillo：*Environ. Sci.*，**6**，1983 (2013)．
4）小林久芳，下平祥貴：触媒，**47**(4)，295 (2005)．
5）W. Chun, A. Ishikawa, H. Fujisawa, T. Takata, J. N. Kondo, M. Hara, M. Kawai, Y. Matsumoto and K. Domen：*J. Phys. Chem. B*，107，1798 (2003)．
6）A Ishikawa, T. Takata, J. N. Kondo, M. Hara, H. Kobayashi and K. Domen：*J. Am. Chem. Soc.*，**124**，13547 (2002)．
7）久富隆史，堂免一成：現代化学，**511**(10)，30 (2013)．
8）C. Pan, T. Takata, M. Nakabayashi, T. Matsumoto, N. Shibata, Y. Ikuhara and K. Domen：*Angew. Chem. Int. Ed.*，**54**，2955 (2015)．
9）C. Pan, T. Takata and K. Domen：*Chem. Eur. J.*，**22**，1854 (2016)．
10）嶺岸耕，堂免一成：触媒，**56**(4)，232 (2014)．
11）T. Minegishi, N. Nishimura, J. Kubota and K. Domen：*Chem. Sci.*，**4**，1120 (2013)．
12）K. Ueda, T. Minegishi, J. Clune, M. Nakabayashi, T. Hisatomi, H. Nishiyama, M. Katayama, N. Shibata, J. Kubota, T. Yamada and K. Domen：*J. Am. Chem. Soc.*，**137**，2227 (2015)．
13）T. Hisatomi, S. Okamura, J. Liu, Y. Shinohara, K. Ueda, T. Higashi, M. Katayama, T. Minegishi and K. Domen：*Energy Environ. Sci.*，**8**，3354 (2015)．
14）M. Moriya, T. Minegishi, H. Kumagai, M. Katayama, J. Kubota and K. Domen：*J. Am. Chem. Soc.*，**135**，3733 (2013)．
15）L. Zhang, T. Minegishi, J. Kubota and K. Domen：*Phys. Chem. Chem. Phys.*，**16**，6167 (2014)．

第3章 可視光利用のための半導体バンドエンジニアリング —オキシナイトライド・オキシハライド・カルコハライド系—

京都大学 阿部 竜

1. はじめに

化石燃料に代わるクリーンなエネルギー源およびエネルギーキャリアの開発は，私たち人類にとって不可避の最重要課題となり，半導体光触媒・光電極を用いて太陽光下で効率的に水を分解する技術が，クリーンな水素製造法の1つとして期待されている。1972年に，単結晶のルチル型酸化チタン（TiO_2）を光アノード，白金（Pt）をカソードとする「光電極系」による水の光分解が『Nature』誌に発表され[1]，これが光水分解研究の1つの契機となった。この光電極系を簡略化し，半導体粒子上にPtなどの金属微粒子を水素生成サイトとして直接接合させた「光触媒系」による水分解の検討も早々に始まるが，Ptなどの貴金属上では，生成したH_2と酸素（O_2）が触媒的に水へと戻る「逆反応」も容易に進行するため，この実証は困難を極めた。堂免らはこの課題を解決するため，水素生成（水の還元）活性を維持しつつ逆反応を抑制した「NiO_x助触媒」を開発し，これをチタン酸ストロンチウム（$SrTiO_3$）粒子の表面に担持させて用い，紫外光下における光触媒水分解を1982年に初めて実証した[2]。

しかし，実用的な水素製造効率実現には，太陽光スペクトルの大部分を占める可視光の利用が不可欠であり，多くの研究者が「可視光水分解」の実証に挑戦したが，その本質的な困難さが明らかになるにつれ，世界的には研究が一時下火となった。このような状況下においても，日本では精力的かつ地道な研究が続けられ，数多くの新規光触媒系が創出され，最重要課題であった可視光水分解も世界に先駆けて実証された[3]。日本におけるこれら先駆的な研究成果が認識されるとともに，近年の太陽光水素製造への期待の高まりから，世界中で多くの研究者が新規参入し，その研究開発競争が再び激化している状況にある。

本稿では，オキシナイトライド，オキシハライド，カルコハライドを例に，可視光利用のための半導体バンドエンジニアリングを解説するとともに，これらを二段階励起型水分解系や光電極系に適用した研究例を紹介する。

2. なぜ可視光利用が必要なのか，なぜ困難なのか

「光電極系」と「光触媒系」いずれにおいても，実用化に向けた共通の課題は太陽光エネルギー変換効率の向上であり，太陽光に豊富に含まれる「可視光」の利用が鍵となる。ここで「太陽光エネルギー変換効率」(以後「変換効率」) とは，単位面積に降り注いだ太陽光エネルギー（約100 mW cm^{-2}）のうち，H_2のエネルギー（237 kJ mol^{-1}）へ変換された割合を表す。一方で「量子収率」は，各波長において「吸収された光子」のうち，実際に「反応に寄与した光子」の

割合を表す。両者を混同しないよう注意が必要である。さて，紫外光領域（300～400 nm）の全光子を吸収可能な光触媒系を仮定し，これが全波長において量子収率100%で水を分解できるとしても，その変換効率は最大でも約2%にとどまり，植物のそれを大きく超えるには至らない。しかし可視光領域の600 nmまで利用波長が拡大できると，太陽光中の光子数の増加に伴って最大変換効率は約16%まで大幅に向上する。仮に平均の量子収率を30%（70%は電荷の再結合などで消失）としても，変換効率は約5%と計算され，実用化への1つの目標値となる。しかし光触媒系でこれを実現することは容易ではない。600 nmの光子は約2.0 eV（E（eV）= 1,240/λ（nm）より）のエネルギーを有し，水分解の理論値（1.23 eV）と過電圧を考慮しても十分な値と思えるが，なぜ難しいのか。

図1(a)に示すように，半導体にそのバンドギャップ（BG）以上のエネルギーを有する光子が吸収されると，伝導帯（CB）に励起電子（e^-），価電子帯（VB）に正孔（h^+）が生じる。半導体上で水の分解が進行するためには「CB下端が水の還元電位よりも負」かつ「VB上端が水の酸化電位よりも正」であることが熱力学的な必要条件となる。さらに，半導体自身が光照射下において安定でなくてはならない。光触媒材料としてよく知られているTiO_2などの金属酸化物は一般的に安定性に優れるが，通常そのVBは酸素アニオン（O^{2-}）のO-2p軌道から形成されるため，図1(a)，(b)に示すようにそのVB上端レベルは水の還元電位（SHE）に対して約3 Vほどの正の深い位置に固定される。このことは，1980年にScaifeが発表した論文[4]によって明らかにされている。Scaifeは当時知られている金属酸化物を多種合成し，それらのBGとフラットバンド（FB）電位の間の比例関係が成り立つことを報告した（なお，n型半導体のFBは，通常そのCB下端レベルの少し低いレベルにあるため，FB電位によってその材料の還元力を評価しても問題はない）。**図2**には，Scaifeの論文中に示されているデータを，横軸にBG，縦軸にはSHEに対するFB電位として再度プロットしたものを示す。d電子が一部埋まっている化合物（▼印）を除くと，BGとFB電位の間に良い比例関係がある。これはまさに，金属酸化物のVBは主にO-2p軌道から形成されるため，その上端は3 V（vs. SHE）付近に固定されて大

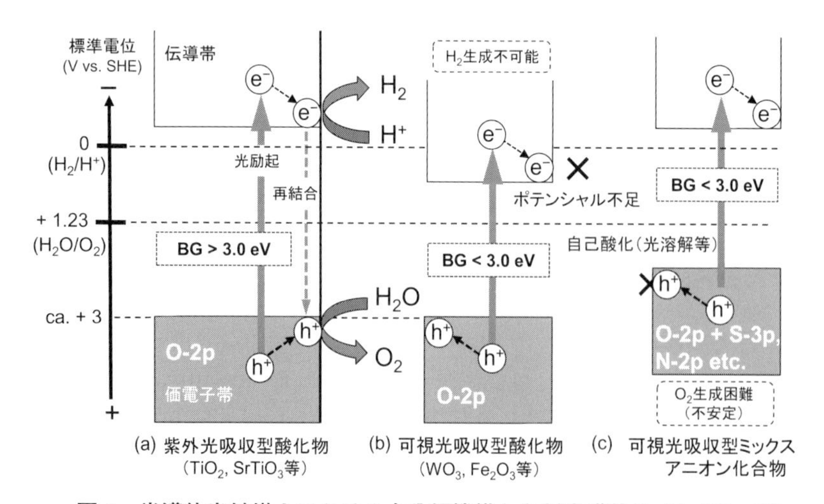

図1　半導体光触媒上における水分解機構と各種半導体のバンドレベル

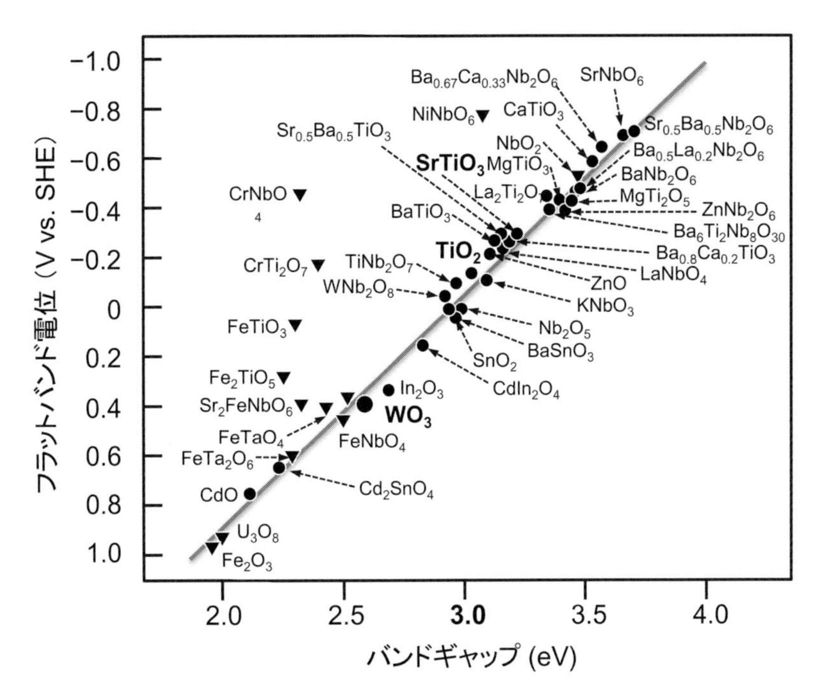

（●：d^0 または d^{10} 状態のもの，▼：部分的に満たされた d 軌道を有するもの）

図2　Scaifeの論文をトレースした図[4)]

きく変化せず，カチオン種を変えるとCBの下端レベルが主に変化し，それに比例してBGが変化することを示している。このプロットは，半導体光触媒の研究者にとって，ある意味の悪夢である。紫外光と可視光の境界となる波長は約400 nmであり，これに相当する光子のエネルギーが約3 eVである。したがって，3.0 eV以下のBGを持ち，可視光を吸収できる金属酸化物（WO_3など）のCB下端は，必然的に水の還元電位より正となり，H_2生成が不可能となる。つまり，可視光に応答する金属酸化物半導体は単独では水を分解できないのである。

ただし「光電極系」においては，たとえCB下端が水の還元電位より正であっても，そのポテンシャル不足を「外部バイアス（電圧）」で補えば，対極でH_2生成が可能となる。ただし，外部から投入する電力が大きくなれば，系全体の変換効率が低下するため，やはりCB下端が水の還元電位より負，もしくは正であってもそれに近い半導体材料の使用が好ましい。

また，水の酸化が進行するためにはある程度の「過電圧」が当然必要ではあるが，一般的な酸化物のVB上端と水の酸化電位の差（～1.7 eV）は必要以上に大きく，この差分は光エネルギー変換時に失われる。したがって，光触媒水分解系における変換効率の向上を実現するためには，いずれにしても酸化物に比べて負のVB上端レベル（たとえば+2.0 V程度）を有する半導体が好ましい。

3. 可視光利用のためのミックスアニオン導入：原理と課題

上述のように，通常の金属酸化物では，可視光吸収とH_2生成能を両立することが本質的に困難である。一方で，O^{2-}より電気陰性度の低い硫黄，窒素，およびハロゲンアニオン（S^{2-}，N^{3-}，Br^-，I^-など）を含む（オキシ）サルファイド，（オキシ）ナイトライド，および（オキシ）ハライド系半導体では，それらアニオンの高エネルギーのp軌道がVB形成に寄与することにより，対応する酸化物に比べVB上端が大きく負の値となり，可視光吸収とH_2生成能を兼ね備えた材料が多く存在する（図1(c)）。これらにおけるバンド形成を，オキシナイトライドを例として**図3**に示す。金属酸化物である$NaTaO_3$では，カチオンとしてNa^+とTa^{5+}，アニオンとして二価のO^{2-}より構成され，全体として電荷の中性が保たれている。ここで，単純に二価であるO^{2-}の一部を三価の窒素アニオン（N^{3-}）で置換しようとすれば，電荷の中性が崩れるため，実際には数パーセント程度しか置換されない（いわゆる窒素ドープである）。ここで負電荷の増加を補償するために正電荷も増加させる，たとえばNa^+をBa^{2+}で置き換えたならば，電荷中性を保った$BaTaO_2N$という組成が可能となる。実際には，$Ba_2Ta_2O_7$の組成を有するアモルファス酸化物の前駆体を高温のアンモニア（NH_3）中で加熱して合成する。適切な合成条件を選べば，ほぼ量論でN^{3-}が導入され，O-2p軌道よりもエネルギーの高いN-2pが混成した形でVBが形成され，その上端がもとの酸化物のそれに比べて大きく負側にシフトし，BGが顕著に減少する。たとえば，単純なTaカチオン系で比較すると，Ta_2O_5およびTaONのVB上端レベルは，それぞれ約+3.5および+2.2（vs. SHE）である一方で，Ta-5d軌道から主に構成されるCBの下端レベルはそれぞれ約−0.5および−0.3 V（vs. SHE）でほぼ同等であり，TaONは約500 nmまでの可視光吸収能とともにH_2生成能を有することになる。また，複合型の$BaTaO_2N$ではH_2生成能を維持しながら，約670 nmまでの可視光を吸収可能である。

同様のVBレベル上昇は，他のO^{2-}より電気陰性度の低いS^{2-}，N^{3-}，Br^-，I^-の導入により実現し，このようなミックスアニオンの導入は，従来の金属酸化物半導体における限界を打破し，可視光吸収とH_2生成能を兼ね備えた可視光水分解用の光触媒材料の開発指針となる。しかし，同時に新たな課題が生じる。これらのミックスアニオン化合物は一般的に安定性に乏しく，O_2生成に適さない。たとえVB上端レベルが水の酸化電位より正であっても，水の酸化（$2H_2O$＋

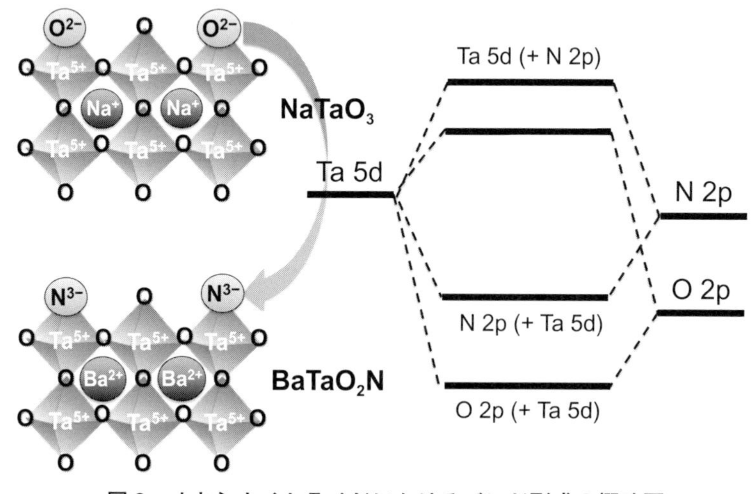

図3　オキシナイトライドにおけるバンド形成の概略図

$4h^+ \rightarrow O_2 + 4H^+$）が速やかに起こらない場合には，導入された$S^{2-}$や$N^{3-}$アニオン自身が正孔によって酸化されて溶解または失活するためである（$S^{2-} + nh^+ \rightarrow SO_4^{2-}$ etc.；$2N^{3-} + 6h^+ \rightarrow N_2$；$2I^- + 2h^+ \rightarrow I_2$など）。したがって，可視光照射下で水素生成が定常的に進行するためには，正孔と速やかに反応して酸化される「犠牲還元剤」の存在が不可欠である。要するに，これらの可視光応答型非酸化物系（一部O^{2-}を含むものも入れて）半導体も単独では水を分解できないのである。

4. オキシナイトライドの二段階励起型水分解への応用

筆者らは上記の課題を解決するため，植物の光合成を模倣した「二段階励起型水分解系」を開発し，世界で初めて可視光水分解を実証した[5)]。本系では，水分解反応をH_2生成系とO_2生成系に分割し，両者間の電子伝達をレドックス対（IO_3^-/I^-など）によって行うものであり，多種の可視光応答型半導体が適用可能となる。たとえばO_2生成系は，水を還元できずとも，酸化体（IO_3^-など）を還元できれば良く，WO_3などの可視光応答型金属酸化物が適用可能となる。一方のH_2生成系は，安定に水を酸化できなくとも還元体（I^-など）を酸化できれば良いため，上述の各種ミックスアニオン系半導体も適用可能となる。

図4には，TaON粒子をH_2生成用光触媒として用いる二段階励起型の可視光水分解の例[6-a)]を示す。たとえば，TaONにH_2生成助触媒として少量のPtを担持させ，NaI水溶液中で可視光照射を行うと，H_2が気相に生成し，水溶液中にはIO_3^-が生成する。反応としては，下記の2式の組み合わせに相当する。

$$2H^+ + 2e^- \rightarrow H_2 \tag{1}$$

$$I^- + 3H_2O + 6h^+ \rightarrow IO_3^- + 6H^+ \tag{2}$$

しかし時間経過とともに，H_2生成速度は著しく低下し，約3h後にはおよそ10 μmol程度のH_2が生成して停止する。これは式(3)に示したIO_3^-の再還元がPt上で優先的に進行して，H_2生成

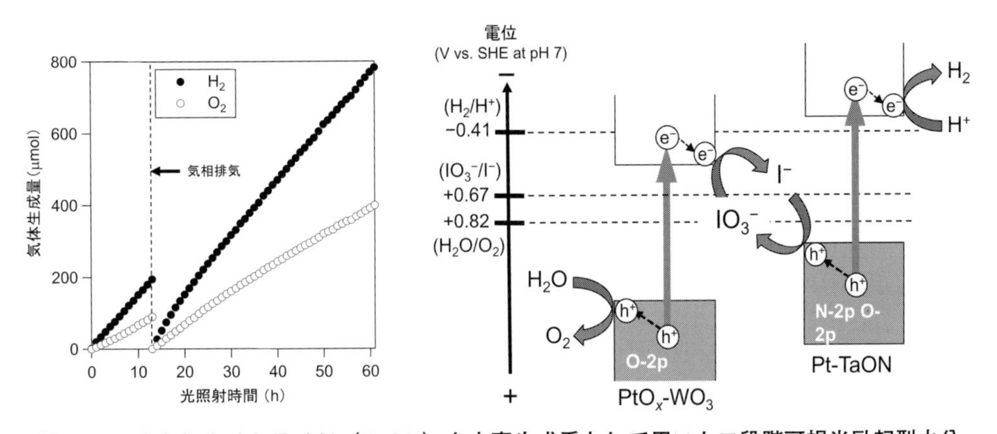

図4　Taオキシナイトライド（TaON）を水素生成系として用いた二段階可視光励起型水分

を阻害するためである。

$$IO_3^- + 6H^+ + 6e^- \rightarrow I^- + 3H_2O \tag{3}$$

しかし，ここに酸素生成用光触媒である PtO_x-WO_3（IO_3^-の還元サイトとして少量の酸化白金を担持）を共存させて可視光照射を行うと，水溶液中に拡散したIO_3^-がPtO_x-WO_3上において速やかにI^-へ還元される（式(3)）と同時に水の酸化によるO_2生成（式(4)）が起こり，結果としてH_2とO_2が長時間にわたって定常的に生成する（図４）。

$$2H_2O + 4h^+ \rightarrow O_2 + 4H^+ \tag{4}$$

この際，PtO_x-WO_3上にはIO_3^-が優先的に吸着して速やかに還元されるため，定常状態におけるIO_3^-濃度が低く保たれ，逆反応が起こりやすいPt-TaON上においても定常的にH_2生成が起こる。また，前述のようにTaONのようなオキシナイトライド系光触媒では，自己酸化による窒素の放出（式(5)）と，これに伴う活性の低下がしばしば問題となる。

$$2N^{3-} + 6h^+ \rightarrow N_2 \tag{5}$$

しかし本系では窒素の生成や活性の低下は認められず，生成したH_2量（約0.98 mmol）が各触媒のモル数（TaON：0.95 mmol，WO_3：0.86 mmol）を超える。各アニオンの吸着実験の結果から，水溶液中においてI^-が比較的多くTaON表面に吸着することが確認されており，表面に吸着したI^-が正孔を効率良く捕捉して消費することで，上記の自己酸化反応が効果的に抑制されていると考えられる。

各種のオキシナイトライドの適用を検討した結果，$CaTaO_2N$および$BaTaO_2N$にPtを担持させた試料がH_2生成に活性を示し，PtO_x-WO_3と組み合わせることにより，可視光照射下においてH_2とO_2が定常的に生成した。特にPt-$BaTaO_2N$を用いた系では，その吸収端（約660 nm）までの光がH_2生成に有効に利用されていることが示され，オキシナイトライド光触媒の二段階励起型水分解系への適用が，長波長利用の有効な手段であることが示された[6-b)]。

筆者らはこれらTa系酸窒化物（窒化物であるTa_3N_5も含む）の表面をIrO_x，RuO_2，CoO_xなどの助触媒ナノ粒子で被覆することにより，上記の正孔による自己酸化が効果的に抑制され，比較的安定なO_2生成も可能になることを見出した[7)]。さらにこれらを導電性基板上に固定化して光アノードとして用い，Pt対極と組み合わせた高効率な光電気化学的水分解系も実証している[8)]。特に$BaTaO_2N$光電極では，O_2生成サイトとなるCoO_xとともに，正孔伝達を担うRhO_xを共担持することにより性能が顕著に向上することも報告している[8-c)]。しかしながら，N^{3-}の自己酸化を完全に抑制することは現状では困難であり，長時間の反応では，水の酸化とともに自己酸化も併発して徐々に活性が低下し，その長期安定性には課題が残されている。

さて，ここまでオキシナイトライド半導体におけるバンド制御と，二段階励起型水分解系や光電気化学セルへの応用を紹介してきた。しかし光触媒および光電極として用いられているオキシナイトライド系材料は，現状ではTa系およびTi系にほぼ限定されている。この主な原因は，前述のようにオキシナイトライド粒子が，酸化物前駆体を高温のNH_3気流下で加熱する手法によって合成されているためであり，前駆体が還元されやすい金属種（たとえばNb, Snなど）を含む場合は，意図するオキシナイトライドの合成は不可能となる。また，オキシナイトライドでは，含まれる酸素アニオンと窒素アニオンの価数が異なるため，両者の比率を任意に変化させてバンドを連続的に制御することは原理的には困難であり，同時にカチオン側の比率を変えるなどして全体の電荷的中性を保つことが必要となる。

5. オキシハライドおよびカルコハライドにおける連続的バンド制御

化合物中にアニオンとしてO^{2-}とともにハロゲンを含むオキシハライドは，そのハロゲン比を任意に変化させることによって，そのバンドレベルをほぼ連続的に制御できることから，近年光触媒材料として注目を集めている。たとえばBiOX（$X=Cl^-$，Br^-，I^-）では，O-2pと混成するハロゲンの原子軌道のエネルギーが，Cl-3p, Br-4p, I-5pと上昇するに伴って，VB上端が負へシフトしBGが減少する。また，ハロゲンアニオンはいずれも1価であることから，隣接するハロゲン同士であれば，ほぼ任意の組成比で固溶体を形成可能である。たとえば**図5**に示すように，BiOBrとBiOIの吸収端はそれぞれ約410 nmおよび610 nmであるが，両者の固溶体である$BiOBr_{1-x}I_x$の吸収端はxの増加，すなわちエネルギーの高いI-5p軌道の寄与の増大とともに長波長へとシフトする。筆者らは，BiOBrが紫外光照射下においてFe^{3+}イオンを電子受容体とする水の酸化（O_2生成）に比較的高い活性を示すこと，さらに固溶体である$BiOBr_{0.9}I_{0.1}$では可視光照射下でも活性を示すことを見出している。これらのオキシハライドをO_2生成用光触媒として用いた際には，前述のオキシナイトライド同様に，自己酸化反応（$2Br^- + 2h^+ \rightarrow Br_2$など）が併発し，長時間の反応では次第に活性が低下する傾向が見られる。安定なO_2生成を実現するには，今後表面修飾による自己酸化の抑制が必須であるが，これらのオキシハライドの多くが室温でのソフトケミカル手法などで合成可能なことや，上記のように連続的なバンド制御が可能なことから，水分解用光触媒として注目すべき材料群と言えよう。

ハロゲンを含む他のミックスアニオン化合物として，カルコハライド（サルファハライドおよびセレンハライド）が知られており，その多くが可視光から赤外光領域まで広範囲の光吸収が可能である。特にBiSIやBiSeIなどのBi系カルコハライドは，その構成元素に有害あるいは希少（高価）なものを含まないことから，次世代の太陽電池材料として期待されている。しかし，これまでこれらBi系カルコハライドの合成例はわずか数例に限定されており，いずれも特殊な反応条件が必要であったため，その応用展開が著しく妨げられてきた。特に，比較的高温の加熱過程を経る従来の合成法においては，ハロゲンが容易に揮発してしまうため，先述のオキシハライドのように化合物内のハロゲン比を精密かつ連続的に変化させて光吸収特性を自在に制御することは，原理的に困難であり報告例がなかった。筆者らは，これまで特殊な合成条件が必須であった金属カルコハライドを，簡便かつ温和な条件で合成すること，さらには合成時におけるハロゲンの揮発という根本的課題を解決することを目的に，さまざまな新規合成法を検討した。その結果，室温で合成可能な上記のオキシハライドBiOXを原料として用い，アルゴンガスで希釈された硫化水素（H_2S）またはセレン化水素（H_2Se）の雰囲気下において，150℃程度の低温で加熱するだけで，そのなかに含まれる酸素アニオン（O^{2-}）が硫黄アニオン（S^{2-}）またはセレンアニオン（Se^{2-}）へと完全に交換され，対応するBiSXまたはBiSeXへと相転移することを見出した[9]。図5には固溶体である$BiOBr_{1-x}I_x$をH_2S（5%）の気流下において1h加熱して得られた$BiSBr_{1-x}I_x$の光吸収スペクトルを示している。相転移に伴い，O-2pよりもエネルギーの高いS-3p軌道がVB形成に寄与し，吸収端が最大800 nm程度まで大きく長波長化する。さらにオキシハライドと同様に，ハロゲン種の比率に応じて吸収波長が連続的に変化することがわかる。生成物中のハロゲン組成は，原料のそれと完全に一致しており，150℃という低温での相転移においてはハロゲンの揮発が効果的に抑制され，これまで困難であったカルコハライドにおける吸収端の連続制御が実現できたと結論できる。またBiOIをH_2Seで処理するとBiSeIが得られ，その吸収は約1,000 nmの近赤外領域にまで達した。この新規手法によって合成されたビスマスカルコハライドは，導電性基板上に塗布するだけでも，比較的高い効率で光を電気へと変換できることを確認している[9]。これらカルコハライドのVB上端レベルは水の酸化に対して十分とは言えず，たとえ効果的な表面修飾を行っても水の酸化に対する安定性を確保することは困難かもしれないが，今後さらなる検討を進めることによって，太陽電池などへの応用などに繋がることが期待される。

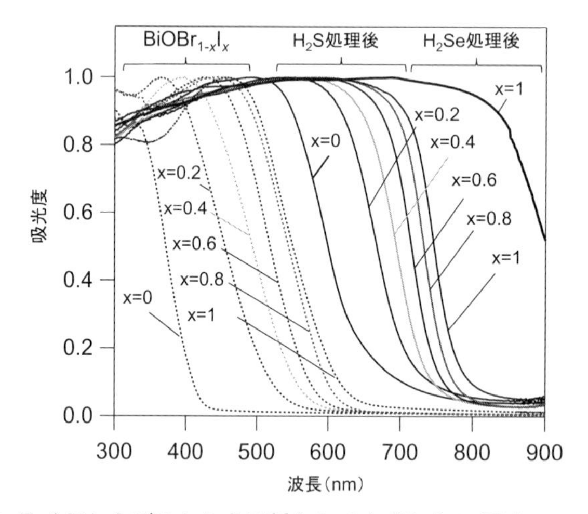

図5　Bi系オキシハライドおよびこれらを原料として合成したBi系カルコハライドの光吸収特性

6. 安定な新規オキシハライド光触媒

さて，ここまでオキシナイトライドやオキシハライドなどを例に，可視光水分解を目的とした「ミックスアニオン導入」によるバンドエンジニアリングについて紹介してきた。いずれの系においても，エネルギーの高いアニオン種の導入によりVB上端レベルが上昇して可視光吸収が実現するが，同時にその安定性が低下し，自己酸化失活が起こりやすくなるというジレンマが生じる。これは，VB上端付近の状態密度が主にこれらアニオンのp軌道で占められるため，VB上端レベルまでエネルギー的に緩和したh^+がこれらのアニオン上に局在化し，これらの不安定なアニオン種の酸化が進行すると考えることで理解ができる（**図6**(a)）。すなわち，これまでの一般的なミックスアニオン系半導体では，「酸化物よりも負のVBレベル」と「安定

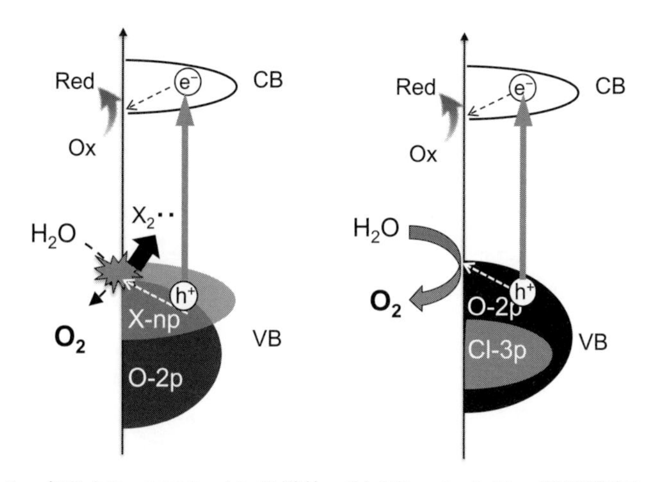

(a) 一般的なミックスアニオン半導体　(b) Sillen-Aurivillius 層状酸塩化物

図６　各種ミックスアニオン半導体のバンド構造と水の酸化に対する安定性

な水の酸化能」を両立することが本質的に困難であった。

筆者らはごく最近，Sillen-Aurivillius構造を有するオキシハライド（たとえばBi_4NbO_8Cl）では，上記のジレンマが特異的に解消され，可視光を吸収できるバンドギャップ，酸化物に比べて大きく負のVB上端レベル，そして水の酸化に対する高い安定性，の３つ全てを兼ね備えることを見出した[10]。**図７**に示すようにBi_4NbO_8Clはビスマス‐酸素‐塩素（Bi-O-Cl）層とニオブ‐酸素（Nb-O）層が交互に積層した結晶構造を有しており，通常の塩素アニオンを含むオキシハライド（BiOCl；3.5 eV）に比べて，特異的に小さなバンドギャップ（2.4 eV）を持ち，500 nm程度までの可視光を吸収できる。

水溶液（pH 2）中における電気化学的手法により，Bi_4NbO_8Clのバンドレベルを推定したところ，CB下端とVB上端はそれぞれ−0.3，＋2.1 V（vs. SHE at pH 2）となり，H_2生成能とO_2生成能の両方を有することが明らかとなった。第一原理計算によりBi_4NbO_8Clのバンド構造を調べたところ，VBにおけるO-2pのバンド幅が広く，そのため塩素（Cl-3p）のバンドがVB内部に位置することが明らかとなった。このバンドの概略を図６(b)に示す。この結果は，酸素以外のアニオンが上部を占める非酸化物系半導体（酸窒化物など）のバンド構造（図６(a)）とは対照的である。非常に興味深い点は，酸化物と同様にO-2pがVB上端付近を占めているにもかかわらず，そのレベルが酸化物（ca. ＋3 V）に比べて顕著に高い（＋ 2.1 V）ことであり，結果としてBi_4NbO_8Clに可視光吸収能とともに，H_2生成O_2生成の両方が可能なバンドレベルを与えていることが明らかとなった。実際に，Bi_4NbO_8Clはメタノールを電子供与体とするH_2生成に活性を示し，さらに三価の鉄イオン（Fe^{3+}）を電子受容体する水の酸化反応に対しては，助触媒を担持しなくても安定にO_2生成が可能であり，そのO_2生成速度はWO_3系に匹敵した。さらに重要なことは，長時間反応後においても，ハロゲンの減少など組成・構造の変化は全く見られず，これまでミックスアニオン系化合物をO_2生成系として用いる際の最大の課題であった「自己酸化」が起こっていないことが示された。このBi_4NbO_8ClをO_2生成系，Rhドープ型$SrTiO_3$をH_2生成系として用い，鉄レドックス（Fe^{3+}/Fe^{2+}）の存在下で可視光を照射すると，

長時間に渡って H_2 と O_2 が量論比で定常的に生成した[10]。

半導体の光吸収によって生成した正孔（h^+）はVB上端までエネルギー緩和するため，この h^+ がVB上端を占めるアニオン上に生じやすいと考えると，Bi_4NbO_8Cl では安定な O^{2-} の2p軌道がVBの上部を占めているため，O^{2-} 上に h^+ が局在化しても自己酸化失活などが進行せず，安定に水を4電子酸化して O_2 を生成できると考えられる。その結果，他のミックスアニオン系半導体に比べて極めて高い安定性を示したものと理解できる。これらの結果は，特異な結晶構造を有する化合物系を用いることにより，［2.］においてScaifeプロット（図2）を用いて解説した「可視光触媒水分解の実証における根本的課題」から解放される可能性を示唆している。現在，これら一連のSillen-Aurivillius化合物群において，その特異なバンド構造形成をもたらす構造因子などの解明を進めており，得られた知見から新たな可視光水分解用光触媒の設計指針を導き出すことにより，将来の高効率太陽光水素製造の実現に向けたブレークスルーにつながると期待し，研究を推進しているところである。

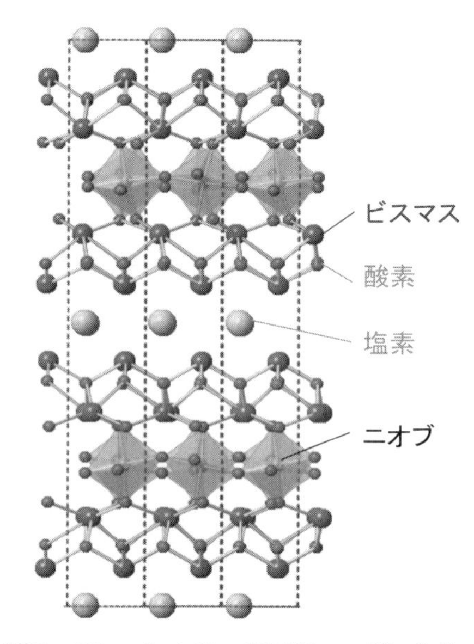

図7　Sillen-Aurivillius層状酸ハロゲン化物（Bi_4NbO_8Cl）の構造

文　献

1） A. Fujishima and K. Honda：*Nature*, **238**, 37 (1972).

2） K. Domen et al.：*Chem. Phys. Lett.*, **92**, 433 (1982).

3） R. Abe：*J. Photochem. Photobiol. C Photochem. Rev.*, **11**, 179 (2010).

4） E. Scaife：*Solar Energy*, **25**, 41 (1980).

5） a) K. Sayama and R. Abe et al.：*Chem. Commun.*, **2001**, 2416 (2012)；b) R. Abe：*Bull. Chem. Soc. Jpn.* (*Award account*), **84**, 1000 (2011).

6） a) R. Abe and K. Domen et al.：*Chem. Commun.*, **2005**, 3829 (2005)；b) M. Higashi, R. Abe and K. Domen et al.：*Chem. Mater.*, **21**, 1543 (2009).

7） a) M. Higashi, R. Abe and K. Domen et al.：*Chem. Lett.*, **37**, 138 (2008)；b) M. Tabata, R. Abe and K. Domen et al.：*Langmuir*, **26**, 9161 (2010).

8） a) R. Abe, M. Higashi and K. Domen：*J. Am. Chem. Soc.*, **132**, 11828 (2010)；b) M. Higashi, K. Domen and R. Abe：*J. Am. Chem. Soc.*, **134**, 6968 (2012)；c) M. Higashi, K. Domen and R. Abe：*J. Am. Chem. Soc.*, **135**, 10238 (2013).

9） H. Kunioku, M. Higashi and R. Abe：*Scientific Reports*, DOI：10.1038/srep32664.

10） H. Fujito, H.Kunioku, D. Kato, H. Suzuki, M. Higashi, H. Kageyama and R. Abe：*J. Am. Chem. Soc.*, **138**, 2082 (2016).

第4章 酸化物半導体光触媒および光電極を用いた水素および有用化学品製造

国立研究開発法人 産業技術総合研究所 佐山 和弘

1. はじめに

エネルギー密度が低い太陽エネルギーを有効利用するためには，太陽電池以上に安価でかつ非常にシンプルな革新的技術開発が必要不可欠である。太陽エネルギー利用の数少ない選択肢の1つとして，植物の光合成と同じように光子を直接化学エネルギーに変換する人工光合成技術がある。2014年春に閣議決定されたエネルギー基本計画において，人工光合成・光触媒が革新的な水素製造技術として記載されていることは大きな前進であるが，一方で，経済合理性を考慮することが求められている。本章では，経済合理性の高い技術として，空気焼成で簡便に製造できて大面積化が容易な酸化物半導体を用いた粉末光触媒－電解ハイブリッドおよび多孔質酸化物光電極によるソーラー水素製造について詳しく記載する。また，水素だけでなく，過酸化水素や次亜塩素酸などの有用化学品を酸素の代わりに生成し，経済性を高める技術に関しても紹介する。

2. レドックス媒体を用いた光触媒―電解ハイブリッドシステム[1)-4)]

粉末光触媒により効率的に可視光で水を完全分解する戦略として，筆者らは水の酸化による酸素発生反応を安定な可視光応答性の酸化物半導体で行わせ，あるレドックス媒体の還元反応を進行させ（PS2［O_2］），次に別の光触媒系でレドックス還元体を酸化させると同時に水を還元して水素を発生（PS1［H_2］）できれば全体として水が完全分解できるという二段光励起（Z-スキーム型）システムの研究を行ってきた。この反応はまさしく植物のZ-スキーム型光合成反応の模倣である。まず，WO_3系光触媒と鉄イオンレドックス媒体の紫外線直接励起反応を組み合わせて，Z-スキーム反応での水の完全分解，および水素と酸素の分離発生の実証に世界で初めて成功した[5)]。さらに，I^-/IO_3^-レドックスを利用し，Pt-WO_3および工藤らがメタノールからの可視光水素発生で報告していた$SrTiO_3$（Cr，Taドープ）半導体の2種類の光触媒を用いて，可視光のみで水を完全分解できる光触媒システムを世界で初めて実証した[6)]。

従来型の光触媒技術（一段および二段光励起）による水分解水素製造システムは，製造技術として非常に低コストにできる可能性があり扱いやすいことが長所であるが，大面積での利用を考えた場合，水素の酸素との安全な分離および広範囲に発生する水素の捕集技術などを考慮しなければならない。また現状では助触媒やドープ成分として貴金属を利用して性能向上しているが，その効率は十分ではない。これらを全て解決するための戦略として，筆者らは，Z-スキーム型水分解のPS2［O_2］側の反応を光触媒反応で進行させ，PS1［H_2］側を電気分解反応

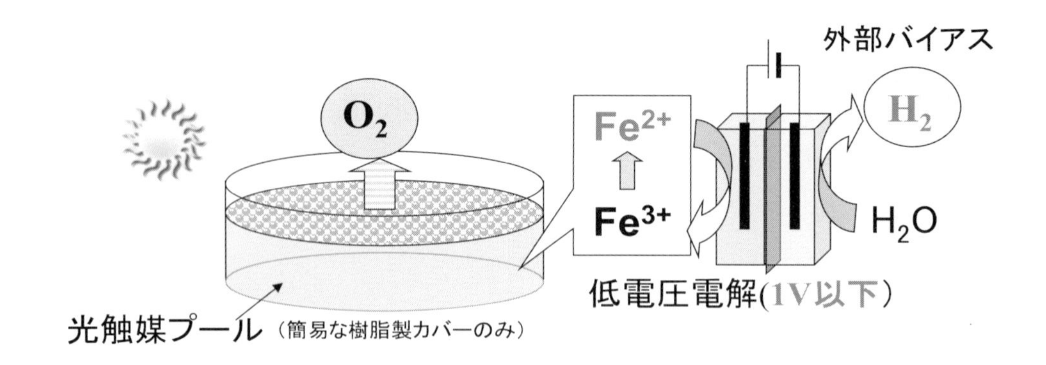

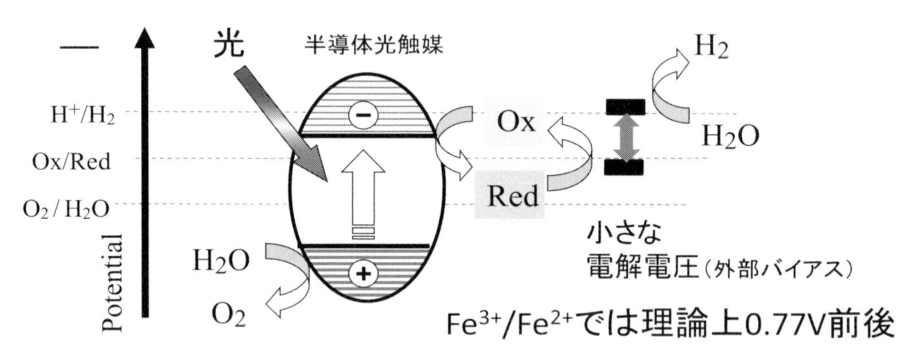

図１　鉄レドックスを用いた光触媒－電解ハイブリッドシステムの原理図とポテンシャル図[1)-4)]

により進行させる光触媒－電解ハイブリッドシステム（図１，２）を提案し検討してきた[1)-4)]。このシステムは，Z-スキーム型光触媒同様にレドックスを仲介させることで，光触媒システムでは酸素のみを，電解システムでは水素のみをそれぞれ別々に発生させることができる。そのため，高純度水素の捕集が容易であるほか，太陽光エネルギー変換を担う光触媒システムに特別な捕集技術は必要なく，太陽光利用のために必須な大面積化しやすいという長所を最大限に生かせるシステムとなる。さらに，レドックスの還元体は安定に貯蔵できるため，二次電池のような役割も持ち合わせており，好きなときに電解により水素を取り出せることから電力平準化にも貢献できる。電解システムでは電力を使うことになるが，たとえば鉄レドックスの場合，通常の直接水電解と比べ電解コストを約半分程度（理論上は0.77 V前後）と大幅に削減でき，見かけの電解効率を100％以上にできる。この削減率はレドックスの酸化還元準位に依存するものであり，新規なレドックス媒体を開発すれば，さらなる削減も原理的には可能である。電気分解による直接水電解水素製造では，電力単価の安い電力を利用した場合であっても電解電

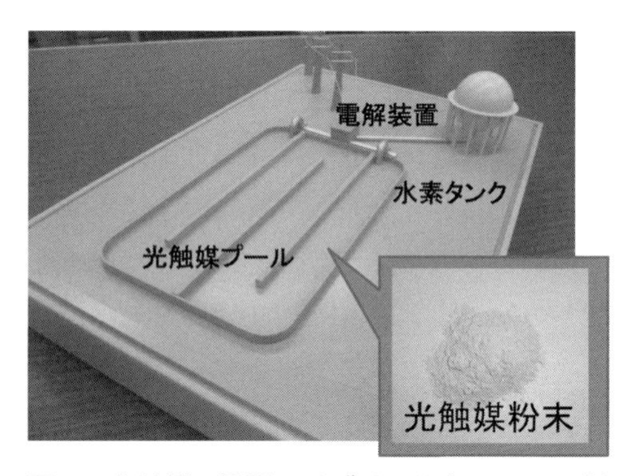

図２　光触媒－電解ハイブリッドシステムの将来イメージ模型[1)-4)]

圧コストが全体コストの大半を占め，その削減が重要課題となっている。低コスト技術である光触媒により，太陽光エネルギーを利用してその電解電圧コストを大幅に削減できるこのハイブリッドシステムは，理想的な低コスト水素製造技術となる可能性を秘めている。筆者らは光触媒-電解ハイブリッドシステムにおいて水素製造コストの積み上げを行い，3%の太陽エネルギー変換効率でも25円/Nm^3以下を達成できるという試算を得ている[4)]。水素製造コストとして，30円/Nm^3以下を実現できる可能性を持つ現実的な技術である。

このシステムに残された課題は，水を酸化しながらFe^{3+}をFe^{2+}へ還元する反応を代表とするPS2［O_2］側のエネルギー蓄積型の光触媒反応を高効率に進行させることである。植物のZ-スキーム反応のレドックス媒体にもFe^{3+}/Fe^{2+}反応はいくつか使われているので，この反応はまさにPS2［O_2］を模倣した人工光合成反応である。水を酸化しながらFe^{3+}をFe^{2+}へ還元する反応は，熱力学的にはアップヒル反応であり水分解よりも圧倒的に進行させやすい反応ではあるが，今までにこの反応系を対象とした研究は精力的には行われていなかった。そこで筆者らは，酸素生成用光触媒として有名なWO_3に着目して，高効率反応を進行させるための指針を確立するための研究を進めてきた。その結果，Cs塩水溶液で表面処理を行ったWO_3光触媒（以後，Cs-WO_3と表記）が，水を酸化しながらFe^{3+}をFe^{2+}へ還元する反応に対して非常に高い性能を示すことがわかった[1) 3)]。Cs-WO_3光触媒の劇的な活性向上メカニズムを詳細に調べた結果，WO_3表面に偏在したCsを強酸性水で強制的に除去することで，通常のWO_3表面にはなかったイオン交換可能なサイトが形成されていることが実験的に推察された。さらに，このイオン交換サイトにプロトン（H^+）と水がH_3O^+の形で特異吸着したサイトでは水の酸化反応が，一部Fe^{2+}が置換したサイトではFe^{3+}のFe^{2+}への還元反応がそれぞれ効率良く進行しているというメカニズムが電気化学的手法の結果により推察された。Cs-WO_3の420 nm単色光照射下での量子収率は過塩素酸鉄水溶液を用いることで31%にまで向上した。照射した太陽光エネルギーに対してFe^{2+}イオンとして蓄えられたエネルギーを算出すると0.38%となり，バイオ燃料の有望原料作物として有名なスイッチグラス（0.2%）を大きく超えた[3)]。またごく最近，Ga-$BiVO_4$光触媒を用いることで，太陽エネルギー変換効率が0.65%まで向上できることを見出している。可逆的なレドックス媒体を用いたアップヒル反応を起こす光触媒としては最も高い効率である。トウモロコシ（0.79%）のセルロースや糖に変換する太陽光エネルギー変換効率に近い値をごく単純な酸化物粉末系で達成したことは，非常に意義のある成果と言える。

3. 高性能な酸化物半導体光電極による太陽光水素製造

光電極は対極とつながっており，一般的にはその間に補助電源をつけて用いる。太陽電池と水電解装置を組み合わせた水分解反応では，理論上1.23 V以上，実際には過電圧の影響で1.6 V以上の補助電源電圧が必要である。しかし，光電極を用いれば，伝導帯準位と水素還元準位の差程度の小さな補助電源電圧で水分解反応を進行させることができるので補助電源の減少につながる。見かけの電解効率を100%以上にできる。近年，酸化タングステン（WO_3）や酸化鉄（Fe_2O_3）などの可視光応答性の酸化物半導体を導電性基板上に塗布および空気焼成だけで薄く成膜した多孔質光電極の研究が盛んになった。安定性と経済性，大面積化，水素捕集，単純な調製などを考慮すると，n型酸化物半導体を利用できることが理想的と考えられる。しかし，太陽光エネルギー変換効率は低く，半導体光電極を用いた水分解による太陽光水素製造技術の実用化のためにはさらなる効率の向上が必要不可欠であった。

太陽光エネルギー変換効率とは，入射した太陽光エネルギーに対して変換して利用できるエネルギーの割合である。水分解水素製造の場合は，水素として変換蓄積したエネルギーの割合であり，半導体光電極の水分解では，太陽光エネルギーに加えて補助電源からの電気エネルギーも使っているので，投入したエネルギー分を差し引いて求める。したがって，光電極の場合は，投入したバイアスエネルギー分を考慮した太陽エネルギー変換効率（ABPE：Applied Bias Photon-to-current Efficiency，またはハーフセルでのSolar-to-H_2効率：HC-STH）という指標で表される。

WO_3多孔質半導体光電極に関しては，Augustynskiらにより非常に高いIPCE効率（量子収率として410 nmでほぼ100%近い）で水を分解できることが報告された[7]。Fe_2O_3多孔質光電極においては，Grätzelらはカリフラワーのように基板から成長したFe_2O_3多孔質電極により，420 nmにおいて36%のIPCEを達成している[8]。筆者らは，銀イオン犠牲剤から酸素を発生する光触媒として工藤らから報告されていたバナジン酸ビスマス（$BiVO_4$）に関して，多孔質光触媒電極にすると高い量子効率を示すことを世界で初めて報告し[9]，$BiVO_4$光電極研究の先駆けとなっている。さらに，2012年に3種類の半導体を積層した構造の酸化物半導体光電極と高濃度の炭酸塩電解液を用いることにより性能を大きく向上させ，酸化物半導体光電極のなかで，当時世界最高のHC-STH効率（1.35%）の達成に成功した[10][11]。この研究をきっかけにして，HC-STH効率の競争が激しくなり，世界中で$BiVO_4$系光電極の研究が盛んになっている。

4. 酸化物半導体光電極による水素と有用化成品の同時製造[12]

前述のようにこれまでの光電極の研究は水を水素と酸素に分解して，水素エネルギーを回収することに注力されてきたが，酸素は水素に比べると安価であり，酸化生成物の利用についてはあまり関心がなかった。酸素発生以外の酸化反応は単発的に論文が報告されていたが，その意義付けは学術的な立場であった。筆者らは，太陽光エネルギーで水素と酸素だけを製造するプロセスよりも短期間で実用化できる新規プロセスを開拓することを検討してきた。その結果，さまざまな酸化的な有用化学品製造の新たなプロセス開発の重要性を認識し，**図3**のように意義付けを行った。

さまざまな化学薬品の製造には膨大な化石燃料のエネルギーが使用されており，その省エネルギー化やCO_2フリー化は非常に重要な課題である。もし，太陽光エネルギーを利用した光電気化学的な化学薬品製造プロセスが高効率および低電圧で実現できれば大きな省エネ効果と低コスト化が期待できるが，そのような検討例はほとんどなかった。水素を製造販売するだけで利益を上げることは大変であるが，酸素よりも数百倍付加価値のある化成品を製造できれば経済性は飛躍的に向上できる可能性がある。

筆者らは，酸化的な化学薬品製造用の半導体光電極を作成した。酸化剤としては，硫酸水溶液から過硫酸，食塩水溶液から次亜塩素酸塩，炭酸塩水溶液から過酸化水素，ヨウ素酸塩を含

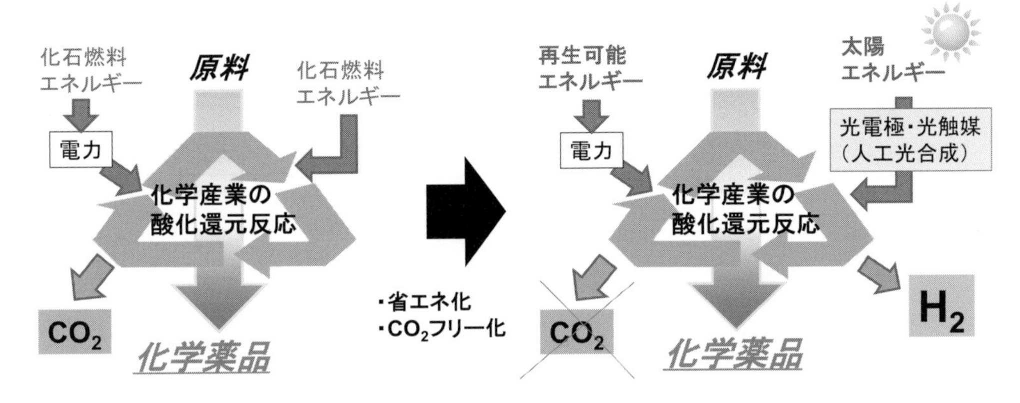

図３　太陽光エネルギーによる化学薬品製造の意義の概念図

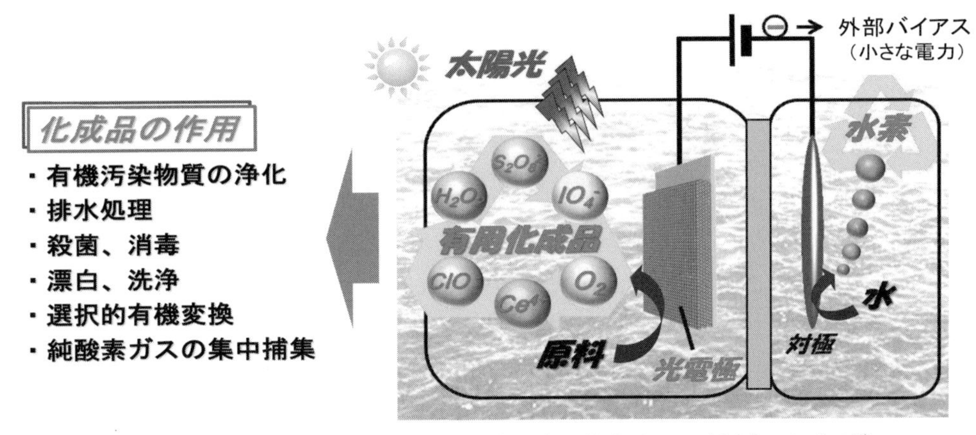

図４　酸化物半導体光電極による水素と有用化成品の同時製造のしくみ[12)]

む水溶液から過ヨウ素酸塩，Ce^{3+}からCe^{4+}が効率良く製造できた（**図４**）[12)]。半導体光電極の種類，電解条件などを調整することにより，$S_2O_8^{2-}$，ClO^-，H_2O_2に関しては，これまでの報告のなかで最も高い性能が得られた。特に，硫酸水溶液中での過硫酸製造の場合，酸素発生は観測されず，酸化生成物の過硫酸への選択性はほぼ100 %であった。通常，この電気化学反応を従来の金属電極で進行させるには2.1 V以上の電圧が理論上必要であるが，光電極を用いれば0.6 Vからでも反応を進行することができる。太陽光エネルギー変換効率（ABPE効率）は世界最高の2.2%であった（**図５**）。蓄積濃度は9wt %以上であり，二次利用が可能である。また，次亜塩素酸塩も有用な酸化剤であり，特に漂白剤や飲料水の消毒薬として広く使われている。流れた電流に対する生成物選択性は50%以上であった。次亜塩素酸塩は現在，直接または間接的な食塩水の電解により膨大な電力エネルギー（1.4 V以上の電解電圧）を用いて大量に製造されている。光電極と太陽光エネルギーを用いてさらに効率的な次亜塩素酸製造の低電圧化ができれば，大きな省エネ効果が期待できる。

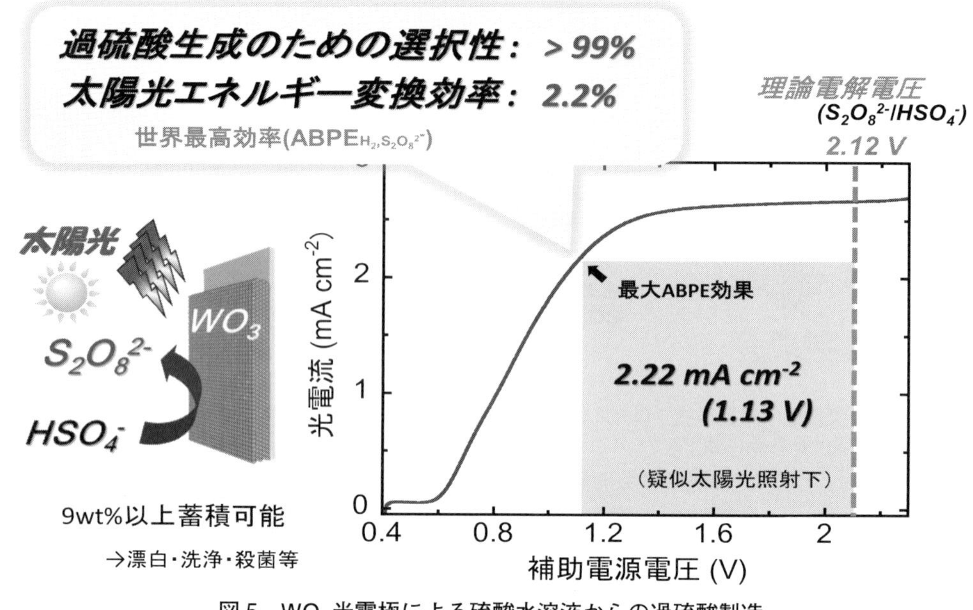

図５　WO_3 光電極による硫酸水溶液からの過硫酸製造

さらに，これらの WO_3 や $BiVO_4$ 光電極では，炭酸塩水溶液を用いた場合に水を酸化して過酸化水素が生成できることも見出している。流れた電流に対する生成物選択性は徐々に向上し，現状では70%以上に達している。製造したさまざまな酸化剤はその強い酸化力を利用して，有機汚染物質の浄化や，排水処理，漂白，殺菌，消毒，洗浄，選択的有機変換などのさまざまな分野に利用できる。このように無尽蔵な太陽光エネルギーを動力として，クリーンな水溶媒中で水素エネルギーと同時に有用化学薬品を製造および蓄積できる本システムは，経済合理性を向上させ，人工光合成の概念を拡張させ，太陽光エネルギーの革新的な有効利用法の将来性を明示した画期的な成果である。

5. おわりに

人工光合成の本質とは，植物栽培と同様に，安価なエネルギーコスト（円/MJ）の太陽光エネルギー変換技術をいかに社会インフラに取り込んで実用化することではないかと考えている。世間から見放されて人工光合成という言葉がまた死語になる前に，経済性のあるさまざまな未来像や実用化シナリオ，ロードマップを真剣に作成して，できるだけ短期間で高性能な材料の開発を行う必要がある。太陽光水素製造や人工光合成の研究は人類が絶対に実現させるべき継続性の必要な研究であり，一過性のバブル研究にしてはいけないが，その進展が遅ければ研究への世間の関心は急速に薄れる。本章で紹介した光電極技術は，半導体の高速スクリーニングに適応しやすい利点がある。筆者らは有機金属塩熱分解法と多層ロボット塗布を組み合わせた半導体膜ライブラリー自動作成装置および光電流自動評価装置を独自に開発してきた[13]。

１日に最大384個の多孔質半導体サンプル膜を調製することが可能である。このような高速スクリーニング技術の進展は，新規材料開発に20年前のバイオテクノロジー進展と同様のイノベーションを起こす可能性がある。

文　献

1）09/028495（US），98301444（EU），3198298（JP）；Y. Miseki, H. Kusama, H. Sugihara and K. Sayama：*J. Phys. Chem. Lett.*, **1**, 1196（2010）.
2）Y. Miseki, H. Kusama, H. Sugihara and K. Sayama：*Chem. Lett.*, **39**, 846（2010）.
3）Y. Miseki and K. Sayama：*RSC Adv.*, **4**, 8308（2014）.
4）K. Sayama and Y. Miseki：シンセシオロジー, **7**, 81（2014）；K. Sayama and Y. Miseki：*Synthesiology*, **7**, 79（2014）.
5）K. Sayama, R. Abe, H. Arakawa and H Sugihara：*Catal. Commun.* **7**, 96（2006）.
6）K. Sayama, K. Mukasa, R. Abe, Y. Abe and H. Arakawa：*Chem. Commun.*, 2416（2001）；K. Sayama, K. Mukasa, R. Abe, Y. Abe and H. Arakawa：*J. Photochem. Photobio. A：Chem*, **148**, 71（2002）；R. Abe, K. Sayama and H. Sugihara：*J. Phys. Chem. B*, **109**, 16052（2005）.
7）J. Augustynski et al.：*J. Mater. Chem.*, **18**, 2298（2008）.
8）M. Grätzel et al.：*Angew. Chem. Int. Ed.*, **49**, 6405（2010）
9）K. Sayama, A. Nomura, Z. Zou, R. Abe, Y. Abe and H. Arakawa：*Chem. Commun.*, 2908（2003）.
10）R. Saito, Y. Miseki and K. Sayama：*Chem. Commun.* **48**, 3833（2012）；*J. Photochem. Photobio., A, Chem.*, **258**, 58（2013）.
11）I. Fujimoto, N. Wang, R. Saito, Y. Miseki, T. Gunji and K. Sayama：*Int. J. Hydrogen Energy*, **39**, 2454（2014）.
12）産総研プレス発表（2015.3.6）：K. Fuku and K. Sayama et al.：*Chem Sus Chem.*, **8**, 1593（2015）：K. Fuku and K. Sayama：*Chem. Commun.*, **52**, 5406（2016）.
13）K. Sayama：*Electrochemistry*, **78**, 64（2010）.

第５章　光半導体による水分解の反応機構
時間分解分光測定を用いた光触媒のキャリアーダイナミクス

豊田工業大学　山方　啓

1．はじめに

エネルギー問題や環境問題を解決するために，太陽光を用いて水から水素を製造できる光触媒が注目されている。水を分解して製造した水素は燃焼時に，二酸化炭素を排出せず貯蔵や運搬が容易なため，次世代のエネルギー媒体として期待されている。しかし，この光触媒を工業的に利用化するためには，活性をさらに向上させる必要がある。光触媒反応は，半導体のバンドギャップを光で励起し，生成した電子と正孔がそれぞれ水を還元し，酸化させることで進行する。しかし，生成した大部分の電子と正孔は，再結合により水と反応する前に消滅してしまう。したがって，光触媒反応の効率を向上させるためには，再結合を抑制し，反応分子への電荷移動を促進させる必要がある。このためには，光触媒として用いる半導体粒子の中に生成した光励起電子と正孔の挙動をよく理解し，これをコントロールする必要がある。

光触媒を用いた水の分解反応のメカニズムは，平たく言えば太陽電池を使って水を電気分解することと同じである。そして，その効率は光触媒の場合にも太陽電池の場合と同様に，用いる半導体材料の結晶性が良い方が高い。しかし，大きな違いは必要とする結晶のサイズにある。太陽電池の場合には数～数十センチメートルの大きな結晶が必要であるが，光触媒の場合には，それは数百ナノメートル～数マイクロメートルで良い。そして，粒子の表面に数ナノメートルの貴金属微粒子を担持すればこれらが“マイクロ太陽電池”として働き，粒子の表面で直接“水の電気分解”が起こる。小さな結晶は安価に製造することができ，さらに，使用する貴金属の量も大幅に減らせるので太陽電池よりも非常に安いコストで“水を電気分解”することができる。さらに，粉末は反応場となる表面積が大きいので反応物質をよりたくさん吸着させることができ，反応効率も高いという長所がある。

しかし，粉末の表面積が大きいということは，逆に表面欠陥の数も多くなる，という問題を含んでいる。表面にある原子は，バルク中にある原子に比べて，配位している原子の数が少ない不飽和な状態にある。そのため，エネルギー状態が高く，ステップやキンク，空孔などの欠陥が生じやすい。これらの欠陥は電子や正孔を捕捉し，より安定な状態に変わろうとする。その結果，捕捉された電子や正孔の移動度とそのエネルギー状態が低下し，再結合も促進される，と考えられてきた。しかし，どのような欠陥がどのような影響を与えるのか，という問題はまだよくわかっていない。粉末の表面にはさまざまな結晶面が露出し，さまざまな構造の欠陥が形成されている。光触媒活性を低下させる欠陥もあれば，活性向上に役立つ欠陥もあるかもしれない。

そこで，筆者らは，水を完全分解できる光触媒として最も長い歴史を有する$SrTiO_3$（チタン酸ストロンチウム)[1]を用いて，粉末における光励起キャリアーの挙動を調べた[2)-4)]。$SrTiO_3$粉末を複数の試薬メーカーより購入し，欠陥が少ないと考えられるバルクの単結晶と比較した。さらに，粉末を溶融塩の中で高温加熱処理（フラックス処理）する効果を調べた。フラックス処理すると，再結晶化が促進され，表面欠陥が補修される。このフラックス処理が及ぼす粉末の構造変化と光触媒活性，光励起キャリアーの挙動への影響について調べ，欠陥が及ぼす影響について検討した。

2. 光励起キャリアーのエネルギー状態と減衰過程の観察

光励起キャリアーの挙動を調べるためには，パルスレーザーを用いた時間分解分光測定が有効である。時間分光測定には，発光測定と吸光測定があり，発光測定では再結合時に発生する光を分析する。しかし，光触媒に応用する場合には注意が必要である。それは，間接遷移型の半導体材料の場合にはそもそも発光しないことに加えて，電子と正孔が完全に分離した場合や，反応によって電子あるいは正孔が消費されてしまった場合には，発光しなくなるからである。そのため，同じ実験結果を得ても解釈が分かれることがあるので注意が必要である。一方，吸収測定の場合には，直接遷移型か間接遷移型かに関係なく，電子や正孔を直接観察することができる。この光学過程を**図1**に示すが，伝導帯に励起された自由電子は，主に中赤外域に右肩上がりの構造のない吸収を与える[5]。これは，伝導帯の中における電子のバンド内遷移に帰属されている。一方，欠陥にトラップされた電子は，トラップ準位から伝導帯への遷移に帰属される吸収を可視から近赤外域に与える。したがって，吸収される光の波長から，トラップ準位の深さを見積もることができる。一方，正孔は価電子帯内のサブバンド間遷移，あるいは，価電子帯からトラップ正孔への電子遷移に帰属される吸収を可視から近赤外域に与える。したがって，可視から中赤外域の時間分解分光測定を行うことで自由電子やトラップ電子，正孔の動きを独立に調べることができる[6]。

このような時間分解分光測定は，**図2**に示すような自作の装置を用いて行っている。粉末の光触媒は赤外光をよく透過するので，赤外域の測定は透過配置で行う。しかし，可視から近赤外域の光は散乱されるので，この領域では，拡散反射配置で行う。装置の時間分解能は，光検出器と信号増幅器の応答速度で決まり，可視から赤外域のいずれにおいても約1マイクロ秒程

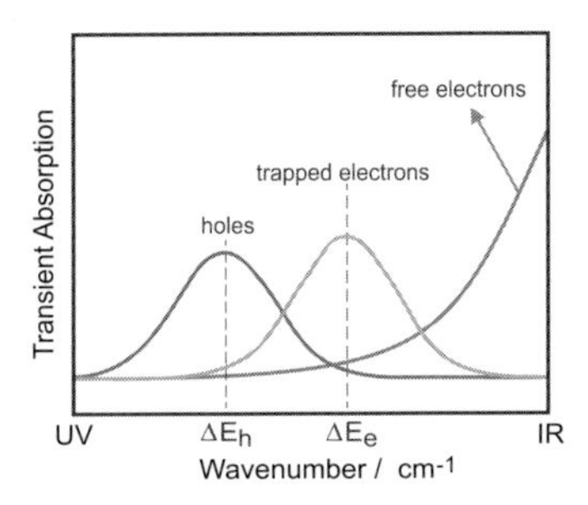

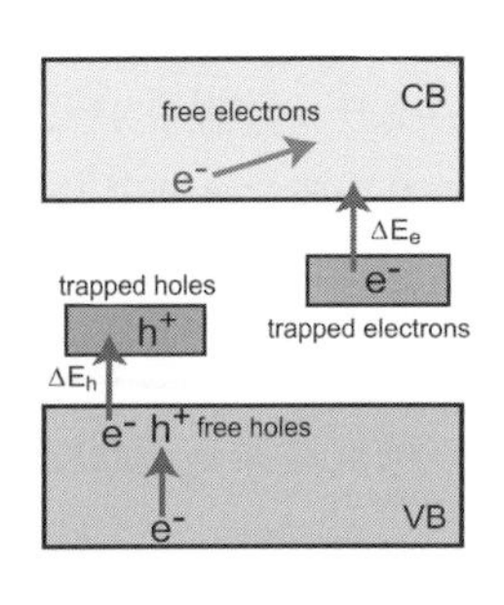

図1　光触媒を励起して生成する自由電子，トラップ電子，正孔による光吸収過程

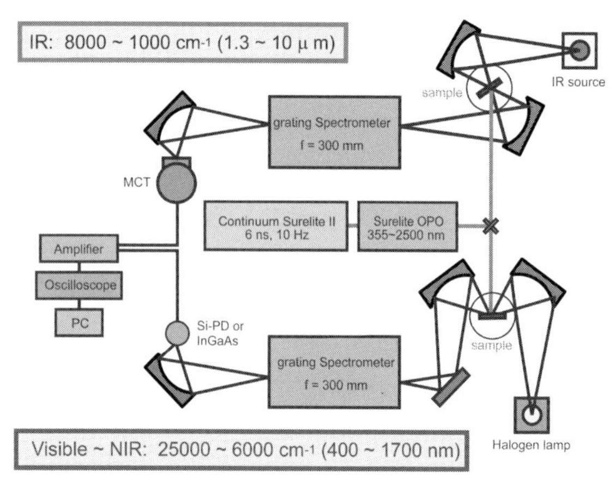

図２　可視から中赤外域まで測定可能なナノ秒時間分解分光装置

度である。また，これよりも速い現象については，フェムト秒レーザーを用いたポンププローブ法を用いることで測定することができる。これらの分光装置を組み合わせて利用することで，フェムト秒から数秒の時間領域における過渡吸収測定を行うことができる。

3. 単結晶の光触媒材料における光励起キャリアーの挙動

まず，欠陥が少ないことが期待される１枚の大きな$SrTiO_3$の単結晶（100面，10×10×0.5 mm）に紫外光レーザーパルス（355 nm，6 ns，5 Hz）を照射し，透過配置で可視から中赤外域（400 nm～10 μm，25,000～1,000 cm^{-1}）の過渡吸収スペクトルを測定した。結果を**図３**[2]に示す。この図を見ると，25,000 cm^{-1}から2,500 cm^{-1}にかけて右肩上がりの単調な吸収が観察されることがわかる。赤外域にかけて強く観察されるこの単調な吸収は，図１で説明したように，伝導帯に励起された自由電子に帰属される。また，2,500 cm^{-1}（0.2 eV）付近に吸収ピークが観察されるが，これは伝導帯から約0.2 eV程度の浅い準位に捕捉された電子の寄与が含まれることを示唆している。ここで注目すべきことは，可視から近赤外域には他の吸収ピークは何も観察されないことである。この結果は，単結晶の場合，自由電子や浅いトラップ電子が大部分を占め，深くトラップされた電子や正孔は観察されないことを示している。

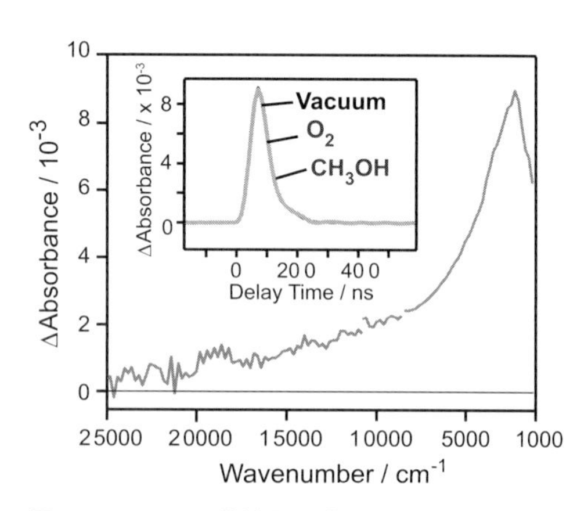

図３　$SrTiO_3$の単結晶に紫外レーザーパルス（355 nm，パルス幅6 ns）を照射して測定した過渡吸収スペクトル[2]

次に，伝導帯に励起された自由電子，あるいは浅いトラップ電子の減衰過程を2,500 cm^{-1}の吸収強度の減衰変化から調べた。その結果を図３の挿入図[2]に示す。この図を見てわかるように，光励起電子は，光照射100 ns以内に完全に消滅してしまう。そして，気相に酸素やメタノール蒸気を導入しても，減衰速度は全く変化しない。これは，単結晶の場合，光励起電子と正孔はいずれも気相に導入した分子と反応しないことを意味している。この原因の１つには，単結晶は表面積が小さいので反応分子の吸着量が少ないことが挙げられる。さらに，光励起キャリアーの寿命が100 ns以内と短いので，光励起キャリアーが反応分子と出会う前に再結合して消滅してしまう。つまり，単結晶の場合欠陥が少ないので大部分の光励起キャリアーは深くトラップされていないが。しかし，寿命が短く，吸着分子の絶対量も少ないので分子と反応する確率が極めて小さいことがわかった。

4. 構造の異なる２種類の粉末光触媒材料における光励起キャリアーの挙動

次に，単結晶より表面積が大きな粉末を用いて光励起キャリアーの挙動を調べた。ここでは，製造元の異なる２種類の$SrTiO_3$粉末（Aldrich社：粒径100 nm，㈱高純度化学研究所：粒径1～2 μm）を用いてその違いを調べた。まず，Aldrich社の粉末を調べた結果を**図4**[2]に示すが，スペクトルの形状が単結晶とは全く異なることがわかる。この粉末の場合にも単結晶で観察された自由電子，あるいは浅くトラップされた電子に帰属される吸収が4,000 cm^{-1}以下に観察されている。しかし，それよりも強くブロードな吸収が22,000 cm^{-1}と11,000 cm^{-1}付近に観測された。これらの２つの吸収は欠陥の少ない単結晶では観察されていないことから，前述のように，粒子の欠陥に深くトラップされた電子，あるいは正孔に帰属される。そして，大変興味深いことに，これらの吸収は光照射１ ms経過しても残存している。この結果は，粉末の場合，大部分の光励起キャリアーは欠陥にトラップされているが，単結晶に比べて長い寿命を有していることを意味している。従来欠陥は再結合を促進すると考えられてきた。しかし，むしろ再結合を抑制していることがわかった。欠陥にキャリアーがトラップされると，キャリアーの移動度が低下し，電子と正孔が衝突する確率が低下する。その結果，再結合が遅くなったと解釈することができる。

問題はこれらの長い寿命を有する光励起キャリアーが反応活性を有しているかどうかである。そこで，これらの光励起キャリアーの反応活性を調べるために，気相に反応ガスを導入して減衰過程を調べた。2,500 cm^{-1}と11,000 cm^{-1}，20,000 cm^{-1}における減衰過程を調べた結果を**図5**[2]に示す。まず，2,500 cm^{-1}の吸収強度の減衰過程をみると，酸素を導入すると特に0～3 μsにおける減衰速度が速くなっていることがわかる。これは，酸素分子が$O_2 + e^- \rightarrow O_2^-$のように光励起電子を反応消費することを意味している[7]。一方，メタノールを導入すると0～1 msにおける減衰速度が遅くなった。これは表面に解離吸着したメタノールが$CH_3O^-(a) + h^+$

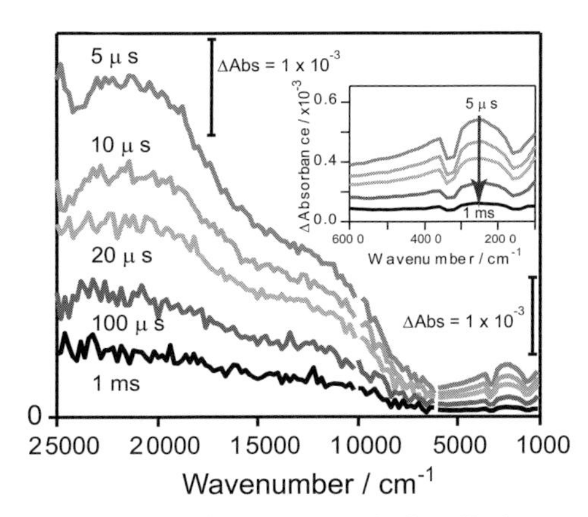

図４　Aldrich社の$SrTiO_3$の粉末に紫外レーザーパルス（355 nm，パルス幅6 ns）を照射して測定した過渡吸収スペクトル[2]

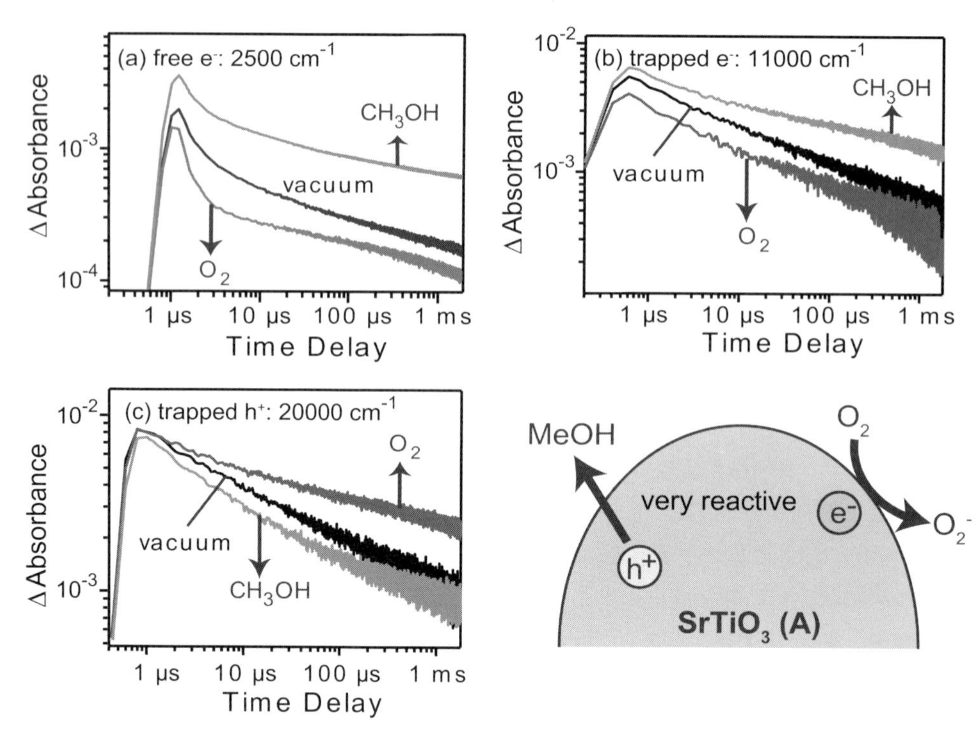

真空中，酸素雰囲気下，メタノール蒸気を導入して，2,000 cm^{-1}，11,000 cm^{-1}，2,000 cm^{-1}における減衰過程を比較

図5　Aldrich社の$SrTiO_3$粉末に紫外レーザーパルス（355 nm，パルス幅6 ns）を照射して生成した自由電子，トラップ電子，正孔の減衰過程[2)]

→$CH_3O^{\bullet}$(a）のように正孔と反応するからである。正孔が消費されると電子は再結合できなくなるので電子の寿命は長くなる[8)]。したがって，これらの結果は，2,500 cm^{-1}の吸収は光励起電子の数を反映していることを示している。次に，11,000 cm^{-1}の吸収を見てみると，2,500 cm^{-1}の場合と同じように酸素の導入で減衰速度が速くなり，メタノールの導入で遅くなった。つまり，11,000 cm^{-1}の吸収強度も電子に帰属されることがわかる。一方，20,000 cm^{-1}の場合には，2,500 cm^{-1}や11,000 cm^{-1}の場合とは異なり，減衰速度は酸素の導入で遅くなり，メタノールの導入で速くなった。この結果は，20,000 cm^{-1}の吸収強度は正孔の数を反映することを意味している。これらの結果は，粉末光触媒を励起して生成したキャリアーは，その大部分が欠陥に捕捉されているが，電子も正孔もともに反応ガスとの反応性を維持していることがわかった。つまり，この粉末にある欠陥は再結合速度を遅くし，光触媒活性の向上に役立っていることがわかった。

粉末における光励起キャリアーの挙動をより詳しく理解するために，他のメーカーの$SrTiO_3$粉末（㈱高純度化学研究所）についても同様な実験を試みた。同じ組成の粉末でも，製造メーカーが異なれば粉末の構造は異なることが期待される。そこで，まず㈱高純度化学研究所の粉末に紫外光レーザーパルスを照射して過渡吸収スペクトルを測定した（**図6**[2)]）。その結果，同じ$SrTiO_3$の粉末であるにもかかわらず，スペクトルの形状が単結晶ともAldrich社のものとも全く異なることがわかる。最も大きな違いは，自由電子，あるいは浅くトラップされた電子に帰属される3,000 cm^{-1}以下の吸収強度が非常に小さいことである。そして，11,000 cm^{-1}付近の吸収が最も強く観察された。反応ガスを導入した際の，各波長における吸収強度の減衰過程を調べた結果が**図7**[2]である。2,500 cm^{-1}と20,000 cm^{-1}の吸収強度は，酸素とメタノールの導入によってAldrich社の粉末とそれぞれ同じような変化を示した。したがって，これらの吸収はそれぞれ電子と正孔に帰属される。しかし，反応活性は低く，酸素やメタノール蒸気を導入してもその変化量は小さい。一方，11,000 cm^{-1}の吸収は，Aldrich社の粉末とは異なり，酸素を導入すると増加し，メタノールを導入すると減少することから，電子ではなく正孔に帰属される。これらの結果は，同じ波長の吸収であるにもかかわらず，Aldrich社の粉末と㈱高純度化学研究所の粉末とでは帰属が異なることを意味している。すなわち，同じ波長の吸収であっても，その帰属は粉末の特性によって異なることがわかった。

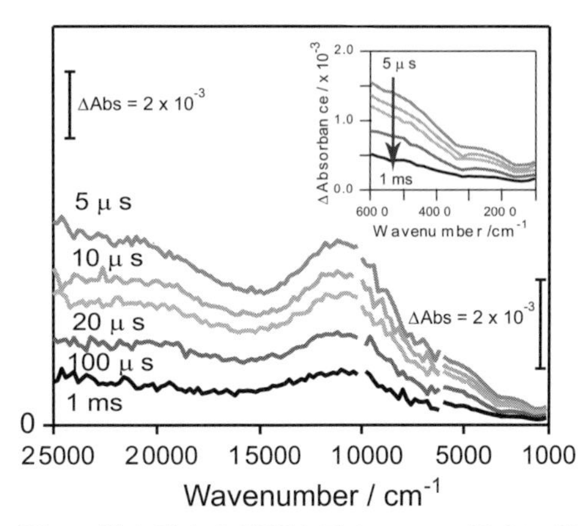

図6　㈱高純度化学研究所の$SrTiO_3$粉末に紫外レーザーパルス（355 nm，パルス幅6 ns）を照射して測定した過渡吸収スペクトル[2]

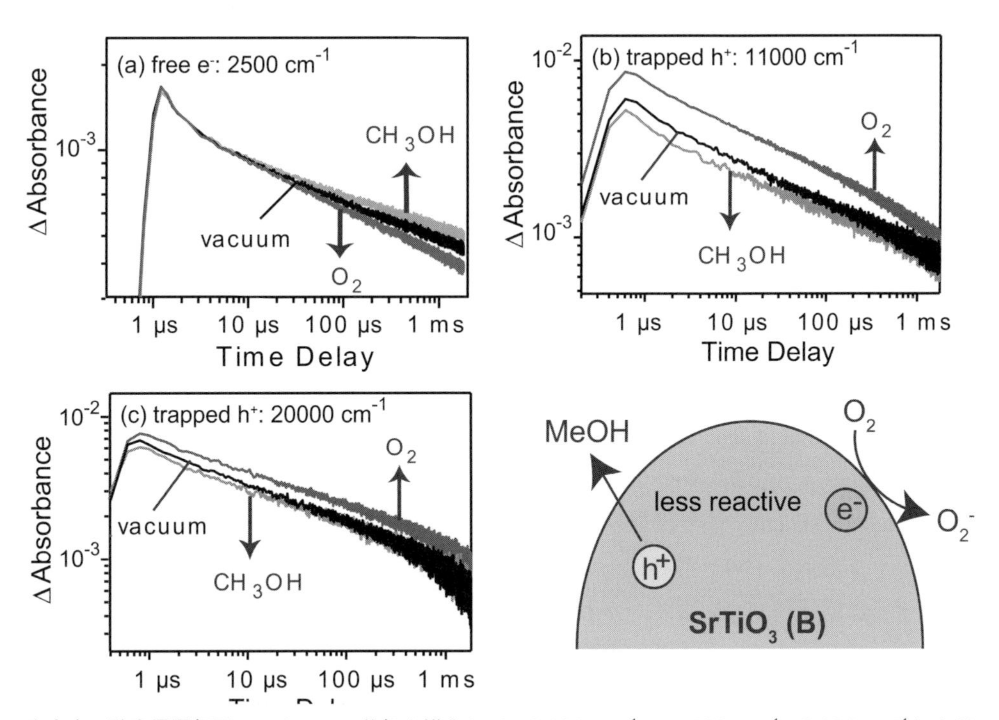

真空中，酸素雰囲気下，メタノール蒸気を導入して，2,000 cm^{-1}，11,000 cm^{-1}，2,000 cm^{-1}における減衰過程を比較。

図7　㈱高純度化学研究所の$SrTiO_3$粉末に紫外レーザーパルス（355 nm，パルス幅6 ns）を照射して生成した自由電子，トラップ電子，正孔の減衰過程[2]

次に，これらの粉末の光触媒活性を比較するために，メタノール水溶液からの水素生成活性を調べた。その結果，Aldrich社（173 μmol h^{-1}）の製品の方が㈱高純度化学研究所の製品（54 μmol h^{-1}）より約3倍活性が高いことがわかった[2]。この定常反応活性は，図5と図7を比較してわかるように，自由電子や浅くトラップされた電子の残存数が多い方が高い。深くトラップされた電子よりも，自由電子や浅くトラップされた電子の方が反応活性が高い。そして，このトラップの深さの違いは，欠陥構造の違いで決まると考えられる。つまり，同じ組成の粉末でも欠陥の構造は異なり，そこに捕捉される電子と正孔のエネルギー状態は異なることが推察される。したがって，粒子表面に存在する欠陥の構造を制御できれば，光触媒活性を向上させることができると考えられる。

5. $SrTiO_3$粉末の粒子の形態の違いによる影響

そこで，粒子の表面構造を制御して反応活性の変化を調べた。しかしその前にもう1社，別のメーカー（和光純薬工業㈱）の$SrTiO_3$粉末を用いて過渡吸収スペクトルを測定した。時間分解分光測定の結果を**図8**(A)[3]に示すが，吸収スペクトルの形状は，単結晶はおろか，Aldrich社とも㈱高純度化学研究所とも全く異なることがわかる。4,000 cm^{-1}以下の吸収と20,000 cm^{-1}付近の吸収がほとんど観察されず，11,000 cm^{-1}付近に強い吸収ピークが1本だけ現れるだけである。この吸収はメタノールの導入と酸素の導入に対してともに増加したので，トラップ電子とトラップ正孔の両方の寄与があることがわかった[3]。この粉末の水分解に対する定常反応活性を調べた結果を**表1**に示すが，和光純薬工業㈱の$SrTiO_3$は水の分解に対してほとんど活性がない。これは，図8(A)を見てわかるように，大部分の電子は11,000 cm^{-1}に吸収を与える深い準位にトラップされており，4,000 cm^{-1}以下に吸収を与える反応活性が高い電子がほとんど残存しないことに起因する。この深い欠陥の由来について詳しく調べるために走査電子顕微鏡（SEM）を使って，粉末の構造を調べた（**図9**(a)[3]）。小さな一次粒子が不規則に凝集した二次粒子が形成されている。そしてこのいびつな粒

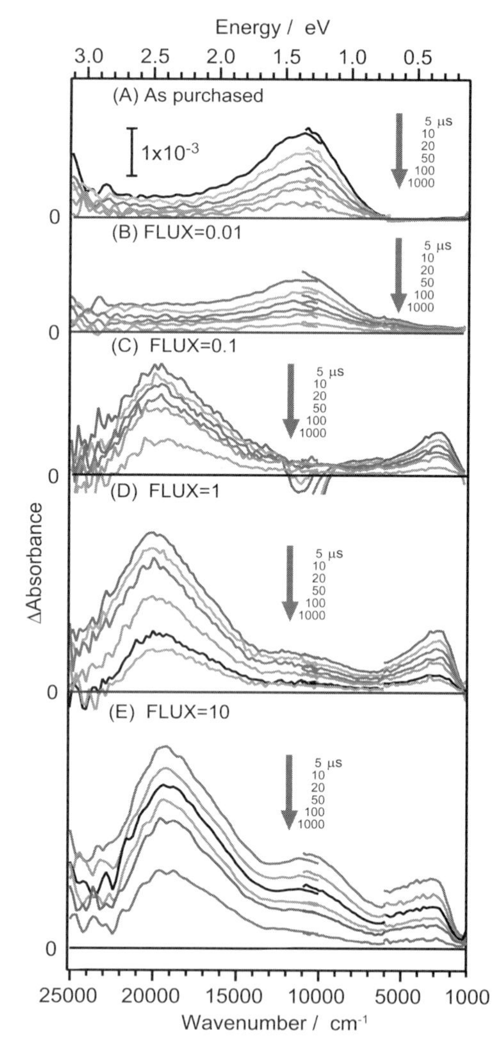

FLUX＝$SrCl_2$/$SrTiO_3$の比率を0.01～20まで変化

図8　$SrCl_2$溶融塩でフラックス処理した市販の$SrTiO_3$の粉末に紫外レーザーパルス（355 nm，パルス幅6 ns）を照射して測定した過渡吸収スペクトル[3]

表 1　$SrCl_2$ 溶融塩でフラックス処理した和光純薬工業㈱の $SrTiO_3$ 粉末の水分解光触媒活性と組成比[3)]

FLUX	Activity(mol/h)		FWHM of (110) peak	BET Surface area	[Sr]/[Ti]	2[Al]/([Sr]+[Ti])
($SrCl_2$/STO)	H_2	O_2		$m^2 g^{-1}$	%	%
0	<1	<1	0.107	3.6	1.09	0.04
0.01	1	1	0.083	-	1.01	0.20
0.1	6	6	0.058	<0.3	1.02	0.19
1	40	21	0.061	0.5	1.00	0.18
5	470	240	0.064	0.8	-	-
10	450	240	0.066	0.9	0.98	0.31

FLUX＝$SrCl_2$/$SrTiO_3$ の比率を 0.01～20 まで変化

図 9　和光純薬工業㈱の $SrTiO_3$ 粉末を $SrCl_2$ 溶融塩中（1,100℃）で 10 h 加熱処理して測定した走査電子顕微鏡写真[3)]

子の粒界や欠陥が光励起キャリアーを深くトラップしていると考えられる。

金属酸化物の粉末は，溶融塩の中で加熱処理（フラックス処理）をすることで再結晶化させることができる[9) 10)]。そこで，和光純薬工業㈱の粉末を$SrCl_2$の溶融塩（1,100℃）の中で10 h加熱処理した。$SrCl_2$と$SrTiO_3$の混合比（FLUX＝$SrCl_2$/$SrTiO_3$）を変えてフラックス処理した粉末のSEM像を図9に示す。その結果，FLUX＝0.01のときに二次粒子がほぐれ始め，FLUXを1以上に増やすと，きれいな立方体の結晶ができることがわかった。つまり，フラックス処理を行うことで結晶性が良く欠陥の少ない結晶を調製できることがわかった。

これらの粉末の水分解活性を調べた結果が表1である。前述のようにフラックス処理を行わない市販の粉末は水分解に対する活性がほとんどない。しかし，フラックス処理するに伴い，FLUX＝5まで活性が単調に向上することがわかった。

そこで，この活性向上のメカニズムを調べるために時間分解分光測定を行った。図8[3)]に過渡吸収スペクトルを示す。その結果，フラックス処理すると，スペクトルの形状が劇的に変わることがわかる。$SrCl_2$を少量（FLUX＝0.01）混ぜて加熱すると，11,000 cm^{-1}の吸収強度が減少し，FLUX＝0.1まで増やすとこのピークは完全に消失する。そして，1つのピークがあたかも2つに分かれたかのように20,000 cm^{-1}と2,500 cm^{-1}に新しいピークが現れる。さらにFLUX＝1まで増やすと，これらの2つの吸収強度がともに増加する。これらの吸収は，気相に酸素やメタノールを導入してその減衰速度を比較することで，それぞれ正孔と電子に帰属された[3)]。この帰属は，Aldrich社や㈱高純度化学研究所の粉末と同じである。そして，スペクトルの形状変化と粒子の形状変化との関係を調べるために，図9のSEM画像を再び確認すると，フラックス処理によりきれいな立方体状の結晶が形成し，凸凹だらけであった粉末の表面がフラットになっていることがわかる。つまり，フラックス処理により欠陥が低減するので自由電子の数が増えることがわかった。

次に，FLUXを1から10まで増やすと，20,000 cm^{-1}と2,500 cm^{-1}の吸収強度は若干増加するものの，一度消失した11,000 cm^{-1}の吸収が再び現れ始めた。このとき，図9のSEM画像を見ても粒子の形態に大きな変化は見られない。すなわち，粒子の形態変化とは異なる違いが現れていることがわかる。つまり，フラックス処理は2段階の変化を引き起こすことがわかる。この複雑な変化の原因は，粉末の組成を分析することで明らかにすることができた。元素分析の結果を表1に示すが，フラックス処理すると，$SrTiO_3$中にAl^{3+}がドープされる。FLUX＝0.01～1まではAl^{3+}の濃度は0.18～0.20程度であるが，FLUX＝10にすると0.31まで増加する。このフラックス処理には，Al_2O_3製のるつぼを使っており，$SrCl_2$の溶融塩で加熱すると，るつぼの表面が溶け出し，溶け出したAl^{3+}が$SrTiO_3$にドープされることがわかった。$SrTiO_3$のTi^{4+}をGa^{3+}などへ，あるいは，Sr^{2+}をNa^{+}などの低原子価の元素と置換すると，光触媒活性が向上することが報告されている[11) 12)]。したがって，FLUX＝10まで増加させたときの光触媒活性の向上は，欠陥の減少よりも，Al^{3+}がドープされたことによる効果であると考えられる。事実，るつぼからのAl^{3+}の溶存効果はフラックスで腐食されにくいY_2O_3製のるつぼを使い，Al^{3+}のドープ量をコントロールすることで確認できた[13)]。一方，Al^{3+}のドーピングによって11,000 cm^{-1}付近に再び新しいピークが出現したことは大変興味深い。この吸収が出現してから活性が劇的に向上したことから，この吸収を与える欠陥が活性向上に役立っていると考えられる。今のところ，この欠陥がどのような構造を有しており，どのような性質を持っているのか不明である。しかし，これらの結果は，欠陥には活性向上に役立つ欠陥と活性を低下させるものとがあり，これらの欠陥の構造を制御することで光触媒活性を向上させることができることを示している。

6. まとめ

本稿では，可視から中赤外域の過渡吸収スペクトルを測定することで，水を完全分解できる$SrTiO_3$粉末の欠陥における光励起キャリアーの挙動を調べた結果について解説した。粉末は単結晶に比べて欠陥が多く，大部分の光励起キャリアーは欠陥にトラップされていることを見出した。しかし，欠陥は必ずしも再結合を促進するわけではない。光励起キャリアーの寿命は単結晶よりもむしろ粉末の方が長いことを明らかにした。また，欠陥に捕捉された光励起キャリアーの反応活性は，欠陥の構造に依存し，準位がそれほど深くない場合には，高い反応活性を維持している。そして，定常反応活性は自由電子や浅いトラップ電子の残存量と良い相関があることがわかった。粒子の表面欠陥は，溶融塩を用いたフラックス処理で低減することができる。そして，フラックス処理を行うとトラップ準位の深さが浅くなることを見出した。つまり，粒子表面に存在する欠陥は光励起キャリアーを捕捉するが，再結合速度を遅くする働きがあり，その構造をうまく制御することで定常反応活性を向上できることを見出した。

謝　辞

本稿で解説した研究内容は，堂免一成教授（東京大学），酒多喜久教授（山口大学）および豊田工業大学，東京大学の研究員，学生との共同研究の成果である。また，本研究を行うにあたりJST（国立研究開発法人科学技術振興機構）さきがけ研究と文部科学省・科学研究費補助金（特別推進研究：23000009，基盤研究B：23360360），文部科学省・私立大学戦略的研究基盤形成支援事業，日本板硝子財団（（公財）日本板硝子材料工学助成会）の支援を受けた。この場を借りて関係者に感謝する。

文　献

1）K. Domen, S. Naito, M. Soma, T. Onishi and K. Tamaru：*J. Chem. Soc.-Chem. Commun.*, 543 (1980).
2）A. Yamakata, J. J. M. Vequizo and M. Kawaguchi：*J. Phys. Chem. C*, **119**, 1880 (2015).
3）A. Yamakata, H. Yeilin, M. Kawaguchi, T. Hisatomi, J. Kubota, Y. Sakata and K. Domen：*J. Photochem. Photobiol. A-Chem.*, **313**, 168 (2015).
4）A. Yamakata, M. Kawaguchi, R. Murachi, M. Okawa and I. Kamiya：*J. Phys. Chem. C*, **120**, 7997 (2016).
5）J. I. Pankove：Optical Processes in Semiconductors. Dover, New York (1975).
6）A. Yamakata, M. Kawaguchi, N. Nishimura, T. Minegishi, J. Kubota and K. Domen：*J. Phys. Chem.* C, **118**, 23897 (2014).
7）A. Yamakata, T. Ishibashi and H. Onishi：*J. Phys. Chem. B*, **105**, 7258 (2001).
8）A. Yamakata, T. Ishibashi and H. Onishi：*J. Phys. Chem. B*, **106**, 9122 (2002).
9）Y. Miseki, K. Saito and A. Kudo：*Chem. Lett.*, **38**, 180 (2009).
10）H. Kato, M. Kobayashi, M. Hara and M. Kakihana：*Catal. Sci. Technol.*, **3**, 1733 (2013).
11）T. Takata and K. Domen：*J. Phys. Chem. C*, **113**, 19386 (2009).
12）Y. Sakata, Y. Miyoshi, T. Maeda, K. Ishikiriyama, Y. Yamazaki, H. Imamura, Y. Ham, T. Hisatomi, J. Kubota, A. Yamakata and K. Domen：*Applied Catalysis A：General*, Applied Catalysis A：General, **521**, 227 (2016).
13）Y. Ham, T. Hisatomi, Y. Goto, Y. Moriya, Y. Sakata, A. Yamakata, J. Kubota and K. Domen：*J. Mater. Chem. A*, **4**, 3027 (2016).

第４編

実用化に向けた取り組み

第1章　光電気化学セル型人工光合成の取り組み

株式会社東芝　研究開発センター　御子柴　智，小野　昭彦，田村　淳
菅野　義経，北川　良太，首藤　直樹

1. はじめに

近年，二酸化炭素の大気中濃度は上昇を続けており，この二酸化炭素濃度の上昇が地球温暖化の原因と言われている。また，化石燃料は有限な資源であり，その枯渇が懸念されている。この2つの問題を解決できる技術として，人工光合成の技術が注目されている。

人工光合成は太陽光エネルギーを使用して，高エネルギーの化学物質を生成する技術である。人工光合成は光触媒を中心に現在もさかんに研究開発が進められているが，一方，人工光合成には光触媒方式以外に，半導体のpn接合，pin接合を利用した光電気化学セル方式がある[1) 2)]。光電気化学セル方式は海外で積極的に研究を進められている技術であるが，その研究の中心は水電解による水素発生であった[2)3)]。筆者らは光電気化学セル方式で二酸化炭素を還元することに着目し，太陽光で二酸化炭素から一酸化炭素へ変換する方法を検討し，それに成功した。この技術は光により半導体pn接合，pin接合が発生する電流電圧特性の範囲で水の酸化および二酸化炭素の還元反応を進行させるものである。この方式を成立させるためには水の酸化触媒，二酸化炭素の還元触媒の特性を把握し，セル技術を駆使し，化学反応を進行させる必要がある。この光電気化学セル方式について本章ではこの光電気化学セルの特徴，動作原理に関する方針を説明する。さらに，より低コスト化を行うために一段階の反応で二酸化炭素を炭化水素に還元する新しい触媒の検討について説明し，最後に，人工光合成の開発を進めるうえで重要である環境性能について報告する。

2. 光電気化学セル方式人工光合成

2.1　光電気化学セル方式による人工光合成のねらい

筆者らが開発を進めている光電気化学セル方式の人工光合成は，pn接合，pin接合の光起電力素子を用いるもので多接合半導体の光起電力で対象物質の還元に必要な電流と電圧を得て，プロトンや二酸化炭素を還元する技術である。筆者らが企業としてなぜこの方式の研究開発を選択し進めているのかを説明する。企業で研究開発を進めるためには企業の社会的責任（CSR：Corporate Social Responsibility）を含め，持続可能企業としての事業性，環境特性を含めた新規事業の検討を行う必要がある。この方式を利用した人工光合成の経済性は筆者らも独自に評価を行っているが，公開されているデータではアメリカエネルギー省（DOE：Department Of

Energy）が水素製造プラントについて評価を行っており，経済的に成り立つ条件について議論されている[4]。また，環境特性についてはエネルギー収支比率（EPR：Energy Payback Ratio）での評価を行い，エネルギー収支がプラスになる評価結果が得られている。このように経済性，環境特性評価において利得が得られることを前提にこの光電気化学セル方式の研究開発を進めることとした。さらに海外の研究機関が水素生成を行っているのに対し，直接二酸化炭素還元による炭化水素製造に着目した理由は，独自評価により経済性，環境特性評価において良い評価が得られたためである。

次に技術的な説明について記載する。この方式で水の電気分解を行う場合は理論的に1.23 Vの電圧が必要となり，二酸化炭素の還元を行うためには，水の酸化と二酸化炭素から一酸化炭素の還元に必要な1.33 Vの電位が必要となる。しかし，二酸化炭素は安定な物質であるために，還元時に大きな過電圧が発生し，理論電圧より大きな電圧を印加する必要がある。しかしながら，大きな電圧を印加すると電解効率が低下し，光から一酸化炭素へのエネルギー変換効率が低下する問題があった。そのため，この光電気化学セル方式人工光合成の効率を向上させるためには二酸化炭素の還元過電圧を低下させることが重要であり，さらに水の酸化過電圧，セル抵抗を低下させ，システムとして成り立たせることが重要となる。

2.2　二酸化炭素還元光電気化学型セルの動作原理

二酸化炭素を還元する場合であっても，光電気化学セル方式の基本的な動作原理は変わらない。セルの基本構造を**図１**に示す。アノードの水の酸化触媒には高い反応活性を必要とするが，このセルの場合，入射光側であるために，さらに活性だけではなく光透過性を持つことが必要となる。カソードは二酸化炭素還元活性の高い触媒が必要となる。これらの酸化還元反応を効率良く進行させるためにはアノードおよびカソードの反応をより低い電圧で動作させる必要がある。このとき，これら酸化還元反応に必要な電圧は式(1)で表される[5]。

$$V = 1.33 + \text{水の酸化過電圧} + \text{二酸化炭素還元過電圧} + \text{セル抵抗} \quad (1)$$

そこで可視域の広い範囲に吸収を持つアモルファスシリコン系三接合素子を用いることができれば，太陽光でこの反応を効率良く進行させることができる。このときの電解特性と光電変換素子の電流電圧特性は**図２**で示すことができる。点線は太陽光が入射したときにもとの光電変換素子が示す電流電圧特性である。しかし，光電気化学セル方式では電解液の光吸収および光電変換素子表面に製膜された水の酸化触媒により電流密度は実線まで低下する。グレーの線は電極で行われる水の酸化と二酸化炭素還元の電解曲線である。この2つの交点が動作点となる。この電流密度のうち水の酸化と二酸化炭素の還元に使用された部分電流密度が濃い星印になる。このとき，水の酸化と二酸化炭素の還元の理論電圧（1.33 V）と動作点での電流密度の積

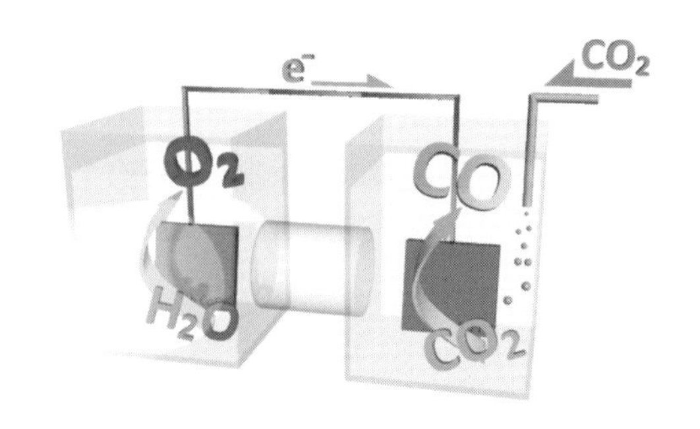

図１　光電気化学型セル

が得られるエネルギー量となる。この面積を大きくすることでエネルギー変換効率を大きくすることができるが，そのためには水の酸化触媒の光透過率と触媒活性の向上，二酸化炭素還元触媒の触媒活性の向上，セル抵抗の低下が必要であることがわかる。

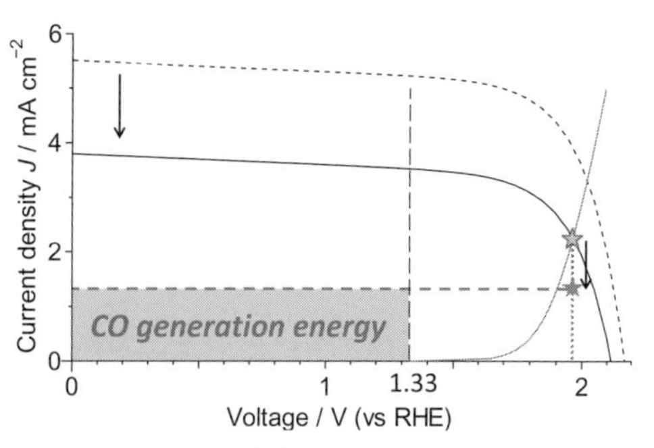

図2　光電気化学セルの電流電圧特性

2.3　二酸化炭素還元光電気化学セル方式の特性向上

このような二酸化炭素還元光電気化学セル方式の性能を向上させるためには，全体の設計が必要となる。アノード，カソードに用いる触媒はpHによって大きく特性が変わるため水の酸化触媒と二酸化炭素還元触媒を単純に組み合わせても性能を上げることはできない。さらに電解液の選定により，半導体層が溶解する問題も生じる。近年行われている水の酸化触媒[6]，二酸化炭素還元触媒[7) 8]，セル技術をふまえ，さらなる触媒の高性能化，セル化技術の開発を進めた。このような条件のなかで電解液，水の酸化触媒，二酸化炭素還元触媒を検討した結果，水の酸化触媒として酸化コバルト系触媒，二酸化炭素還元触媒として**図3**に示す構造を持つ金ナノ触媒，および電解液に炭酸水素カリウム系電解液を用いた。すると，今回，植物で最も効率が良いとされる藻類を超えるエネルギー変換効率である効率2.0%を達成することができた[5]。このときの光から一酸化炭素への変換でのエネルギー変換効率，還元電流密度，ファラデー効率の時間変化を**図4**に示す。

図3　今回用いた金ナノ触媒

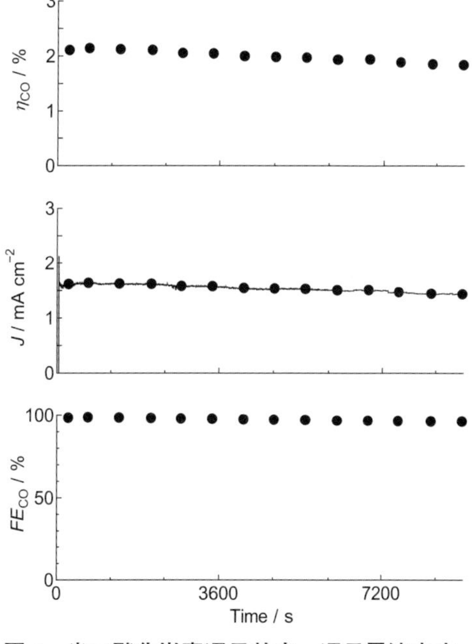

図4　光二酸化炭素還元効率，還元電流密度，ファラデー効率の時間変化

3.　多電子還元触媒の開発

人工光合成システム，プラントで，より低コストの燃料製造を可能にするためには，従来のような二酸化炭素から一酸化炭素やギ酸などの二電子還元物質への変換ではなく，多電子還元物質である炭化水素へ変換する方式を採用する

方法が有効となる。このような試みは現在までにいくつか報告があり，代表的な電極には銅触媒が知られているが[9]，多電子還元物質を高い選択性で得ることができていなかった。実際にこの多電子還元システムを行うためには，二酸化炭素を高選択的に多電子還元する触媒の開発が必要となる。このような触媒を開発するために，筆者らは自己組織化単分子膜を利用した修飾電極を検討した。自己組織化単分子膜とは，金属基板と親和性の高い反応性官能基を有する分子が分子間相互作用によって金属基板上に最密に充填された分子膜である。このような自己組織化単分子膜の分子を二酸化炭素と強い相互作用をする分子とすることで，還元電極表面の状態を制御することを考えた。

そこで，二酸化炭素と相互作用をする新規なイミダゾリウム塩誘導体を合成し検討を行った。修飾電極は，硫酸水溶液のなかで電気化学的にクリーニングされた金属基板を，分子を溶解させたエタノール溶液に浸漬することで作製した。**図５**に示す炭素鎖長の違うイミダゾリウム塩誘導体を電極に修飾し，二酸化炭素の還元を行ったところ，**図６**のような還元電流を観測した。分子が結合されていない金属電極（bare）に比べて，IL-2，IL-6，IL-8の分子で修飾された電極は大きな還元電流を示した。図６から炭素鎖長と電流密度の関係を検討したところ（**図７**），電極からの距離に対して電流密度は指数関数的に減衰することがわかった。分子膜の厚さｄとそこを通過するトンネル電流には関係式（式(2)）があることから，これは金属電極か

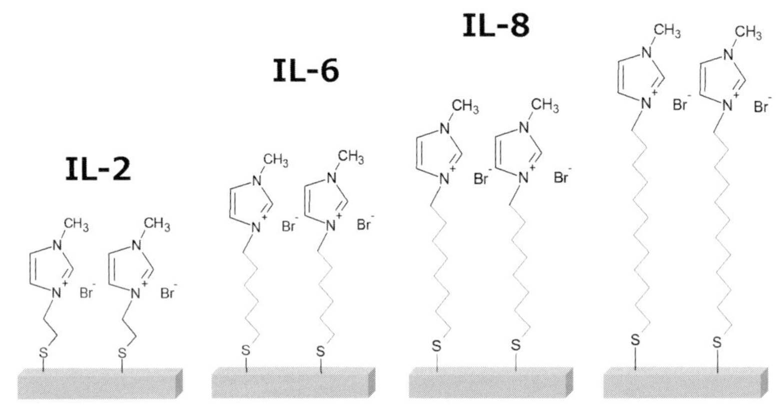

図５　イミダゾリウム誘導体修飾電極

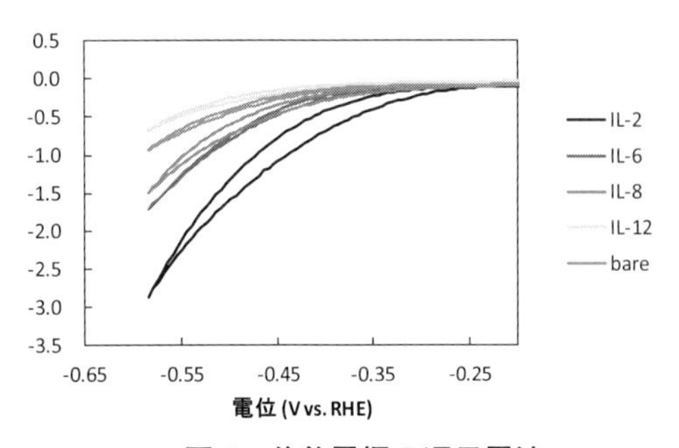

図６　修飾電極の還元電流

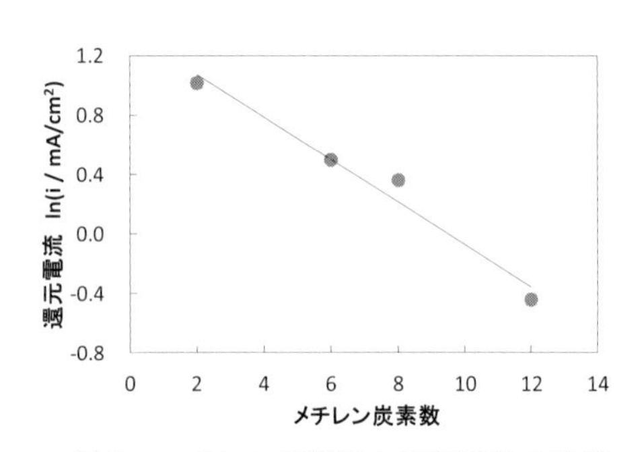

図７　メチレン炭素数と還元電流の関係

ら電子が二酸化炭素還元の反応場であるイミダゾリウム塩までトンネル電流で流れていることを示唆している。分子の炭素鎖は短い方がトンネル電流の抵抗による影響が小さくなるため，炭素鎖の短い分子で修飾された電極は電流密度が高くなったと考えられる。自己組織化単分子膜で緻密に被覆されたことで，二酸化炭素の還元反応を生じる反応場は金属基板の表面から分子膜表面のイミダゾリウム末端に変化したと考えられる。

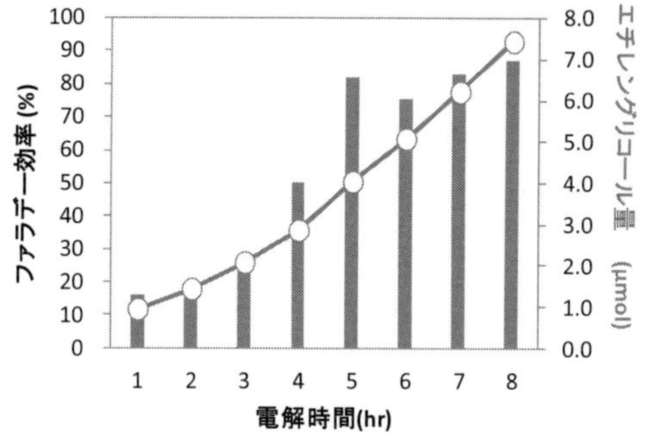

図８ ファラデー効率およびエチレングリコール生成量

$$k_T = k_0 \exp(-\beta d) \qquad (2)$$

d：トンネル距離（アルキル鎖長さ），β：減衰定数，k_0：定数

最も電流密度が大きかった炭素鎖２の IL-2 分子を用いて二酸化炭素還元実験を行った結果を**図８**に示す。分子の修飾されていない金属電極では二酸化炭素は一酸化炭素に還元されたが，IL-2 修飾電極ではエチレングリコールが生成した，また，ファラデー効率は経時的に増加して最大で87％となった。修飾分子が互いに密に隣接しているために，多電子還元反応の過程でカップリング反応による炭素－炭素結合を生じたと推測される。また，反応の時間経過に伴って，分子の配向性が高くなるように変化したため，エチレングリコールの生成量が増加したと考えられる[10]。修飾電極は副反応である水素発生を抑制しながら，二酸化炭素の反応を促進するとともにより複雑な十電子還元反応の反応場としての役割を果たしていると考えられる。得られたエチレングリコールは，PET ボトルやポリエステル繊維および樹脂の原料にも使用できる汎用性の高い工業原料であり，一段階反応で有価物を製造できるシステムへの使用の検討を進めていく。

4. プラントシステムの評価について

人工光合成のプラントを検討するうえで，エネルギー収支の 評価および経済性の評価が重要となってくる。エネルギー生産プラントの評価は一般に EPR で行われる。EPR はライフサイクル中の総生産エネルギーをライフサイクル中の総投入エネルギーで除した値である。この値が１を下回るものはライフサイクル中のエネルギーを回収することができないため，エネルギー生産プラントとする場合は1を超える必要がある。筆者らは独自の試算を行い，現段階で予想されるEPRを算出した。光変換効率 10％，メタノール生産量１t/d，二酸化炭素はプラント外から供給するプラントを前提条件として，プラント製造時からメタノール製造，廃棄時までのライフサイクル全体を評価範囲とした。その結果，投入エネルギーは62.8 TJ，生産エネルギーは173 TJ，EPRは2.75 となった。このように示したような前提条件を達成することができれば，エネルギー生産プラントとして成り立つと考えられる。同様に経済性の評価についても現在行っており，経済的にも十分利益を生むエネルギー生産プラントとして成り立つ試算があり，そのプラント製造が可能とするように開発を進めている。EPR，経済性の評価は精度を上げ，今後も検討を継続していく。

5. まとめ

筆者らは光電気化学セル型人工光合成の事業化を目標に効率の向上を行い，さらにより安価なシステムを目指して多電子還元が可能な修飾電極の開発を進めている。二酸化炭素還元を目的とした光電気化学セル方式の研究開発は，この数年で効率が急激に上昇しパーセントオーダーの変換効率を達成している。近年，各研究機関がこの方式に注目していることがわかる。筆者らはこれら要素技術を実用化へと導くために，実現性と市場適合性のあるセル，モジュール，システムの検討をエネルギー的，経済的な試算により検証し，環境性と事業性の両立を確認する設計を進めている。そのためには安価な触媒開発，低コストシステムの検討も必要となっていく。これらの開発を進めることによって光電気化学型人工光合成のシステム化を進め，2020年代の実用化を目指している。

文　献

1）A. Fujishima and K. Honda：*Nature.*, **238**, 37-38 (1972).

2）J. Rongé, T. Bosserez, D. Martel, C. Nervi, L. Boarino, F. Taulelle, G. Decher, S. Bordiga and J. Martens：*Chem Soc Rev.*, **43**, 7963 (2014).

3）S. Reece, J. Hamel, K. Sung, T. Jarvi, A. Esswein, J. Pijpers, D. Nocera：*Science.*, **334**, 645 (2011).

4）http://energy.gov/eere/fuelcells/downloads/technoeconomic-analysis-photoelectrochemical-pec-hydrogen-production

5）Y. Sugano, A. Ono, R. Kitagawa, J. Tamura, M. Yamagiwa, Y. Kudo, E. Tsutsumi and S. Mikoshiba：*RSC Advances.*, **5**, 54246 (2015).

6）M. Kanan, and D. Nocera：*Science.*, **321**, 1072 (2008).

7）B. Rose, A. Salehi-Khojin, M. Thorson, W. Zhu, D. Whipple, P. Kenis, R. Masel：*Science.*, **334**, 643 (2011).

8）Y. Chem, C. Li and M. Kanan：*J. Am Chem Soc.*, **134**, 19969 (2012).

9）Y. Hori：In modern aspects of Electrochemistry, Springer, New York, **42**, 89 (2008).

10）J. Tamura, A. Ono, Y. Sugano, C. Hung, H. Nishizawa and S. Mikoshiba：*Phys. Chem. Chem. Phys.*, **17**, 26072 (2015).

第２章　藻類培養における CO_2 利用

株式会社ちとせ研究所　藤田　朋宏，星野　孝仁

1. はじめに

2014年，世界の二酸化炭素（CO_2）を含む温室効果ガス（GHG：Green House Gas）の年間排出量は54 $GtCO_2$ 相当（$GtCO_2e$）に達した。国際連合環境計画（UNEP：United Nations Environment Programme）によると，2℃以上の気温上昇を避けるには2050年までに年間GHG排出量を32 $GtCO_2e$ まで減らす必要があると言われている[1]。

さまざまなGHG排出削減に関する取り組みがあるなか，GHG排出の主原因である化石燃料代替として，光合成を基盤としたバイオ燃料が大きな注目を集めている。なかでも，藻類バイオ燃料生産は，従来の農業によるバイオマス生産に大きく依存する第一，二世代バイオ燃料生産と比較して，数多くの利点が指摘されており[2)-5)]，今後さらなる研究開発が期待されている。一方で，Chistiの報告に代表される藻類培養の潜在的なバイオマス生産性の試算を[6]，藻類培養の現状として捉え，過剰なバイオマス生産性や CO_2 利用を想定した藻類培養に期待する声が後を絶たない。今後，GHG排出削減および化石燃料代替の生産に対して，藻類培養が持続的かつ効果的に寄与するために，藻類培養における CO_2 利用（環境への影響），エネルギー収支，経済収支などさまざまな側面を適切に理解・評価することが重要である。

これら多様な側面のうち，本稿では，「現在利用可能な藻類培養技術を用いた CO_2 利用」のみに焦点を絞って藻類培養を考察する。

2. 光合成効率の理論値および光合成による最大 CO_2 利用量

光合成によって生産されるバイオマス，および利用される CO_2 量を推定するには，①光合成効率（PE：Photosynthetic Efficiency，生産されたバイオマス中に含まれるエネルギーの受光エネルギーに対する割合），②受光エネルギー量，③単位バイオマス中の炭素量，または単位バイオマス生産に利用される CO_2 量，の情報が必要になる。

微細藻類（藻類）や植物の光合成機構の間に大きな差異はなく，一般的な光合成生物（C3，C4植物，および緑藻・藍藻類）におけるPEの理論最大値（PE_{MAX}）は8〜13％程度であると試算されている[7),2)]。通常PEは，太陽光もしくは光合成有効放射（PAR：Photosynthetically Active Radiation）のいずれかをもとに計算されるが，本稿ではPARを基にしたものを PE_{PAR}，太陽光を基にしたものをPEと表記する。

単位バイオマス重量あたりのエネルギー含量は，バイオマス中の炭水化物，脂質，タンパク質含量の比率によって大きく変化するが，一般的に藻類バイオマスでは21 MJ kg^{-1} 乾重（DW）

であると言われている[8)-18)]。この値は，脂質含量が低い植物バイオマスで，藻類バイオマスのそれより小さい値を示す傾向があるが[19) 20)]，本稿では便宜上同じ値（21 MJ kg^{-1} DW）を計算に利用する。

藻類バイオマスの構成要素中，炭素が占める重量は50 ± 10%だと言われている。すなわち，「利用されたCO_2量」と「バイオマス生産量」とは比例関係にあり，その比率は1.8 ± 0.4程度である[21)-24)]。

つまり，たとえば5～8月晴天時の鹿児島県において，単位地表面積あたりの日射量が25 MJ m^{-2} d^{-1}であった場合，理論的には，光合成による単位地表面積あたりの最大バイオマス生産量，およびCO_2利用量はそれぞれ，約0.15 kg DW m^{-2} d^{-1}，または約0.28 kg CO_2 m^{-2} d^{-1}となる。しかし，これはPE_{MAX}を想定した数字であり，実生産において定常的にPE_{MAX}を達成することは不可能と言ってよい。

3. 植物によるCO_2利用

光供給量（PAR 480 μmol m^{-2} s^{-1}を1日あたり20 h，＝約7.6 MJ m^{-2} d^{-1}），気温（明期，暗期それぞれ20 ± 0.3および15 ± 0.3℃），CO_2濃度（1.2%），飽差（VPD：Vapor Pressure Deficit），風速，根圏環境などを厳密に調節した条件下での79日間におよぶ小麦（品種名，*Yecora Rojo*）の栽培試験において，植物でも非常に高いPE_{PAR}（>10%）が報告されている[20)]。太陽光エネルギーのうち，PARが占めるエネルギーの割合は45%程度であるので，このPE_{PAR}はPE＝4.5%程度に相当する。また，同環境下で，光量を25 MJ m^{-2} d^{-1}程度に増加させた際，PE_{PAR}は8%程度（PE＝約3.6%）に減少したと報告している。

しかし，広大な圃場における実生産において，周辺CO_2濃度やVPDを最適値に維持することは不可能である。結果，最も生産性が高い陸上植物と言われるススキの一種（*Miscanthus giganteus*）の圃場栽培において，PE＝1～2%が観測される程度である[25)]。つまり，気候にもよるが，通常植物の圃場栽培における，単位面積あたりの光合成によるバイオマス生産量およびCO_2利用量は，それぞれ最大で30～60および40～135 ton ha^{-1} $year^{-1}$程度である。また，植物の圃場栽培は，ポイントソースから供給される高濃度CO_2を含む排気ガスを利用することが難しく，大気中に存在するCO_2の利用を通してのみGHG排出削減に寄与できることに留意が必要である。

4. 開放型システムを用いた藻類培養におけるCO_2利用

植物と藻類種の光合成機構における少ない差異の1つに，炭素濃縮機能（CCM：Carbon Concentrating Mechanism）の存在がある[26)-29)]。植物において，光合成に利用されるCO_2の植物体内への取り込みが気体の拡散に依存する一方で，藻類では水中に溶解したCO_2や炭酸水素イオン（HCO_3^-）を細胞内に能動的に取り込み，取り込んだ無機炭素をHCO_3^-の形で保持される。細胞内のHCO_3^-濃度を外部環境における濃度の20～100倍に保ち，リブロース1,5-ビスリン酸カルボキシラーゼ（RubisCO：ribulose 1,5-bisphosphate carboxylase）近辺で炭酸脱水酵素（CA：Carbonic Anhydrase）を触媒としてHCO_3^-をCO_2に変換することで，RubisCO近辺のCO_2分圧を高く保つことができる。CCMによって維持されるRubisCO近辺での高CO_2：O_2分圧比は，藻類の光合成において光呼吸によるエネルギー損失を最小限に抑える効果がある[26) 27) 30)]。そのため，通常，植物では比較的大きな光呼吸によるPEの低下が見込まれる一方で，藻類では光呼吸によるPEの低下は小さいとされる[2)]。また，液体培養における水および温度ストレスの軽減，強光に対する高い適応性，セルロースやリグニン骨格構造を必要としない，などの理由により，一般に同じ培養および栽培環境下では，藻類は植物より高いPEを示す傾向がある[31)]。しかし，藻類の開放型システムを用いた培養では，植物の圃場栽培と同様，効率的なCO_2の添加が難しく，高PE，すなわち高バイオマス生産および高CO_2利用を達成することが難しい。

Puttらは，小規模レースウェイ（420 L）とエアリフト型のCO_2添加装置（高さ3 m）を組み合わせたシステムを用いた試験において，気液界面でのCO_2の物質移動を検証した。結果，溶解したCO_2の多くが溶存CO_2の形で維持されるpH8以下の培養環境では，仮にレースウェイ中の溶存CO_2濃度が常に0（気液界面でのCO_2フラックスが最大になる条件）の条件下であっても，レースウェイ水面を通した大気から培地中へのCO_2移動は0.000041 mol m^{-2} min^{-1}，すなわち，2.6 g m^{-2} d^{-1}となると報告している[32)]。つまり，植物同様，CO_2供給源が大気中に存在するCO_2に限られる場合，CO_2が光合成の律速要因の1つとなり，藻類培養は高いPEを達成することが難しい。そのため，通常レースウェイを用いた藻類培養では，バブリングなどによって培地中にCO_2が供給される。

1978～1996年までの間，アメリカ合衆国エネルギー省（DOE）管轄下で行われた藻類由来の燃料生産実証試験「Aquatic Species Program」において，オープンレースウェイに逆流サンプ（垂直下向きの流れに対してバブリングする方法）を用いてCO_2添加を試みた報告がある。Stepanらの試算によると，純粋なCO_2を逆流サンプ（20 cm s^{-1}）を用いて培地中に添加する場合，サンプ水深が1.5 mであれば添加CO_2の95%を培地中に溶解させられることを示した。一方で，CO_2濃度が15%程度の排気ガスを逆流サンプ（30 cm s^{-1}）を用いて添加する場合，添加CO_2の90%を培地中に溶解させるにはサンプ水深13.4 mが必要であると試算している[33)]。今日，レースウェイを用いた商業的藻類培養では，液体培地の循環において大きなヘッドロスに繋がる逆流サンプを用いたCO_2添加を利用することは少ない。代わりに，単純なバブリングによってCO_2が添加されるが，同方法で供給されたCO_2の80～90%は培地に溶解することなく大気中に放出される[34)]。培地のpHを高く維持することで（pH＝8～10），培地中に溶解したCO_2を炭酸（carbonic acid）や炭酸塩（carbonate）へと速やかに変換し，藻類特有のCCMを活用させることでCO_2（もしくは無機炭素）の供給を改善することは可能ではあるが，効率は高くない。

このように，CO_2供給が難しいことから，現在最も商業的に成功している藍藻スピルリナのオープンレースウェイを用いた培養においても，バイオマスの生産性が30 t ha^{-1} $year^{-1}$（10 g m^{-2} d^{-1}，PE＝1%強）を超えることはない[35)]。つまり，単位時間および土地面積あたりの光合成によるCO_2利用量は，生産性の高い植物の圃場栽培と開放型システムを用いた藻類培養との間に大きな差がないのが現状である。

これらの現状をふまえ，PE改善を目的とした開放型システムにおけるCO_2添加の効率化に関する試みは数多く報告されている。

Douchaらは，カスケード型と呼ばれる非常に水深が浅く（≈6 mm）傾斜したレースウェイを用いた藻類培養における，CO_2の利用効率について報告している[9,36]。このカスケード型システムでは，パドルホイールによって常に培地が循環される一般のレースウェイと異なり，レースウェイを周回した培地は，周回後一度タンク内に回収される。タンク内に回収された培地は，バブリングによってCO_2添加およびO_2除去が行われたあと，再びポンプによって汲み上げられレースウェイ上を循環する。CO_2利用という観点から，このシステムには，①タンク内でバブリングが行われるため，培地に溶解しなかったCO_2を回収および再利用できる，②通常のレースウェイと比較して培地中の細胞密度が高くまた光の透過距離が短いため，太陽光下では溶解したCO_2が迅速に消費される，という利点が挙げられる。培養面積55 m^2のパイロット設備で行われた*Chlorella* sp.の培養試験では，19.4～22.8 g m^{-2} d^{-1}のバイオマス生産性（PE_{PAR}≈5.58～6.94％）を達成すると同時に，添加されたCO_2のうち約38.7％を利用するという効率的なCO_2利用を実現している。添加されたCO_2のうち，10.3％は培地に溶解したCO_2がレースウェイ上を循環する間に大気中に放出するため再利用不可能であるが，51％はタンク内でCO_2添加時に溶解せず放出されているものであり，これはシステムを改善することで回収および再利用可能な点も注目に値する。

Zhengらは，培地中に設置した，ポリジメチルシロキサン（PDMS：polydimethyl siloxane）の中空糸膜内にCO_2を溶解させた炭酸カリウムを循環させることで，培地にCO_2を供給する方法を提案している[37]。この方法では，排ガスからの化学的CO_2回収に使用される溶媒の再生工程が不必要になる点，回収されたCO_2ガスを圧縮する必要がない点，バブリングなどで生じる培地に溶解しないCO_2の大気中への放出が回避できる点，排ガス利用のシステムを大幅に簡素化できる点，などの利点が挙げられる。現在はまだ研究室レベルの実証段階技術であり，また，中空糸膜上へのバイオフィルムの形成などの問題を抱えているが，現存するレースウェイシステムに適応可能な数少ない効率的CO_2供給システムとして今後の技術開発に大きな期待が寄せられる。

今後，開放型藻類培養システムにおいて，ポイントソースから供給されるCO_2の光合成による効率的な利用には，①バブリングを使用する場合，培地に溶解しなかったCO_2を回収および再利用するシステム，または②バブリングに依存しないCO_2の供給システム，のいずれかの技術開発が重要になると考えられる。

5. 閉鎖型培養システムを用いた藻類培養におけるCO_2利用

多くの閉鎖型システムを用いた藻類培養では，開放型システム同様，単純なバブリングによってCO_2が培地中に供給される。しかし，開放型システムとは異なり，培地の攪拌がバブリングのみに依存するフラットパネル型や円筒型，エアリフトを用いたチューブラー型といった多くのPBRシステムでは，培地体積あたり必要となるガス供給量が非常に大きい。そのため，供給されたCO_2の利用効率は開放型と比較して高くはない。

たとえば，水深56～94 cm，幅35.4 cm，厚さ1.5～2.5 cmのフラット型のPBRを用いた藍藻の培養試験において，CO_2供給量が0.01または>0.05 L CO_2 L^{-1} min^{-1}時，CO_2の利用効率はそれぞれ5%または1%以下に低下することが報告されている[38]。しかし，開放型システムを用いた藻類培養では利用されなかったCO_2が大気中に放出されてしまうのに対し，閉鎖型システムではそれを回収および再利用可能である。そのため，閉鎖型システムを用いた藻類培養では，開放型システムでは効率的な利用が難しい高濃度のCO_2の利用などが可能となる[39) 40]。また，高濃度CO_2を供給できることによって，バブリングに必要なエネルギーが減少し，低濃度CO_2を用いたCO_2供給より，培養工程のエネルギー収支が改善される点[40]も重要である。

次に閉鎖型システムを用いた藻類培養における，バイオマス生産性（CO_2利用量）を考察する。

南イスラエルの比較的温暖な気候条件下で，年間を通して行われたフラットパネル型PBR（高さ70×幅90×厚さ2.8 cm，地面に垂直に設置）を用いたスピルリナ（*Arthrospira platensis* M2）の培養試験では，PBR表面に入射した総光量に対して冬期（12～1月，光量≈10 MJ m^{-2} PBR表面 d^{-1}）でPE約5%（≈10 g DW m^{-2} d^{-1}），その他の期間（2～11月，光量<30 MJ m^{-2} PBR表面 d^{-1}）でPE>10%（<60 g DW m^{-2} d^{-1}）という非常に高い値を報告している[41]。

イタリア中部，フィレンツェ（43.8°N，11.3°E）において，内径2.6 cm，総長245 m（7.8 m^2 占有床面積），総容積145 Lのチューブラー型PBRを用いた夏期（7月）のスピルリナの培養試験では，PBRに入射した光量に対してPE_{PAR}＝6.6%（＝27.8 g DW m^{-2} d^{-1}）が報告されている[12]。同じ場所で2003～2004年の夏期（7～8月）に行われた円筒型PBR（高さ外径50 cm）を用いたテトラセルミス（*Tetraselmis suecica*）の培養試験では，PBRに入射した光量に対してPE_{PAR}＝9.3%（＝ 38.2 g DW m^{-2} d^{-1}）が報告されている[42]。同様に，コイル状にしたチューブラー型PBRのスピルリナ屋外培養試験においても，同程度のPE_{PAR}＝6.6%（＝0.9 g DW L^{-1} d^{-1}）が報告されている[15]。

一見，屋外環境下であっても，さまざまな異なる閉鎖型システムを用いた藻類培養において，非常に高いPEが実測されているように見える。しかし，ここで注意しなければならないのは，これらのPEは，「PBRに入射した光量」に対するものであり，単位土地面積あたり利用可能な総光量に対して計算されたものではない点にある。イタリア中部フローレンスで夏期（4～9月）に行われたクロレラ（*Chlorella* strain CH2）を平均厚さ4 cmのフラット型PBR（高さ70×幅50 cm）を用いて培養した試験では，PBRに入射した光量に対するPEは3%程度と安定している一方で，「PBRに入射した光量」の「単位面積あたり利用可能な総光量」に対する比率は68～85%程度である[43]。つまり，単位面積あたり利用可能な総光量に対するPEは2.0～2.6%程度であったことがわかる。

また，一般に，閉鎖型システムにおける単位床面積あたりの培養容積は，開放型システムのそれより小さい。結果，閉鎖型システムを用いた培養における単位床面積あたりのバイオマス生産性は，閉鎖型システムで実測された高いPEから想像されるものほど高くはない。前述のGuccioneらは，同システムを培養規模1 ha程度まで拡大すれば，夏期6ヵ月（4～9月）間で，約41 tのバイオマスを生産（≈57～90 ton CO_2 ha^{-1} per 6 month）できると試算している[43]。また，他のイタリア，フィレンツェで行われた多くの試行をもとに，66 t ha^{-1} $year^{-1}$（≈ 90～

145 ton CO_2 ha^{-1} $year^{-1}$）のバイオマス生産性が試算されている。これらの数字は，植物の圃場栽培で想定される最大値と同程度である。つまり，これら過去の試行において，PBRに入射した光量を CO_2 利用に有効利用できるものの，利用可能な光量をPBRに取り込むことが不十分であることがわかる。

これらの事実をふまえ，閉鎖型システムを利用した藻類培養におけるバイオマス生産性および光合成による CO_2 利用を改善するうえで，①PBRによって収穫できる光量の増加，および②単位面積あたりの培養容積の増大，の2点の技術課題を解決する必要があることがわかる。また，チューブラー型PBRを用いたヘマトコッカス（*Haematococcus* sp.）の商業規模培養を除き，1 ha以上の閉鎖型システムを用いた通年培養の事例はない。そのため，今後，小規模閉鎖型システムで実証された高いバイオマス生産性，CO_2 利用量を，長期に渡って大規模システムにおいて実証する必要性がある。アメリカフロリダ州に本拠を置くアルジェノール社（Algenol LCC）は，2エーカー（≈ 0.8 ha）の敷地に密に設置された6,120基のフラットパネル型PBRを用いてシアノバクテリアを培養し，2015年には年間1エーカーあたり8,000ガロンのシアノバクテリア由来の粗油の生産に成功したと報告している[44]。アメリカ合衆国環境保護庁（EPA）における再生可能燃料標準（RFS：Renewable Fuel Standard）において，アルジェノール社が開発した，シアノバクテリアを用いたエタノール生産（Direct-to-Ethanolプロセス）プロセスは，CO_2 排出削減効果（2005年のガソリンと比較して69％削減）のあるバイオ燃料生産として認可を受けた。陸上植物（植物）由来の炭水化物や繊維，脂質，または，バイオマスの嫌気醗酵由来のバイオガスを利用したバイオ燃料生産以外では始めての認可事例である。アルジェノールのこの取り組みは，まさに上記の技術課題に対する1つの解を比較的大規模で実証した好例といえる。

6. 総括

本稿では，藻類培養における「単位面積および時間あたりの光合成による CO_2 利用量（もしくはバイオマス生産量）」という側面に焦点を絞り，その現状や課題をまとめた。

この側面において，厳密に環境制御された研究室環境下もしくは小規模短期間の屋外環境下では，藻類培養の植物栽培に対する優位性が報告されている一方で，現状屋外環境における長期培養において，圃場における植物生産と開放および閉鎖型システムを用いた藻類生産の間に大きな差は報告されていない。いずれの方法においても，「単位面積および時間あたりの光合成による CO_2 利用量」は最大80～135 t CO_2 ha^{-1} $year^{-1}$（<60 t DW ha^{-1} $year^{-1}$）程度である。現行のシステムは藻類培養の利点を十分に発揮できてはいないことが明白である。今後，藻類培養を効率的な CO_2 利用，つまり CO_2 排出削減として利用するためには，現行システムにおける以下の技術課題を克服することが重要である。

① 開放型システム（オープンポンド/レースウェイ）

- バブリングによって供給された CO_2 のうち，培地に溶解しなかった CO_2 を効率的に回収および再利用するシステムの開発
- バブリングに依存しない効率的な CO_2 供給システムの開発

② 閉鎖型システム（PBRs）

・利用できる光量のうち，PBRに入射する光量の増加（PBRによる光収穫効率の増加）

・単位土地面積あたりの培養容積の増加

・長期大規模実証

文 献

1) K. Alexandre, P. Grzegorz, O. Klaus, P. Nicolai, K. Noemie, B. Kornelis, L. Long, W. Lindee and B. Bram：*State and Trends of Carbon Pricing 2015*, Wachington, D.C., (2015).
2) M. R. Tredici：*Biofuels*, **1**(1), 143-162 (2010).
3) L. Rodolfi, G. Chini Zittelli, N. Bassi, G. Padovani, N. Biondi, G. Bonini and M. R. Tredici：*Biotechnol. Bioeng.*, **102**(1), 100-112 (2009).
4) T. M. Mata, A. A. Martins N. S. Caetano：*Renew. Sustain. Energy Rev.*, **14**(1), 217-232 (2010).
5) R. Raja, H. Shanmugam, V. Ganesan and I. S. Carvalho：*Oceanography*, **2**(1), 1-7 (2014).
6) Y. Chisti：*Biotechnol. Adv.*, **25** (3), 294-306 (2007).
7) A. Melis：*Plant Sci.*, **177**(4), 272-280 (2009).
8) J. Doucha K. Lívanský：*J. Appl. Phycol.*, **18**(6), 811-826 (2006).
9) J. Doucha, F. Straka, K. Lívanský：*J. Appl. Phycol.*, **17**(5), 403-412 (2005).
10) R. Hase, H. Oikawa, C. Sasao, M. Morita and Y. Watanabe：*J. Biosci. Bioeng.*, **89** (2), 157-163 (2000).
11) A. Converti, A. Lodi, A. Del Borghi and C. Solisio：*Biochem. Eng. J.*, **32**(1), 13-18 (2006).
12) G. Torzillo, P. Carlozzi, B. Pushparaj, E. Montaini and R. Materassi：*Biotechnol. Bioeng.*, **42** (7), 891-898 (1993).
13) Q. Hu, N. Kurano, M. Kawachi, I. Iwasaki and S. Miyachi：*Appl. Microbiol. Biotechnol.*, **49** (6), 655-662 (1998).
14) F. Abiusi, G. Sampietro, G. Marturano, N. Biondi, L. Rodolfi, M. D'Ottavio and M. R. Tredici：*Biotechnol. Bioeng.*, **111**(5), 956-964 (2014).
15) M. Tredici and G. Zittelli：*Biotechnol. Bioeng.*, **57** (2), 187-197 (1998).
16) E. M. Grima, F. G. Camacho, J. A. S. Perez, F. G. A. Fernbndez J. M. F. Sevilla：*Enzyme Microb. Technol.*, **0229**(97), 375-381 (1997).
17) K. Zhang, N. Kurano S. Miyachi：*Appl. Microbiol. Biotechnol.*, **52**(6), 781-786 (1999).
18) K. Zhang, S. Miyachi N. Kurano：*Appl. Microbiol. Biotechnol.*, **55**(4), 428-433 (2001).
19) H. Rabemanolontsoa S. Saka：*RSC Adcances*, **3** (12), 3946-3956 (2013).
20) B. G. Bugbee F. B. Salisbury：*Plant Physiol.*, **88**, 869-878 (1988).
21) P. Pan, C. Hu, W. Yang, Y. Li, L. Dong, L. Zhu, D. Tong, R. Qing and Y. Fan：*Bioresour. Technol.*, **101**(12), 4593-4599 (2010).
22) A. Rizzo, M. Prussi, M. L. Bettucci, I. M. Libelli D. Chiaramonti：*Appl. Energy* (2012).
23) P. Biller and A. B. Ross：*Bioresour. Technol.*, **102** (1), 215-225 (2011).
24) P. M. M. Weers and R. D. Gulati：*Limnol. Ocean.*, **42**(7), 1584-1589 (1997).
25) I. Lewandowski, J. M. O. Scurlock, E. Lindvall M. Christou：*Biomass and Bioenergy*, **25**, 335-361 (2003).
26) K. Kumar D. Das：In Transformation and Utilization of Carbon Dioxide, Green Chemistry and Sustainable Technology；B. M. Bhanage and M. Arai Eds.；Green Chemistry and Sustainable Technology；Springer Berlin Heidelberg：Berlin, Heidelberg, 303-334 (2014).
27) M. Giordano, J. Beardall and J. A. Raven：*Annu. Rev. Plant Biol.*, **56**, 99-131 (2005).
28) A. Kaplan and L. Reinhold：*Annu. Rev. Plant Physiol. Plant. Mol. Biol.*, **50**, 539-570 (1999).
29) K. Aizawa and S. Miyachi：*FEMS Microbiol. Lett.*, **39**(3), 215-233 (1986).
30) W. Klinthong, Y. Yang, C. Huang and C. Tan：712-742 (2015).
31) G. C. Dismukes, D. Carrieri, N. Bennette, G. M. Ananyev M. C. Posewitz：*Curr. Opin. Biotechnol.*, **19**, 235-240 (2008).
32) R. Putt, M. Singh, S. Chinnasamy K. C. Das：*Bioresour. Technol.*, **102**(3), 3240-3245 (2011).
33) D. J. Stepan, R. E. Shockey, T. A. Moe, R. Dorn：*SUBTASK 2 . 3 - CARBON DIOXIDE SEQUESTERING USING MICROALGAL*；(2002).
34) S. Kumar, M. Algallio and B. Private：*Renew. Sustain. Energy Rev.*, **51**, 875-885 (2015).
35) A. Vonshak and A. Richmond：*Biomass*, **15**, 233-247 (1988).
36) J. Doucha and K. Livansky：*Arch. Hydrobiol. Suppl. Algol. Stud.*, **76**, 129-147 (1995).
37) Q. Zheng J. O. Gregery and S. E. Kentish：Energy efficient transfer of carbon dioxide from flue gases to microalgal systems, Energy Environ

Sci., 9, 1074-1082 (2016).
38) K. Zhang, N. Kurano, S. Miyachi : *Bioprocess Biosyst. Eng.*, 25(2), 97-101 (2002).
39) I. Douskova, J. Doucha, K. Livansky, J. Machat, P. Novak, D. Umysova, V. Zachleder M. Vitova : *Appl. Microbiol. Biotechnol.*, 82 (1), 179-185 (2009).
40) C. J. Hulatt D. N. Thomas : *Bioresour. Technol.*, 102(10), 5775-5787 (2011).
41) Q. Hu, D. Faiman A. Richmond : *J. Ferment. Bioeng.*, 85(2), 230-236 (1998).
42) G. Chini Zittelli ; L. Rodolfi, N. Biondi M. R. Tredici : *Aquaculture*, 261(3), 932-943 (2006).
43) A. Guccione, N. Biondi, G. Sampietro, L. Rodolfi, N. Bassi M. R. Tredici : *Biotechnol. Biofuels*, 7(84), 1-12 (2014).
44) E. Legere : Algenol, DOE Bioenergy Technologies Office - IBR Project Peer Review March 24 (2015).

第３章　人工光合成プロジェクト

株式会社三菱化学科学技術センター　瀬戸山　亨

1. はじめに

“人工光合成化学品製造プロセス（Artificial photo synthetic Chemical Process：ARPChem）”プロジェクトは10年間の研究開発を想定した大型プロジェクトとして2012年に経済産業省直轄で開始され，2014年にNEDOプロジェクトとして引き継がれた。

このプロジェクトの目的は，従来の化石資源依存型の石油化学からの脱却，特に資源・環境問題の本質的解決を目指し，化石資源の燃焼によって排出されたCO_2と，太陽光照射下で光半導体触媒によって水を分解して得られる水素（ソーラー水素）を原料として，エチレン，プロピレンなどの化学原料を製造する技術を確立し，ナフサクラッカーの一部を代替し，大幅なCO_2削減を目指すものである。

具体的には，**図１**に示すとおり，３つの開発課題がある。すなわち

① 光触媒による水分解による水素 /酸素の製造

② 分離膜を用いた水素の安全分離

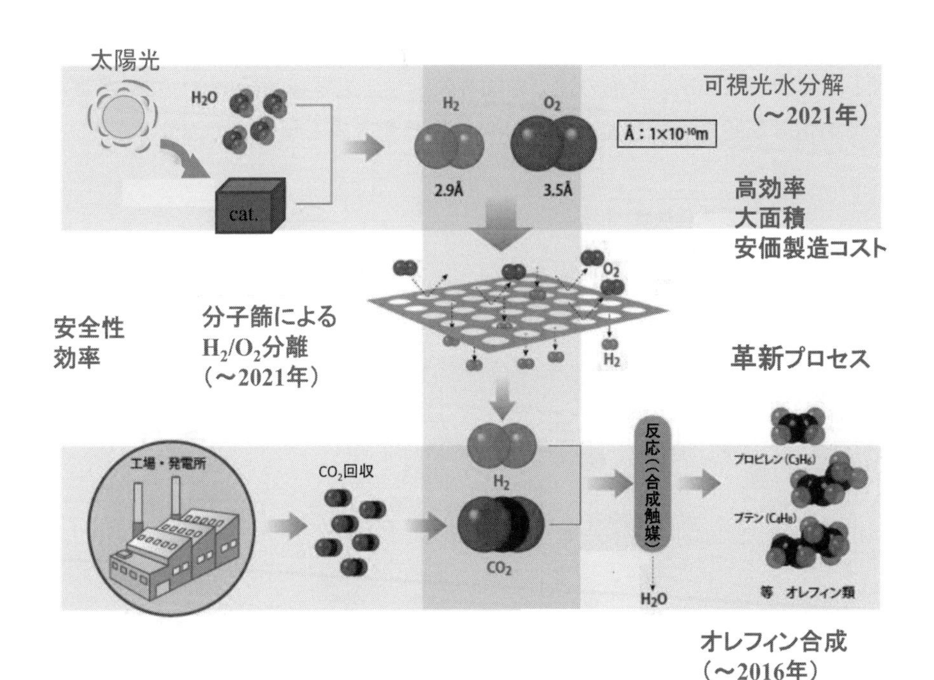

図１　人工光合成化学品製造プロセスの開発要素

③合成触媒を用いた水素とCO_2からの低級オレフィン製造

について，東京大学と東京理科大学を中心とするアカデミアと，三菱化学㈱，富士フイルム㈱，住友化学㈱，三井化学㈱，INPEX（国際石油開発帝石㈱），TOTO㈱といった民間企業を中心とする技術組合が協力して研究を進めている。特に①の光触媒については東京大学内に，企業研究者を含めた集中研究室が設置され精力的な研究が遂行されている。

以下に具体的な研究課題について紹介する。

2. 可視光応答型水分解触媒によるソーラー水素の製造

可視光応答型水分解触媒は，2002年に当時東京工業大学在籍の堂免教授によるGaN-ZnO固溶体型光触媒により世界で初めて，可視光照射下で水素，酸素が量論的に生成した成果が起因となり，国内外で爆発的な研究開発が開始されたが，ホンダ－フジシマ効果の発見以来，日本の光半導体触媒の研究は，多くの知見，Know-Howの蓄積の進んでおり日本が終始世界をリードしている研究領域である。

光半導体による水分解の形式としては**図2**に示すようないろいろな反応形式がある。ここで粉末一段型光触媒が理想的な触媒システムに見え，実際GaN-ZnO系光触媒はこのシステムに分類できる。しかしながら，その高活性化は新材料の発見に依存するところが大きい。光半導体としてp型半導体は水素製造，n型半導体は酸素製造の役割を担うが，1個の粉末触媒においてこの両機能を満足する材料は，GaN-ZnO以外にあまり知られていない。これに対し，光電極型の触媒では，p型，n型光触媒を，独立して開発することができるし，水素/酸素を最初から分離できる可能性があり，安全面での優位性がある。プロジェクトでは両システムとも検討が進んでいるが，変換効率という点では光電極型触媒が先行している。

粉末触媒と電極型触媒の反応機構の違いを**図3**に示す。光電極触媒においては中間のエネルギーレベルでの電子伝達系を内包しており，自然界の光合成と類似しており Z（ゼット）－ス

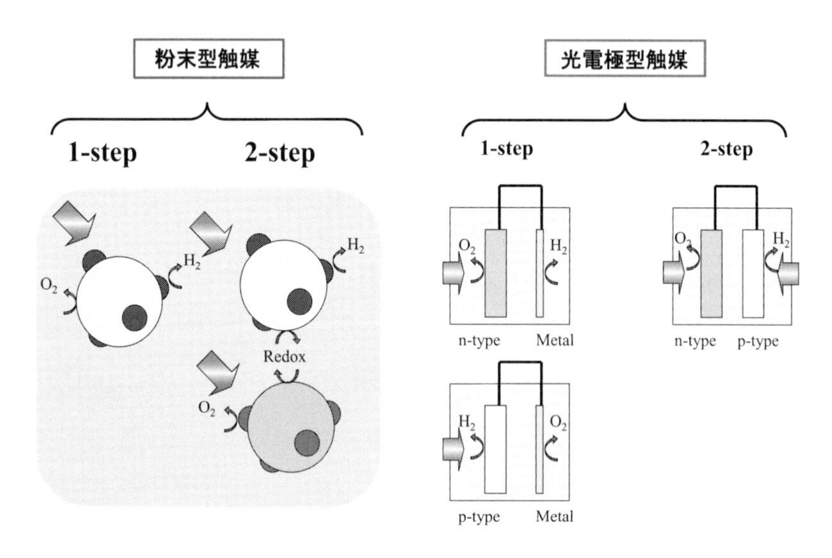

図2　水分解光半導体触媒の分類

a) 一段型直接水分解

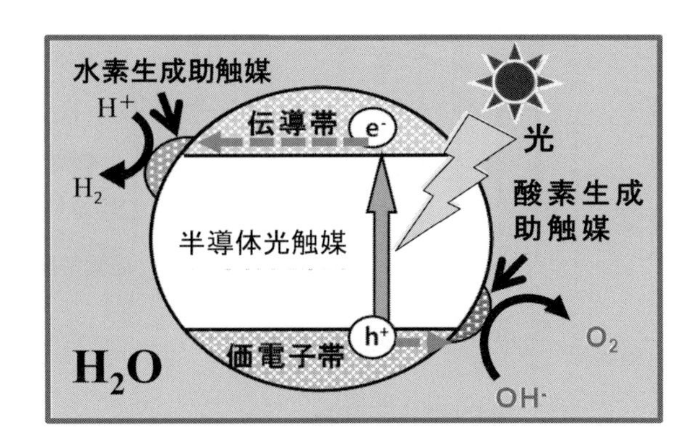

b) Z-スキーム型水分解

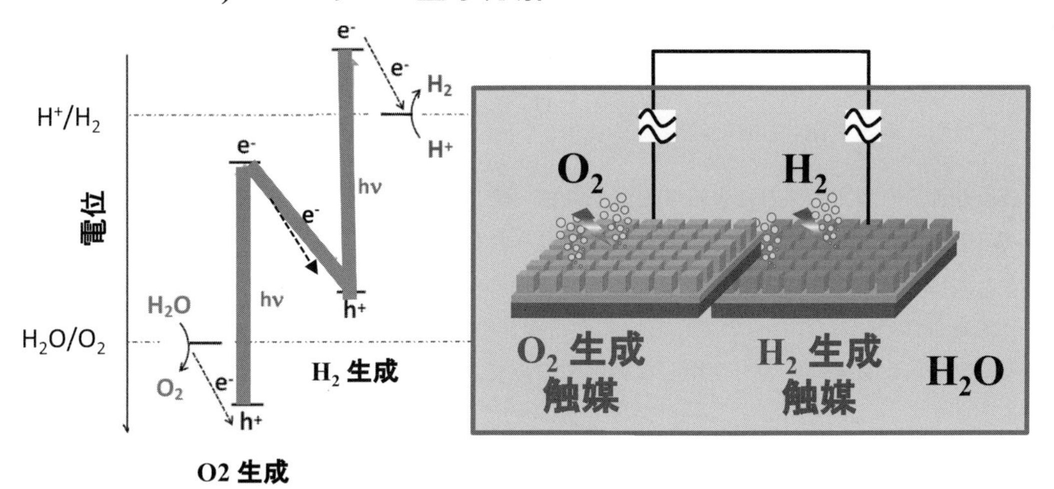

図３　粉末触媒と電極型触媒の反応機構の違い

キームと呼ばれている。このZ-スキームをどう設計するかが光電極触媒の鍵である。

光電極型触媒システムは水の電気分解に類似していると思われがちだが，本質的な違いがある。水の電気分解による水素と酸素の製造は，

陰極：$2H_20 + 2e^- \Rightarrow H_2 + 2OH^-$ (1)

陰極：$2OH^- \Rightarrow H_2O + 1/2O_2 + 2e^-$ (2)

であるが，水の電解電圧1.23V以上に過電圧を加えた大きな電圧が必要とされる。すなわち電位差を発生させた反応形式である。これに対し，光半導体型触媒での水素と酸素の製造は，

n型光半導体：$4h^+ + 2H_2O \Rightarrow O_2 + 4H^+$ (3)

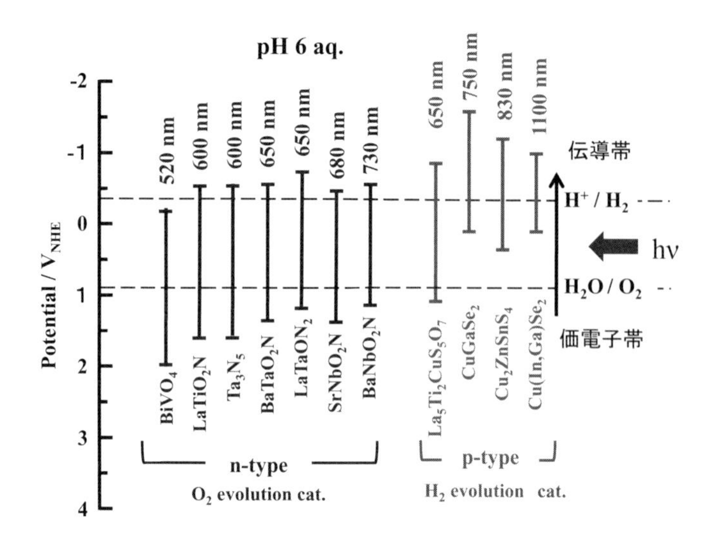

図4　光半導体材料の Energy 準位比較

P 型光半導体：$4H^+ + 4e^- \Rightarrow 2H_2$　(4)

と表現され，太陽光の照射によって生成した強い酸化力を有するh^+（ホール）と同時に生成するe^-（電子）を用いた酸化反応/還元反応の組み合わせであり，水の分解反応を円滑に進行させるために必要なエネルギーレベルを形成するための小さなエネルギー差の電子伝達系反応により構成されている。これらの点において光半導体触媒水分解は自然界の光合成と同様であり，水の電気分解に必要な電力を使用しない。この点において電気分解とは本質的に異なる反応である。

光半導体材料は**図4**の示すように，水の分解に必要なエネルギー準位をまたぐ価電子帯，伝導体を有することが必要だが，1種類の材料でこれを満足しかつ長波長領域に吸収端を有する（可視光の広い吸収領域を使用できる）材料は少ない。そのため，水素製造用のp型光半導体，酸素製造用のn型光半導体を組み合わせた仕組み（図3のZ-スキーム型）を作る必要がある。図4に示すようなエネルギー準位にある材料であれば，それで解決というわけではなく，材料自身の欠陥，不均一性，水素/酸素を発生する助触媒との界面設計，Z-スキーム構成に必要なコンタクト層の材料選定など，検討項目は多岐に渡る。有望な新奇光半導体の探索を実施しながら，それぞれの材料が高性能を発揮するための作りこみを実施している。実際，材料の作りこみによって1年の開発期間で活性が一桁以上向上する事例は多くの材料で認められる。材料のバンドギャップは，光半導体触媒の最も基本的であり重要な設計指針であり，初期性能が期待したほどのものでない場合でも丁寧に検討する必要がある。それぞれの材料の高活性発現の要因，活性が発現しない要因について，主に光化学反応の速度論的手法（キャリアダイナミクス：たとえばフェムト秒・ナノ秒レーザーを用いた過渡吸収分光，発光寿命測定によりキャリア寿命，トラッピング，表面反応の直接測定）を用いて解析し，より高活性な触媒の設計指針・方向性を考察し，材料探索にフィードバックさせている。

プロジェクトでは最終年度の2021年に太陽光変換効率（Solar to Hydrogen：STH）10%を目指し開発を進め，開始5年後にあたる2016年にSTH＝3%を設定しているが，現在のところ計画どおり研究開発が進んでいる。**図5**に3%を達成した触媒構成とその性能を示す。触媒システムとして，短波長に吸収端を有するn型光触媒層を透過したあと，より長波長の吸収端を有するp型触媒層をタンデム構造として積層したタンデム構成により，1h程度はSTH＝3%程度の安定な活性を与えることができた。

また，これまでの研究開発の経緯を吸収波長とSTHの関係として**図6**に示す。2012年の研究開発当初のSTHは，0.2%程度であったので2016年までに10倍以上の活性向上を図ることができた。図6からわかるように量子収率100%の場合でもSTH＝10%を達成するには，吸収端640nmが必要になる。近紫外励起の光触媒では260nm光照射下で量子収率＞70%が得られている。

吸収端が長波長化するほど，高いSTHは得にくいので，目標のSTH＝10%を実現するには，少なくとも750nm超級の吸収端を保有する材料がまず必要であり，そうした光半導体の性能向上の必要条件として，各種の欠陥を減らすことに注力して研究が進められている。

さてSTH＝10%の光触媒性能とはどういうものだろうか？　**表1**にAM.1.0（赤道直下）AM.1.5（日本の緯度相当）での単位面積あたりの水素/酸素の生成量，および100t/年，10万t/年の水素を製造する場合の必要面積を示す。

前述のように化石資源由来の水素とソーラー水素が共存する状態が長期間続くことを考えると，少なくともソーラー水素の製造コストは化石資源由来水素と同等程度であることが必要であろう。その条件が満たされれば，CO_2排出量の少ないソーラー水素が社会的に受け入れられやすいと考えるべきである。また同時に生成する酸素の価値について十分考慮すべきであろう。

分子量の関係から酸素の生成量は重量基準では水素の8倍になる。重量基準では酸素を主生

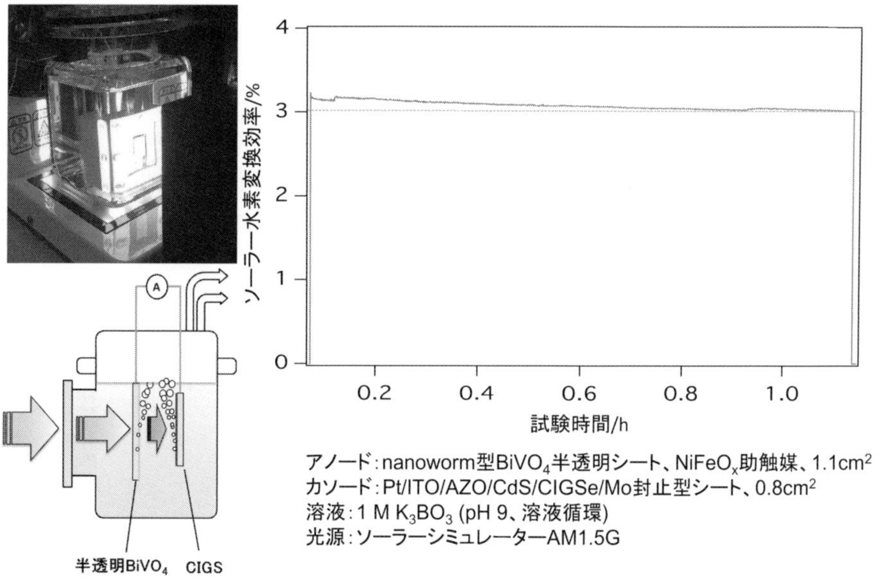
A
半透明BiVO₄
CIGS
ソーラー水素変換効率/%
4
3
2
1
0
0.2
0.4
0.6
0.8
1.0
試験時間/h
アノード：nanoworm型BiVO₄半透明シート、NiFeOx助触媒、1.1cm²
カソード：Pt/ITO/AZO/CdS/CIGSe/Mo封止型シート、0.8cm²
溶液：1 M K₃BO₃ (pH 9、溶液循環)
光源：ソーラーシミュレーターAM1.5G

図5　タンデム構造のSTH＝3%達成触媒の構成とその性能

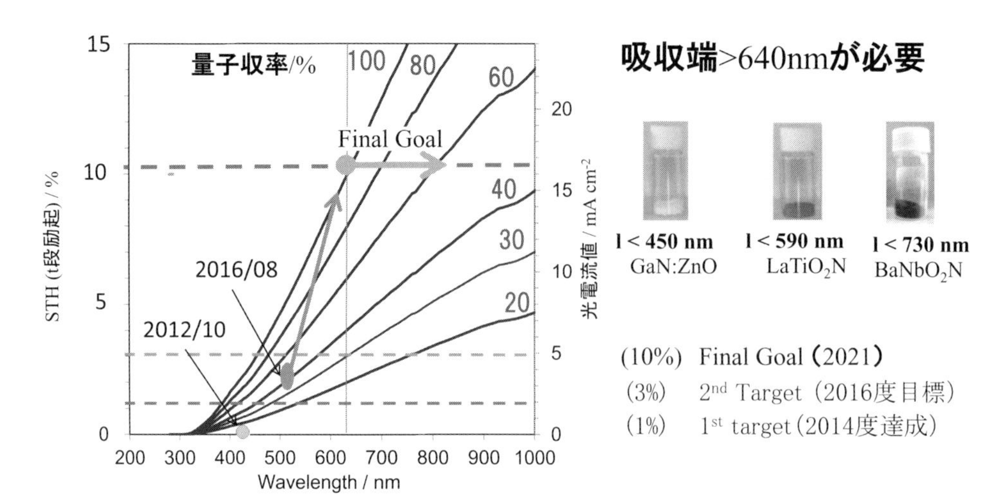

図６　可視光水分解光半導体触媒の開発状況　　※カラー画像参照

表１　光触媒性能の太陽光照射量依存性

場所		AM. 1.5（日本）	AM.1.0(赤道直下)
年間太陽光照射	照射時間（時）	1900	4000
	Energy(KWh)	1400	2600
太陽光の水素への変換効率 (%)		10	10
年間ガス生成量 kg/m^2	水素	4.3	7.9
	酸素	34.4	63.2
設定水素量生成に必要な光触媒面積	100トン/年	2.35 ヘクタール	
	10万トン/年		12.7 km^2

成物といってもおかしくない。純酸素は，製鉄，発電，化学プロセスで大量に使用されており現状においては，PSA法，深冷分離法で製造されているが，特にオンサイト使用を考えると，これら公知技術での液化プロセスは必要ない。人工光合成プロセスでの酸素副生はその意味で，オンサイト型プロセスにおいて十分価値があると考えられる。すなわち，ソーラー水素製造コストの算出にあたり，副生酸素コストを考慮することは十分な合理性がある。

さて人工光合成の大規模な社会実装の時期を2030年頃とした場合，その時点での化石資源由来の水素の製造コストを考える必要がある。化石資源由来水素はその時代に確実に存在し，ソーラー水素と競合するからであり，ソーラー水素は少なくとも同等程度の製造コストである必要があるだろう。

気候変動の主原因としての化石資源燃焼によるCO_2排出を抑制したいとする世界全体の気運，シェールガスに代表される非在来型化石資源の採掘可能性の高まりにより，石油価格はあまり上昇しないという考え方（国際エネルギー機関IEA（International Energy Agency）のLow oil policyシナリオをベースにすれば，想定原油価格は70ドル/バレルである。この場合の石油および天然ガス（石油価格に連動する）由来の水素製造コストは350円/kg-水素程度と筆者らは見積っている（すでに工業化されている水蒸気改質：$CH_4+2H_2O \Rightarrow 4H_2+CO_2$に関する各種の報告書をベースに独自に算出）。これを比較対象として，水素単独，および水素＋副生酸素控除前提での人工光合成プロセスの製造コスト目標を設定する必要がある。

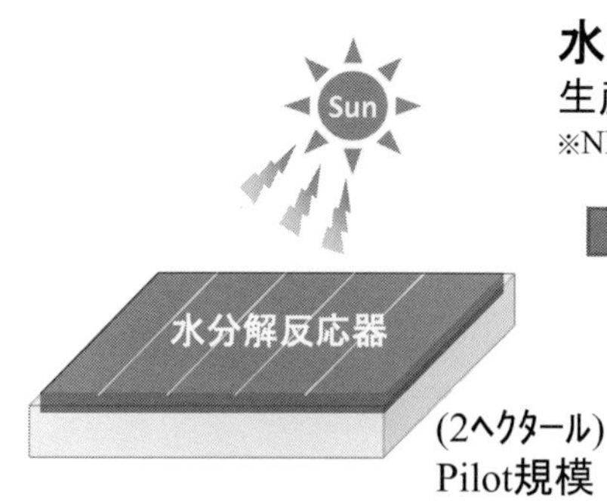

図７　ソーラー水素の水素ステーションへの適用イメージ

またAM.1.5での年間100tの水素製造量は，NEDOなどで開発・民間企業で実証が進みつつある“水素ステーション”１基あたりの１日あたりの水素供給量の1/3程度に相当する。現状では天然ガス/都市ガスなどを利用して水素を製造せざるを得ないが，2ha規模の人工光合成設備が実現できれば，真のソーラー水素をそれなりに供給することが可能になるし，人工光合成の技術開発という視点では，手頃な規模での技術実証パイロットという意味で有用である(**図7**)。

単位面積あたりの触媒コスト，その成膜コストの合計が光触媒モジュールコストに相当する。本プロジェクトでは，触媒の成膜コストを安価にするための安価な手法として，塗布法による“光触媒シート”という概念・成膜技術を検討している。**図８**にそのコンセプトを示す。光触媒シートは光電極型触媒の概念に分類されるが，コンタクト層の表面にp型光触媒とn型光触媒を同時に固着させたものである。水の分解は左図のI-V曲線のp型およびn型の特性曲線の交点の位置で水分解が起こる。この交点の位置を上にあげることが活性向上に相当するので，n型，p型それぞれの電位の立ち上がり位置をそれぞれ非，貴側にシフトさせ，曲線の傾きを急峻にすることによって活性向上が達成される。

スパッター法などに代表される真空蒸着法と比較して，安価に薄膜形成が可能なことは容易に想像できると思う。触媒シートに水分解の実写真２葉を**図９**に示す。図９(a)は図８のイメージをそのまま実現したランダムに光触媒がシート上に固定されたものである。図９(b)は櫛形光触媒シートと称している。細かい気泡は水素ガス，シート表面に見える大きな気泡は酸素ガスである。p型触媒，n型触媒を分離して交互に櫛の歯のように配列することによって，水素/酸素が分離された状態で生成している。これは光触媒シートの１方法論であり，これ以外にもいろいろオプションがある。

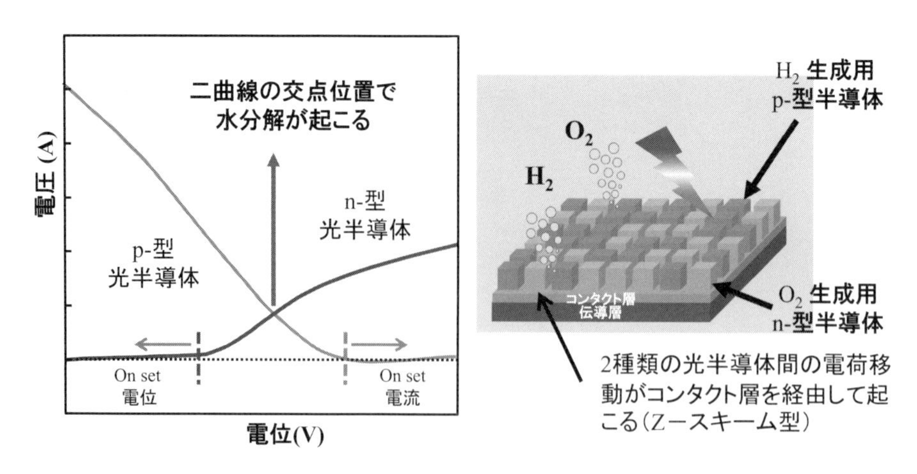

図８　光触媒シートの動作原理とイメージ図

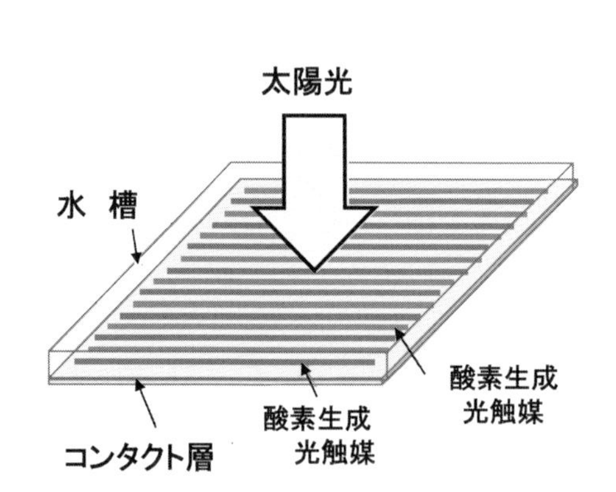

（a）塗布型光触媒シート

Solar simulator (AM 1.5 G)
at 318 K, pH=6.8

（b）櫛型光触媒シート

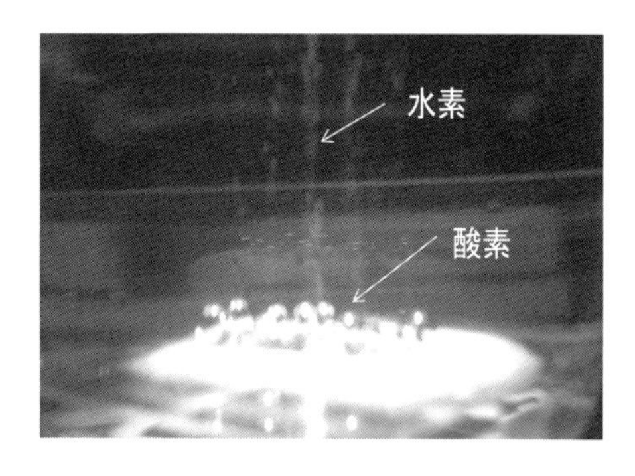

図９　光触媒シートでの水分解反応写真

触媒自身のコストはどうだろうか？　光半導体の場合，カルコゲナイド系材料，酸化物，酸窒化物，酸硫化物などが代表的なものである。太陽電池材料と類似しているので，それらの物性値を参考にして触媒コストを概略見積ることが可能である。触媒自身のコストの寄与はよほど高価な材料を原料としない限りそれほど大きくない。触媒シートコストの大半は成膜コストであると言って良い。カルコゲナイド系材料の太陽電池材料のCIGSをスパッター法や積層法により1kg製造した場合、筆者らの見積りでは最低50万円/kg以上は必要だと推定している。この50万円には，材料の回収コストは含まれていない。蒸着速度は数倍程度の向上は期待できるであろうし，スパッター装置の大型化により真空系＋冷却系の電気代は多少小さくできる可能性もあるが，参考に示した触媒材料，電池材料に比較して1桁，2桁高いと考えられる。この場合，原材料費以上にプロセスエネルギーコスト（真空系の維持，冷却，循環などの電気代：これが大きいことは製造時に大量のCO_2が排出されていることを意味する）の寄与が非常に大きい。適度に安価な材料を用いて，塗布法などに代表される安価な製造法が実現しない限り安価なシートは実現できないだろう。

高いSTHを目指してスパッター法を駆使して，多接合型の光電極型のDeviceや，タンデム型の高効率太陽電池と電気分解で15%以上，場合によっては20%以上が達成できたという報告例がいくつもある。しかしながら，これらのシステムでの成膜コストは精査すべきである。成膜コストが高いということは，シート作成時に大きなエネルギーを使用している＝大量のCO_2を発生していることと等価であり，一見その変換効率は高く優れているように見えるかもしれないが，たとえば10年間に製造できるソーラー水素のCO_2削減効果に対し，製造時のCO_2排出量がシステムを30年以上動かさないと超えないような結果になってしまう。すなわち安価な光触媒モジュールを実現することの方が高効率を目指すことよりも意義がある。人工光合成プロセスの社会実装に必要な基本的な必要課題を**図10**にイメージ化する。人工光合成において太陽光変換効率が高いことが最重要課題と思われるかもしれないが，実際にはモジュール製造時にどれほど低エネルギー消費で作るか（どれほどCO_2低排出を実現するか）というCFP上の必要条件と，最終製品の償却負担を補償できる機能性化学品は何かという基本的な経済合理性上の必要条件の双方を同時実現することが必要である。どちらかというと太陽光変換効率を

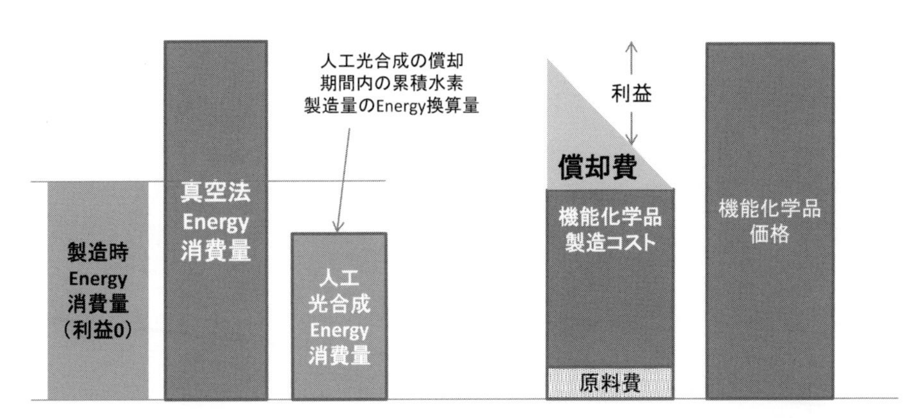

図10　人工光合成プロセスの社会実装の為の必要条件

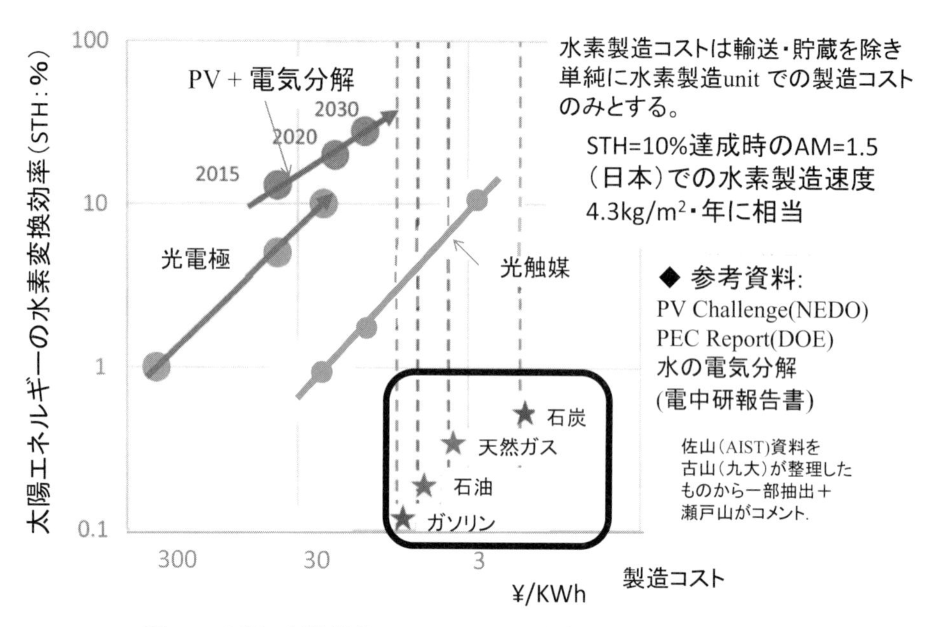

図 11　各種の製造技術によるソーラー水素製造コスト予測

上げることに焦点が当たりがちだが，CFP的な観点で論外な報告事例が散見される。気候変動という深刻な課題を真摯に受け止めれば技術開発の猶予期間は短いと思う。焦点の定まった的確な課題に向かっての研究開発がまさに必要な時代に入っているという認識，社会責任についての深い理解が要求される時代ではないだろうか？　単にサイエンスあるいはテクノロジーとして高性能のものを追求するという立場に対し，人工光合成の社会実装を目指すという立場にたてばCFP的妥当性と経済合理性は避けて通れない課題である。

図11に，各種のソーラー水素の製造コストの現時点および今後の技術革新により達成可能な見通しを示す。現時点で化石資源由来の水素と同等の製造コストが実現できるのは光触媒のみである。PV＋電気分解は高効率であるにもかかわらず安価な製造コストは期待できない。これは太陽電池の成膜コストが高いこと＋反応後段にスケールアップに難のある電気分解の2段構成になっているからであり，たとえばペロブスカイト型太陽電池のような高効率で塗布型の太陽電池の実用化が見えてくれば，一気に水素製造コストは下がっていくだろう。いくつもの製造ルートが競争的に研究開発されており，どこかでブレークスルーが生まれれば，その技術の価格競争力は劇的に向上する可能性があり，常に他の技術開発について進捗を把握しておく必要がある。

3. 水素 / 酸素混合ガスからの水素の安全分離

以上，述べてきたように可視光水分解触媒開発については触媒性能向上，安価な水分解触媒モジュールの検討が順調に進んでいる。ここで問題は水が完全分解した場合，触媒シートでは$H_2/O_2=2$の組成の混合ガスが発生するということである。H_2-O_2混合ガスの爆発範囲は**図12**に

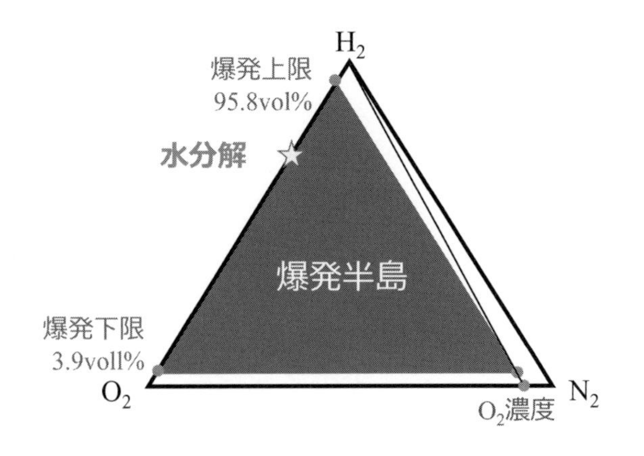

図12　H_2-O_2 系での爆発範囲

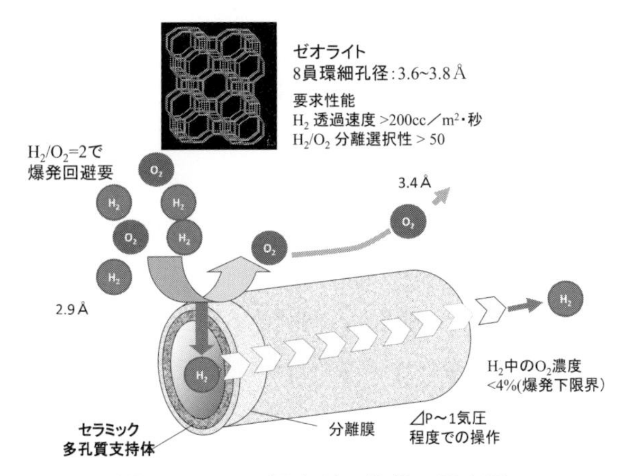

図13　H_2/O_2 混合ガス分離の概念図

示すように非常に広い。上限，下限それぞれ4vol％程度である。AM.1.0の条件下でSTH＝10％が達成された場合，水素17.5L/m^2・時-NTP，酸素8.7L/m^2・時-NTPが生成する。大型反応器でこの組成は安全上あり得ない。なるべく小スケールで選択的に混合ガスから水素を分離する技術が必要である。

こうしたさまざまな束縛条件を満たすべきか解決策として，ARPChemプロジェクトでは，分子サイズ認識による分子ふるい機能を利用した分離を検討している。すなわち，水素分子（2.9Å）と酸素分子（3.4Å）の分子の大きさを認識する分離膜としてゼオライト膜シリカ膜，炭素膜を対象として開発を進めている。こうした膜を対象としてどのような操作条件，どのような性能で分離されるかを**図13**に示す。室温での低水蒸気分圧下の条件では，それぞれの分離膜で十分なガス透過量，分離選択性は達成可能である。

しかしながら，たとえばAM.1.0のサンベルト地帯（赤道直下付近）では，水温は80℃程度に達することが予想される。当然，水蒸気分圧が高い環境下での分離となる。一般的に多くのセラミックス系分離膜では水蒸気の吸着によって分離性能は低下する。また水分解直後には

$H_2/O_2=2$の状態は確実に存在するため，分離操作以前のこの組成でいかに爆発を回避するかも考慮すべきという別の本質的課題も存在する。

もちろんこれらの課題も実検討対象であるが，多くのKnow-Howを含み，水分解触媒と同等の重要技術であると同時に，他者との差異化の根源となる技術対象であると判断している。したがって本プロジェクトの基本方針として分離・輸送技術は秘匿事項扱いとしている。多少の内容は特許として公開され始めているので，興味ある方はそちらを調査願いたい。

4. CO_2（またはCO）とソーラー水素からの低級オレフィンの革新技術

CO_2（CO）/H_2からのオレフィン合成法としては以下の2種類が存在する。

① Fisher Tropsh to Olefin(FTTO)：CO/H_2からのFisher Tropsh反応による直接オレフィン製造

② CO/H_2からのメタノール合成＋メタノール原料のゼオライト触媒によるMTO反応によるオレフィン合成

ARPchemプロジェクトでは①，②ともに検討対象としているが，説明を単純化するためにCO/H_2からのオレフィン合成として以下に解説する。

FT反応は古典的な反応であり，主にDiesel燃料油相当の分岐パラフィンを生成する触媒プロセスはCo系触媒，直鎖パラフィンを主成分とし，1～2割程度のオレフィンを副生する触媒プロセスはFe系触媒によって工業化されている。低級オレフィンを選択的に製造する触媒については近年，論文・特許レベルでいくつか報告例があるが，まだまだ工業技術にはほど遠いレベルである。筆者らの検討結果を含め主な問題点は

- 副生するH_2OとCOによる逆シフト反応に多量のCO_2が生成する
- Fe触媒に好適な～300℃の反応温度では触媒劣化が早い
- 比較的オレフィン選択性の高いFe系でもオレフィン選択率は80%超がせいぜいであり，この選択率ではオレフィン/パラフィンの蒸留分離の負荷が大きい

などであり，もしこれらの課題を解決した触媒プロセスを提案できれば十分魅力的であるが，現時点では工業化に向けた検討に移行するにはまだまだ課題が多いようである。

メタノール合成は，Cu-Zn系触媒により工業的に確立された技術であり，～250℃，8MPa程度の条件で収率50%程度のリサイクルプロセスである。この収率は，反応が熱力学的平衡制約下にあるからであり，この構図は50年近く変わっていない。ARPChemプロジェクトでは，この平衡反応の制約を回避できる革新プロセスを目指してゼオライト分離膜を利用した低反応圧力・高収率を目指した反応分離プロセスを検討している。

MTO反応において工業化技術は，ZSM-5によるプロピレンを目的生成物とする固定床MTPプロセス，SAPO-34触媒（CHA構造のAluminophosphosilicate）触媒によるエチレン，プロピレン，直鎖ブテンを4：4：1程度の炭素モル比で生成する流動床MTOプロセスの2種類に大別される。

あまり議論されることはないがMTO触媒プロセスに共通する本質的な問題は，メタノール原料由来により生成するスチームによりゼオライト自身の構造が破壊され触媒劣化を引き起こ

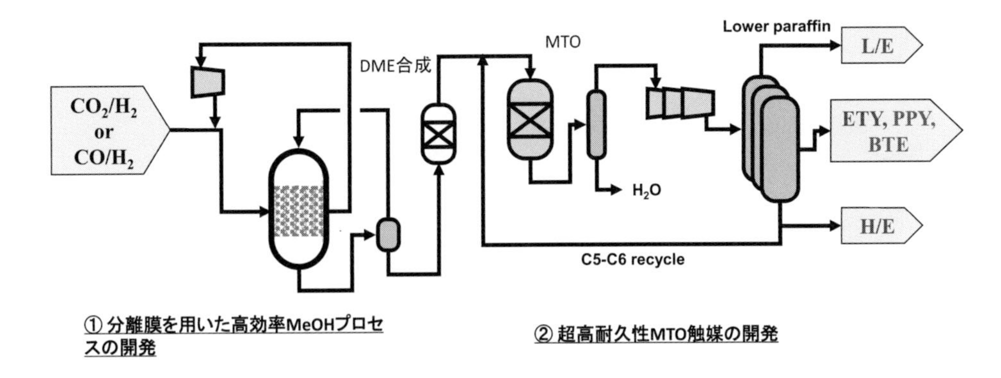

図14　CO/H_2からの反応分離メタノール合成＋高温耐久性MTO触媒

す現象を抑制するために，比較的低温である450℃以下の温度で反応させる必要があるということに起因している。MTO反応は反応速度の温度依存性が大きいため，反応温度は高ければ高いほど良い。工業化されているZSM-5の場合はスチーム耐性は450℃が限界であり，この温度では反応速度に限界がある。それを補償するために大量の触媒を搭載する必要があり，結果的に触媒層高が高くなり，大きな差圧が発生，そのために低線速の加圧条件になってしまい選択率が低下する。一方，SAPO-34触媒では細孔径が小さく，基質，生成物の分子サイズと同等程度であるため，コークなどの生成による触媒劣化が非常に早く，350℃程度の反応温度が限界であり，コーキングが加速される高温での反応は論外である。このような観点からARPChemプロジェクトでは高温スチーム耐久性があり目的物オレフィン選択率の高い触媒プロセスを検討している。**図14**に反応分離型メタノール合成および高温反応でのMTO反応の連続プロセスを示す。

これら2つの触媒プロセスは十分革新性の高いものであり，小型パイロット規模でのスケールアップ検討を実施中である。

5. 事業化に向けた取り組み

以上，3つの検討課題についてその進捗について紹介してきたが，事業化に向けてどのような考え方・戦略を持ち，どのようなロードマップを想定しているかを紹介したい。

化石資源を用いた化学品のコスト構成は**図15**(a)のように償却は完了しても，化石資源の原料コストは厳然として存在する“原料依存型”のコスト構成であるのに対し，人工光合成型化学品のコストは図15(b)に示すように，償却完了後は原料が水とCO_2だけに，原料コストは極端に小さくなるが，低いエネルギー密度の太陽エネルギーを原料としているだけに初期投資が大きく償却コストの大きい“償却費依存型”のコスト構成である。しかしながら，償却が完了すれば，化石資源由来の化学品に比較して相当安価な製造コストが期待できる。

このことは人工光合成型化学品は償却完了後は大きく利益率が向上するということであり，それほど生産規模が大きくなくても高付加価値品を対象にすることにより高収益性を確保することができる。大規模なCO_2削減という本来の目的とは少しずれているようにも思えるが，工

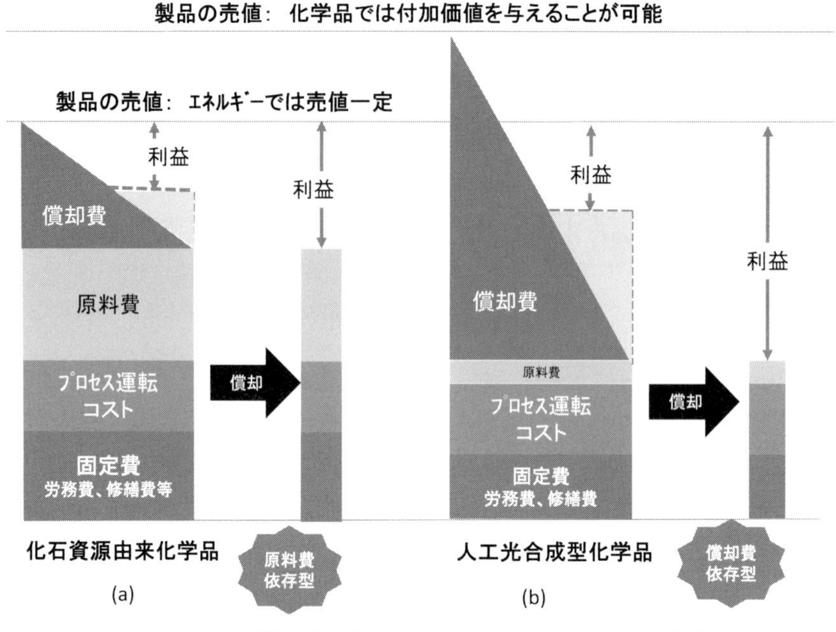

図15　化石資源由来型／人工光合成化学品のコスト構成

業化実績がない“人工光合成型化学品製造プロセス”の実証という意味では現実的な選択ではないだろうか？　実際日本の化学産業においてははナフサクラッカー設備は老朽化しておりエチレンなどの基幹化学原料のコスト競争力は高くなく，より付加価値の高い機能化学品を指向してきた。結果的に売上高当たりのエネルギー使用量の少なさ（Energy Intensity）は，ドイツ，アメリカの化学産業を上回り，世界最高水準にある。これは，日本の化学産業の高機能化戦略の賜物である。この状況でさらに人工光合成プロセスによってCO_2を資源化することはさらなるEnergy Intensityの低下を可能にする。気候変動の主要因とされるCO_2の排出削減の要求は今後世界的に強まっていくだろう。その視点からCO_2削減と製品の付加価値化が両立できれば，日本の化学技術を世界に発信することができるだろう。その観点で“人工光合成化学プロセス”を日本が世界に先駆けて確立することは重要である。

また人工光合成プロセスは太陽光照射時間帯でしか稼働できない。夜間，雨天などの日照が期待できない時間の操業を全て人工光合成プロセスでまかなおうとすると水素タンクでの貯蔵が必要になり，さらにそのために規模を拡大する必要が生じ非現実的である。この解決策として最も合理的なのはCH_4原料化学品との複合化である。CH_4由来の化学品はCO/H_2経由である。近年CH_4/CO_2を原料としてCO/H_2を製造するDry Reformingの工業化検討が進んでいる。この技術はCO_2の資源化という意味では人工光合成型プロセスと共通している。すなわちこのCO_2を資源化するという観点でCH_4‐CO_2‐ソーラー水素のSmart-Grid型化学プロセスを組み立てることが可能である。このプロセスの概念図を導入時期を含めて**図16**に示す。まず化石資源由来の水素とCO_2からの機能化学品製造を部分的に導入する（①），この部分の償却が完了したあと，機能化学品目的でソーラー水素を導入する（②：ただし機能化学品は従来どおりでプロセスの新規導入は必要ない），最後に，ソーラー水素の償却が完了し，利益率が向上した

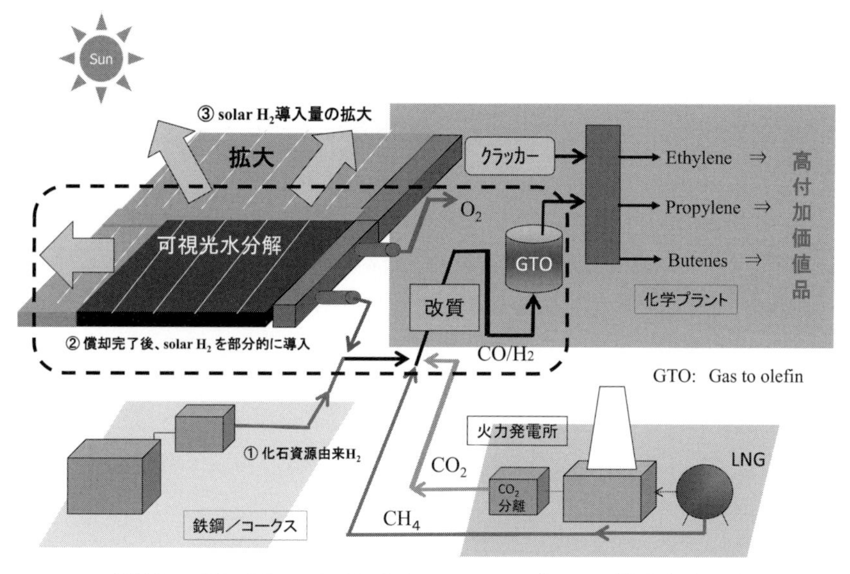

図16　CH_4-CO_2-solarH_2 の Smart-Grid プロセス導入シナリオ

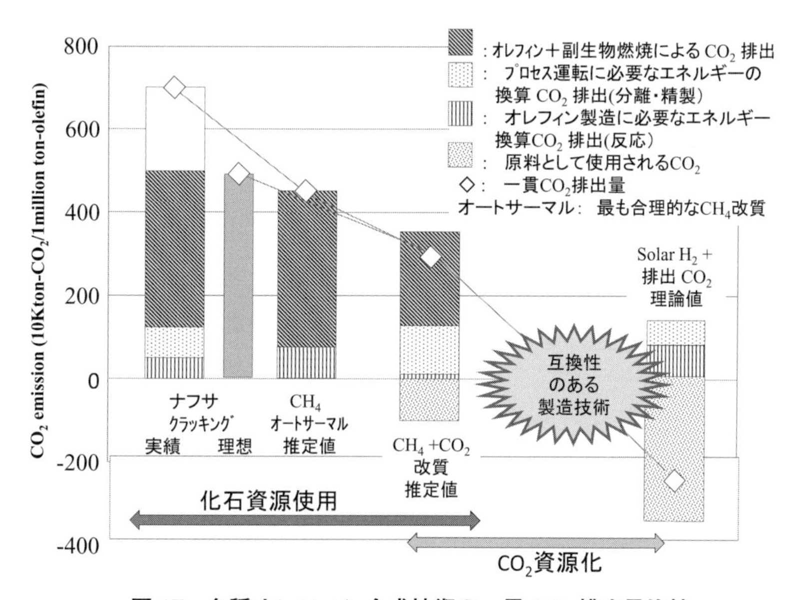

図17　各種オレフィン合成技術の一貫 CO_2 排出量比較

あと，利益の一部をソーラー水素の増産に振り向けてCO_2排出削減規模の拡大を進める（③）。

図17に各種のオレフィン合成技術の井戸もとから製品燃焼までの一貫CO_2排出量を比較する。ナフサ原料ケースに比較してCH_4活用はCO_2削減が可能である。すなわち，ましな化石資源である。さらにCH_4＋CO_2を組み合わせた原料系ではさらなる削減が原理的には可能である。すなわちCO_2の資源化という点で化石資源と人工光合成をつなぐことができる。CH_4＋CO_2の資源化は人工光合成のプロセスインフラを整えるという意味で大きい。CH_4からのCO/H_2経由のオレフィン合成に対して人工光合成におけるオレフィン合成が技術的に互換性を有していれ

ば，プロセス技術としての移管も円滑に進むだろう。シェールガスの利用が進むなかでCH_4の化学原料としての利用もCFP的な観点で当然進むと考えるのが合理的である。またGTL（FT）プロセスとの類似性も高いことから，まずCH_4+CO_2での社会実装が先行し，その償却が終わったころに人工光合成プロセスが社会実装され，規模が拡大していくという流れが最も合理的であろう。

これは1つの考え方であり，これ以外にも利益とCO_2削減を両立させるビジネスモデルはいくらもあるだろう。2030年前後に人工光合成プロセスの社会実装を現実のものにすることを目指して，革新的プロセスの技術的完成を目指すことはもちろんだが，企業にとって合理的と思われるビジネスモデルを創生することも極めて重要である。

第５編

世界の研究動向

東京大学　久富　隆史
東京大学　堂免　一成

1. はじめに

光触媒や光電極を用いた水の分解反応の研究は，1970年代初頭のHonda-Fujishima効果の報告が端緒となって急速に注目を浴びるようになった[1)2)]。折しも1970年代はオイルショックが起こり，エネルギー問題は当時から極めて重要な社会問題であった。近年ではエネルギー問題だけでなく，化石資源の大量消費による地球温暖化など環境問題への関心も高まっている。気候変動に関する政府間パネル（IPCC：Intergovernmental Panel on Climate Change）の第5次評価報告書によれば，人為起源の温室効果ガスの排出量は1970～2010年にかけて増え続け，特に2000年以降は排出量の増加率が上昇していること，1951～2010年の世界平均地上気温の上昇分の半分以上は人類の活動に由来するものである可能性が極めて高いことが指摘されている[3)]。こうした報告書はエネルギー・環境政策に強い影響を与えており，世界各国で人工光合成研究の研究が繰り返し強力に推進されている。しかし，人工光合成プロセスの規模や経済性が実社会の求める水準に達していなければ研究成果を実用化することは難しい。本稿では，初めに人工光合成反応の基本的な生成物と考えられるソーラー水素のコストターゲットについて紹介したのちに，代表的な国および地域としてアメリカ，欧州，中国の人工光合成に関する研究開発を取り挙げて概況を記述する。

2. ソーラー水素のコストターゲット

光触媒や光電極を利用した人工光合成の要素技術や経済性はアメリカの研究グループによって非常に活発に検討されている。たとえば，2009年12月にアメリカ合衆国エネルギー省（DOE：Department of Energy）が光触媒および光電極を用いたソーラー水素製造の経済性に関する報告書を発行しており，2013年にはそれをもとにした分析を論文として発表している[4)]。具体的には，単一の光触媒による水分解反応（タイプ1），水素発生用の光触媒と酸素発生用の光触媒が分割されているZ-スキーム型光触媒水分解反応（タイプ2），光電気化学的水分解反応（タイプ3），集光太陽光光電気化学的水分解反応（タイプ4）が比較検討されており（**図1**），水素供給価格が光触媒，光電極の太陽光水素エネルギー変換効率（STH：Solar-To-Hydrogen conversion efficiency），製造費用，寿命に対してどのように依存するかを分析している。この試算によると，STHが10%，光触媒，光電極の寿命が10年である場合，水素供給価格はタイプ1およびタイプ2の場合で1.6～3.2米ドル/kg，タイプ3およびタイプ4の場合で5.6～10.4米ドル/kgと見積もられている。光触媒系は光電極系よりも製造コストが圧倒的に安価であるために，水素供給価格はDOEの目標値である2～4米ドル/kg（=0.18～0.36米ドル/Nm^3）を伺う水準にあると予想されている。しかし，現状ではSTHは仮定に用いた10%よりも大幅に低い水準にあり，0.1～1%程度である[5)]。なかには，炭素ナノドットで修飾したC_3N_4[6)]やCoO[7)]を用いて水分解反応によりそれぞれ2%，5%のSTHが達成されたと報告している論文も見られるが，その後有力な継続研究が報告されておらず，慎重に判断する必要がある。したがって，光触媒系についてはSTHの飛躍的な向上や水素と酸素の安全で効率的な分離法の開発が課題となっているといえる。一方，光電極系は相対的に研究が進んでおり，STHが10%を超える

(a)　単一の光触媒による水分解反応（タイプ１）(b)　Z- スキーム型光触媒水分解反応（タイプ２）

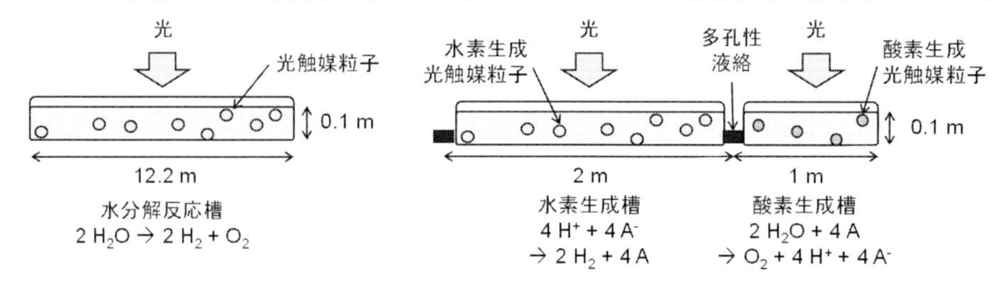

(c)　光電気化学的水分解反応（タイプ３）

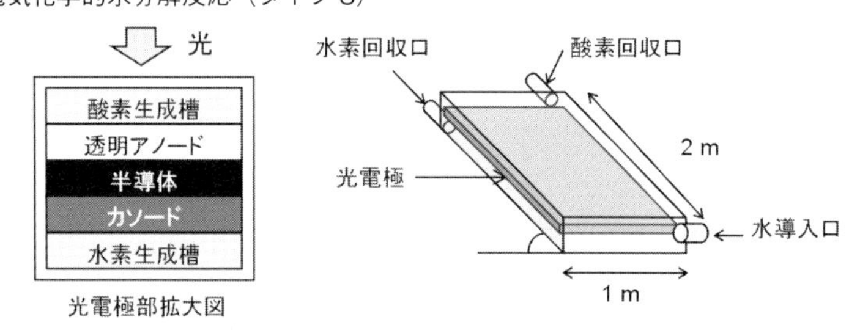

(d)　集光太陽光光電気化学的水分解反応（タイプ４）

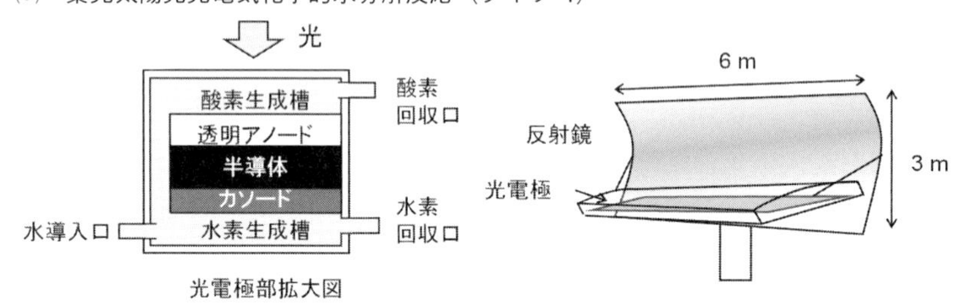

図１　DOEがソーラー水素製造のコスト評価に用いている水分解用光触媒系および光電極系の模式図[4)]

ような系がいくつか報告されている[8)]。しかし，固定資本費が高いため，STH，製造コスト，寿命の改善が必要であることが指摘されている。この他，太陽電池と電解槽を組み合わせた反応系も想定される。この場合，太陽電池と電解槽を個別に開発することができるために技術水準が高く，高効率であるが高コストであるという光電極系の光触媒に対する技術的特徴をより強調したような位置付けにある。たとえば，InGaP/GaAs/Ge３接合型太陽電池と高分子電解質電気化学セルから構成される集光太陽光モジュールを用いた水分解反応により24.4%のSTHが報告されている[9)]。太陽電池や電気化学セルの製造コストや拡張性を気にしなければ，より高いSTHが達成可能であると思われる。

どのような人工光合成の方式においても，エネルギーキャリアとして水素を利用するのであれば，将来的に化石燃料と同程度の価格で水素を供給することができなければ実用化や普及は難しい。日本では2008年の『Cool Earth- エネルギー革新技術計画』において水素の価格目標を2020年頃に水素の価格を40円/Nm^3に，2014年の『水素・燃料電池戦略ロードマップ』においては2020年代後半にプラント引渡しコストで30円/Nm^3に下げるという目標を示している。また，DOEおよび欧州燃料電池水素共同実施機構（FCH JU：The Fuel Cells and Hydrogen Joint Undertaking）によるアメリカおよび欧州における水素の供給価格目標もそれぞれ2〜4米ドル/kg，2〜5ユーロ/kgと同程度である。化石燃料や人工光合成のエネルギーコストや開発目標については佐山らにより詳しく考察されているが[10) 11)]，上記の水素価格目標は，エネルギー量基準では現在のガソリンの価格（2.6円/MJ）に相当する。実用的な人工光合成プロセスを開発するには，その価格水準の実現を見据えて効率とコストを改善させていくことが重要である。

3. アメリカにおける人工光合成研究

アメリカにおける人工光合成研究で最も有名な研究機関の1つとして，2010年にDOEによって設立されたJoint Center for Artificial Photosynthesis（JCAP）が挙げられる。JCAPは，2015年9月までの第1期にソーラー水素製造開発に注力し，2016年現在は太陽エネルギーにより二酸化炭素を化学燃料に変換する第2期の5年間のプロジェクトに移行している。研究資金は5年間で7,500万米ドルであり，カリフォルニア工科大学を中心にローレンス・バークレー国立研究所，カリフォルニア大学アーバイン校，同サンディエゴ校，およびスタンフォード大学のSLAC国立加速器研究所が参画している。主要な研究開発部門は電極触媒系，光電気化学系，材料複合化，モデリングとモジュール評価計測の4つに分かれており，最終的には**図2**に示すように一体型のデバイスを用いて表面と裏面で水の酸化反応と二酸化炭素の還元反応をそれぞれ進行させることを目指している[12)]。この構想において特徴的であるのは，デバイスの表面と裏面とをイオン交換膜で接続している点である。アノード面とカソード面ではそれぞれプロトンが生成および消費されるため，表面と裏面に別々にアノードとカソードが存在する場合はpH勾配が生じて逆バイアスが生じる。そのため，反応を進行させるのに必要な電圧が大きくなる。そこで，JCAPではアノード面とカソード面の間で電解質溶液を循環させることで濃度勾配を解消しようとしている。たとえば，Segalmanのグループは，隔膜で隔てられたPt電極による水電解において両極間で電解液を循環させ，pH勾配の発生や定電流反応時の電解電圧の増加が無視できる程度に抑制されることを報告している[13)]。さらに，Xiang, Lewis, Atwater

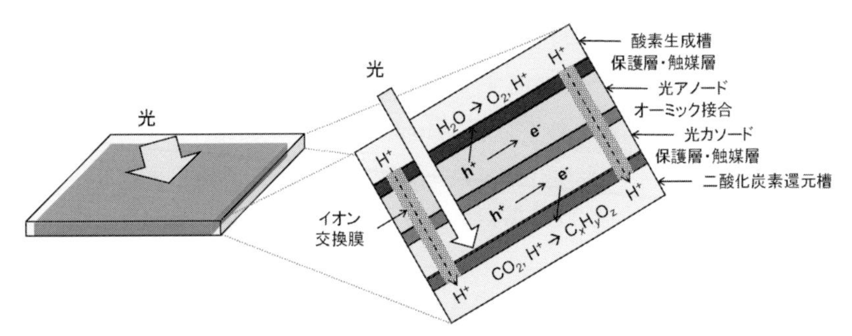

図2　JCAPが構想する二酸化炭素還元用一体型デバイスの模式図[12)]

らのグループは，Ni触媒とTiO_2保護層で修飾されたGaAs/InGaPタンデム接合型光アノードとイオン交換膜で隔てられたNiMo系カソードを用いて1M水酸化カリウム水溶液中で光電気化学的水分解反応を行い，10％のSTHと数十時間にわたる連続運転を実証している[14]。この方法では水素と酸素が別々の場所から生成するために水素爆鳴気が発生しないため，本質的に爆発に対する安全性が高いと期待される。しかし，デバイスが複雑であることから拡張性やコストが課題になると思われる。

アメリカにはJCAP以外にも数多くの研究者が人工光合成研究に従事している。たとえばDeutschらは実験室環境におけるSTH評価法の正確性と問題点についての分析記事を発表しており[15]，アメリカこそが人工光合成研究のスタンダードになろうという意気込みを感じさせられる。また，Lewisらはミクロンワイヤー状のシリコンからなる光カソードや非酸化物半導体光アノードの安定化のための保護層を精力的に研究しているし[16][17]，Choiらはナノ構造を有する$BiVO_4$光アノードを用いて世界最高レベルのSTHを達成している[17]。本稿で全てを網羅することはできないが，多くの場合，シリコンや化合物半導体からなる光カソード材料や太陽電池，$BiVO_4$やFe_2O_3などの可視光応答性の酸化物材料からなる光アノード材料を用いた光電気化学的アプローチでの研究開発を実施しており，粉末光触媒を積極的に水分解反応に応用している事例は少ないようである。

4. 欧州における人工光合成研究

欧州連合（EU：European Union）は2020年までの成長戦略として2010年にEuropa 2020を発表し，知識や技術革新に基づいたスマートな成長，資源を効率的に使いグリーンでより競争力のある経済を促進する持続可能な成長，雇用の創生による地域や社会の一体化を目指す包括的な成長の3つの優先課題と，それぞれの最優先戦略（Flagship initiative）として①技術革新，②教育，③情報化社会，④資源効率化，⑤競争力向上，⑥雇用と技術の創生，⑦貧困対策，の7項目を設定している。人工光合成などの研究開発がかかわるのは技術革新，すなわちイノベーションユニオン（Innovation Union）戦略の部分であり，協力体制の強化と研究開発資金調達の円滑化を図っている。このイノベーションユニオンを推進するために，Horizon 2020という欧州最大の研究開発プログラムが運用されており，総額およそ800億ユーロの研究資金を2014～2020年までの7年間にわたり交付する計画である。このなかには，Future and Emerging Technologies（FET）Flagshipsという，最大10年間で10億ユーロを交付する大型のプログラムも用意されているが，2016年現在ではグラフェンとヒトの脳に関する2件の研究が採択されているのみである。人工光合成に関する研究の多くは欧州研究会議（ERC：European Research Council）を通じて支援されており，Horizon 2020は2013年に終了した第7次フレームワーク・プログラム（FP7：Framework Program 7）の後継プログラムとして機能している。そのため，FP7とHorizon 2020で採択された研究プロジェクトが進行していることになる。

2016年現在，FP7やHorizon 2020で支援されている人工光合成研究プロジェクトのなかで最も規模が大きいものの1つとして，PECDEMOを挙げることができる。PECDEMOは2014

年4月1日～2017年3月31日までの3年間で総額およそ340万ユーロの研究資金で実施され，EUとFCH JUが共同で支援している。PECDEMOはヘルムホルツセンターベルリン研究所を中心に，スイス連邦工科大学ローザンヌ校，イスラエル工科大学，ドイツ航空宇宙センター，ポルト大学，エボニックインダストリー社，ソラロニクス社が参加しており，8％以上のSTH，1,000 h以上の安定性，50 cm^2以上のサイズのデバイスの実証を目標にしている。また，企業から参画する研究者により経済性やライフサイクルの検討も並行して行う計画である。研究体制は光電極の開発，解析とモデリング，大面積化，デバイス設計と評価，水素製造方式とコストの評価などのワークパッケージから構成され，プロジェクトの期間前半ではFe_2O_3，$BiVO_4$，Cu_2Oなどの可視光応答性酸化物光電極と太陽電池のタンデムセルによる無バイアス水分解反応の実証，光電極と太陽電池の大面積化に適した成膜方法の開発，経済性とライフサイクル分析を行うこととしている。使用している材料や参画している主要な研究者は2009～2011年まで実施されたNanoPECとも共通する部分があり，実質的な後継プロジェクトと考えることもできる。

PECDEMOが関係する成果で有名なものを挙げると，Grätzelらが安価なペロブスカイト太陽電池とNi発泡電極を用いた電解槽を組み合わせて12.3％のSTHを報告している[19]。現状では水蒸気存在下での太陽電池の安定性に課題があるが，従来型の化合物半導体よりも安価な方法で作製可能である点は注目される。また，van de Krolらは膜厚方向にドーパント濃度の傾斜がある$BiVO_4$光アノードを作製して高い光アノード電流を観測している他，シリコン太陽電池と組み合わせて無バイアス条件下で4.9％のSTHを報告している[20]。欧州にはこの他にも数々の人工光合成プロジェクトが進行している。比較的大型のものを挙げると，photocatH2odeが2012年12月～2017年11月までの5年間で150万ユーロの資金で元素戦略に基づいた安価な光カソードの製造を，COFLeafが2015年9月～2020年8月までの5年間で約150万EURの資金で共有結合性有機構造体をベースとした光触媒の開発を進めているが，総じてアメリカと同様に光電気化学的手法を採用している場合が多いようである。

5. 中国における人工光合成研究

科学および産業技術の進展が著しい中国であるが，人工光合成分野においても活発に研究が行われており，973計画として知られる国家重点基礎研究発展計画などを通じて有力な研究が支援されている。中国では，2008年4月に中国科学院大連化学物理研究所内にクリーンエネルギー国家実験室（DNL：Dalian National Laboratory for Clean Energy）が中国科学院と中華人民共和国科学技術部の支援のもと，国立のエネルギー研究機関として初めて設立された。研究の計画や総括が入手できないために人工光合成研究の方向性や将来像は具体的にはわからないが，DNLは11の部門に分かれており，太陽エネルギーを始め各種エネルギー資源の持続的で経済的な利用を研究している。太陽エネルギー部門はもともと大連化学物理研究所に研究拠点を持つCan Li教授によって率いられており，太陽エネルギーを利用した水分解反応，硫化水素分解反応，バイオマスなどの改質反応を目的とした光触媒，光電極，太陽電池，触媒の高効率化や低コスト化を基礎研究から応用開発まで幅広く手掛けるものと予想される。筆者らは共同研究のためにDNLを訪問したことがあるが，ガス配管や局所排気装置などが整備され，分析装置も最新機器から自作の装置まで豊富に取り揃えており，設備面および技術面ともに非常に充実している印象を受けた。これらの設備は，分析を専門とするチームのサポートのもとで使用に供されることになっている。人的や技術的資源をふんだんに利用した研究体制が組まれていることから，今後の論文および学会発表や学会開催の動向が注目される。

中国においては欧米ではあまり手が付けられていない硫化物，窒化物半導体の粉末や薄膜も光触媒や光電極として積極的に研究されている。最近，Ta_3N_5光アノードに対し，正孔蓄積層，酸素生成用分子触媒，および再結合抑制のための電子ブロック層による表面修飾を行うことで，吸収端波長から見積もられる太陽光照射下での限界光電流値に迫る12.1 mA cm^{-2}の光電流値が光電気化学的水の酸化反応において得られたことを報告している[21]。また，2009年にはCdS粉末光触媒による硫黄系犠牲試薬を含む水溶液からの水素生成反応において，PtおよびPdSを助触媒として共担持することにより93%（420 nm）という非常に高い見かけの量子効率を報告している[22]。その後，2012年にはPtおよびPdS助触媒の機能の解析結果を報告し，PtとPdSがそれぞれ還元サイトと酸化サイトとして機能していること，助触媒微粒子とCdSの間で非晶質部のない原子レベルでのヘテロ接合が形成されていること，浅い準位にトラップされた励起電子が効率良く反応に利用されていることを明らかにしている[23]。これらの成果は，異なる機能性を持つ材料の集積化や材料界面の構造および結晶性の綿密な観察など，中国の研究者たちの合成，解析の技術やチームワークが効果的に生かされた例である。

文　献

1）A. Fujishima and K. Honda：*Bull. Chem. Soc. Jpn.*, **44**, 1148 (1971).

2）A. Fujishima and K. Honda：*Nature*, **238**, 37 (1972).

3）気候変動に関する政府間パネル第5次評価報告書 (2014).

4）B. A. Pinaud, J. D. Benck, L. C. Seitz, A. J. Forman, Z. Chen, T. G. Deutsch, B. D. James, K. N. Baum, G. N. Baum, S. Ardo, H. Wang, E. Miller and T. F. Jaramillo：*Energy Environ. Sci.*, **6**, 1983 (2013).

5）D. M. Fabian, S. Hu, N. Singh, F. A. Houle, T. Hisatomi, K. Domen, F. E. Osterloh and S. Ardo：*Energy Environ. Sci.*, **8**, 2825 (2015).

6）J. Liu, Y. Liu, N. Liu, Y. Han, X. Zhang, H. Huang, Y. Lifshitz, S.-T. Lee1, J. Zhong and Z. Kang：*Science*, **347**, 970 (2015).

7）L. Liao, Q. Zhang, Z. Su, Z. Zhao, Y. Wang, Y. Li, X. Lu, D. Wei, G. Feng, Q. Yu, X. Cai, J. Zhao, Z. Ren, H. Fang, F. Robles-Hernandez, S. Baldelli and J. Bao：*Nat. Nanotech.*, **9**, 69 (2014).

8）J. W. Ager, M. R. Shaner, K. A. Walczak, I. D. Sharp and S. Ardo：*Energy Environ. Sci.*, **8**, 2811 (2015).

9）A. Nakamura, Y. Ota, K. Koike, Y. Hidaka, K. Nishioka, M. Sugiyama and K. Fujii：*Applied Physics Express*, **8**, 107101 (2015).

10）佐山和弘，三石雄悟：シンセシオロジー，**7**(2), 81 (2014).

11）佐山和弘：*Optronics*, **34**(2), 44 (2015).

12）JCAPホームページ：http://solarfuelshub.org/goals-objectiles, http://solarfuelshub.org

13）M. A. Modestino, K. A. Walczak, A. Berger, C. M. Evans, S. Haussener, C. Koval, J. S. Newman, J. W. Ager and R. A. Segalman：*Energy Environ. Sci.*, **7**, 297 (2014).

14）E. Verlage, S. Hu, R. Liu, R. J. R. Jones, K. Sun, C. Xiang, N. S. Lewis and H. A. Atwater：*Energy Environ. Sci.*, **8**, 3166 (2015).

15）H. Döscher, J. L. Young, J. F. Geisz, J. A. Turner and T. G. Deutsch：*Energy Environ. Sci.*, **9**, 74 (2016).

16）S. W. Boettcher, E. L. Warren, M. C. Putnam, E. A. Santori, D. Turner-Evans, M. D. Kelzenberg, M. G. Walter, J. R. McKone, B. S. Brunschwig, H. A. Atwater and Nathan S. Lewis：*J. Am. Chem. Soc.*, **133**, 1216 (2011).

17）S. Hu, M. R. Shaner, J. A. Beardslee, M. Lichterman, B. S. Brunschwig and N. S. Lewis：

Science, **344**, 1005 (2014).
18) T. W. Kim and K.-S. Choi : *Science*, **343**, 990 (2014).
19) J. Luo, J.-H. Im, M. T. Mayer, M. Schreier, M. K. Nazeeruddin, N.-G. Park, S. D. Tilley, H. J. Fan and M. Grätzel : *Science*, **345**, 1593 (2014).
20) F. F. Abdi, L. Han, A. H. M. Smets, M. Zeman, B. Dam and R. van de Krol : *Nat. Commun.*, **4**, 2195 (2013).
21) G. Liu, S. Ye, P. Yan, F. Xiong, P. Fu, Z. Wang, Z. Chen, J. Shi and C. Li : *Energy Environ. Sci.*, **9**, 1327 (2016).
22) H. Yan, J. Yang, G. Ma, G. Wu, X. Zong, Z. Lei, J. Shi and C. Li : *J. Catal.*, **266**, 165 (2009).
23) J. Yang, H. Yan, X. Wang, F. Wen, Z. Wang, D. Fan, J. Shi and C. Li : *J. Catal.*, **290**, 151 (2012).

第６編

将来技術への展望

人工光合成がヒト・環境にもたらすもの

第1章　学の視点：知の創造（Creation）と価値の創造（Innovation）

首都大学東京　井上　晴夫

1.　はじめに

人工光合成科学技術は基礎研究の段階から実用化研究に至るまで近年大きい進展を見せている。特に日本における研究進展，実用化への取り組みは注目されるものであるが，これからさらにどのように発展するのであろうか。将来技術を展望するにあたり，重要な視点を以下に述べる。

●太陽電池による水の電気分解は競合する科学技術ではなく連携すべき科学技術である

再生可能エネルギー科学技術のなかでも，太陽光を用いるアプローチには大きく分類すると太陽電池による電力生成の方法と人工光合成による燃料・化学原料の生成の方法がある（**図1**）。

電力生成
太陽電池：Si，化合物半導体、多層膜
色素増感、ペロブスカイト、有機薄膜　など
人工光合成：燃料・化学原料の生成
植物の利用・改変
半導体光触媒：　ホンダーフジシマ効果
金属錯体による人工光合成

図1　太陽光によるエネルギー獲得へのアプローチ

水を電気分解すれば，水素（H_2）と酸素（O_2）が発生することはよく知られていることなので，再生可能エネルギーとして，太陽電池で単に電力を作るだけでなく，その電力で水を電気分解して水素と酸素を作る人工光合成型の研究報告も世界では多くなされてきた（**表1**）。

太陽光から電力を作る太陽電池と，水素などのエネルギー蓄積物質を太陽光で直接作る人工光合成とは，互いに競合する科学技術として捉えられがちであるが，実はそうではない。互いに連携すべき科学技術と考えるべきである。

電気分解による酸化反応，還元反応を用いて物質合成を行う方法には，電極上での電子移動により開始される一連の化学反応過程が含まれる。電気分解による物質合成は，基本的に多電子変換過程なので，電極上での反応は電子移動過程とそれに続く化学過程が複合化しており，目的の反応を起こすのに，必ずしも熱力学的に必要とされる電位で進行するとは限らない。実際の電気分解では，余分の電位（過剰のエネルギー投入）が必要となる。実際に必要な電位と熱力学的な理論電位との差を「過電圧」と呼ぶ。この過電圧が大きければ大きいほど，当然のことながら電気分解における投入エネルギーに対する生成物エネルギーへの変換効率は低くなる。実用化するには，いかにして安価で過電圧の小さい電極を開発するかがポイントとなる。白金電極などの実用化が困難な電極ではなく，汎用の電極材料に分子触媒を修飾した安価で低

過電圧を有する「電極」の開発が極めて重要となるのである。ここで，人工光合成で開発された分子触媒が重要となる。太陽電池と分子触媒との強力な連携が必要とされる所以である。

表１　太陽電池による水の分解例とそのエネルギー変換効率（STH）

年度	研究者名	システムの構成	エネルギー変換効率（STH）/ %
1982	ヘラー 等	p-InP / Rh-H 合金	13. 3
1985	ボックリス 等	2連結のSI太陽電池　Pt / RuO_2	2. 4
1987	ボックリス 等	p-InP/Pt/n-GaAs/Mn-oxide	8. 2
1988	坪村 等	2連結のSI太陽電池　Pt / RuO_2	～3
1989	ボックリス 等	3連結のSI太陽電池　Pt / RuO_2	5
1998	ターナー 等	p-GaInP_2/n-GaAs/p-GaAs タンデム型	12. 4
2001	ターナー 等	p/pn/p GaInp/GaAs　タンデム型	16. 5
2001	リヒト 等	p/n AlGaAs on Si RuO2/Pt(black)	18. 3

さて，太陽電池で電力を作りさらに電気分解で水素を生成する２段階による水素生成について概観しよう（表1）。太陽光から水素を生成する過程の全エネルギー変換効率（STH：Solar To Hydrogen）だけから見ると，驚異的な数字が並んでいる。1982年の段階ですでにSTHは10％を超えており，2001年には18.3％にも達しているのである。最近では多接合型太陽電池を用いて22.3％という報告も出ている[1]。STHが10％を超えることが人工光合成プロジェクトの目標となっているのが，一見不思議に思えるのではないか。水素生成のエネルギー変換効率を向上させることについてはすでに解決済みで，太陽電池を用いて水を分解する方法ですぐにでも太陽光からの水素生成は実用化できるのではないか。

しかし，実はそう単純ではない。そこには実用化への視点で重要な問題点が潜んでいる。再生可能エネルギー因子という指標を考察することで，その問題点が浮き彫りになる。次に，その再生可能エネルギー因子の考え方を説明しよう。

2. 再生可能エネルギー因子の視点

より詳細な考察をするために，再生可能エネルギー因子（REF：Renewable Energy Factor）なるものを定義しておこう（式(1)）[2]。

ここで，REF＝再生可能エネルギー因子，η＝エネルギー変換効率，J＝放射エネルギー／面

$$\text{再生可能エネルギー因子（REF）} = \frac{\text{システムが出力するエネルギー量}}{\text{システムを作り運転するのに必要な入力エネルギー量}}$$

$$= \frac{\eta \cdot J \cdot \tau}{CF + (M+T) \cdot \tau + CR \cdot n} = \frac{\eta \cdot J}{CF/\tau + M + T + CR/\tau'} > 1 \quad (1)$$

積，τ＝稼働年数，CF＝施設・設備費／面積，CR＝触媒設置費／面積，n＝触媒更新数（＝τ／τ'），τ'＝触媒寿命，M＝運転費／面積，T＝輸送などエネルギーを利用するための外部への取り出し費用，とする。

人工光合成のシステムの場合，分子の「システムが出力するエネルギー」は人工光合成のエネルギー変換効率と単位面積あたりの太陽光放射エネルギーの積になるので，エネルギー変換効率のより良い人工光合成システムを実現し，太陽光のより強い地域に設置することで，再生可能エネルギー因子（REF）の分子を大きくできる。しかし，このREFはそれだけでは決まらない。分母は，「システムを作り運転するのに必要な投入エネルギー量」であり，これは，単位面積あたりの施設・設備，触媒設置にかかるエネルギー（施設や触媒の寿命も勘案した数字）や，運転に要するエネルギー，輸送に要するエネルギーなど，人件費をエネルギー換算した量も含めてシステムを動かすために投入されるエネルギーの総量である。投入するエネルギーを小さく（分母を小さく）しなければ，REFは大きくならない。式（1）から多くの考察が可能であるが，ここではポイントになる点に絞って説明しよう。

「エネルギーの獲得」を目指す再生可能エネルギー科学技術の場合には，再生可能エネルギー因子REFは必ず1を超える必要がある。1以下ならば，エネルギーを獲得するために投入したエネルギー以下のエネルギーしか得られないことを意味するので，そんなことならば投入エネルギーをそのまま利用する方が良いからである。

たとえば太陽電池の開発では科学者は変換効率の向上にしのぎを削って「変換効率競争」のような状況も見られがちだが，実は社会実装のためにはむしろ投入エネルギーの因子が重要である。縦軸（y軸）に式（1）の分子，「システムが出力するエネルギー量」を取り，横軸（x軸）に分母の逆数，1/「システムを作り運転するのに必要な入力エネルギー量」，を取って図示すると**図2**のように表示できる。つまり，REF＝x・y＞1　となるので，y＞1/x　となり，システムの性能（x, y）として，y＝1/xの放物線よりも上の領域に（x, y）が位置していなければ実用化の対象にはなり得ないことになる。これまでに報告されてきた高いエネルギー変換効率（STH）を示す太陽電池による2段階プロセスによる水素生成の例は，非常に高価な太陽電池や高価な電極材料を使用しているので，実はx軸上の原点に近い領域に存在しているのである（表1）。これらの例のように投入エネルギーが大きい方法でいくら変換効率が高くとも，y＝1/xの漸近線領域に位置しておりy＝1/xの放物線よりも上の領域に入ることは極めて困難で実用化への距離は実は長いと言える。逆に変換効率が比較的に低くても，分母の投入エネルギーが十分に低くREF＞1の条件を満たす（y＝1/xの放物線よりも上の領域に入る）なら実用化への検討が可能となる。

ここで，太陽電池でいったん電力を作り，その電力で水を電気分解して水素と酸素を作る2段階プロセスについてさらに考察してみると，その実用化条件はいっそう厳しいことがわかる。つまり1段目の太陽電池のシステムに必要な投入エネルギー（EI（1））に加えて2段目の電気分解で水素を作るシステムに必要な投入エネルギー（EI (2)）の2つを合計するのでエネルギー投入は，EI（1）＋EI（2）となり，1段階プロセスよりも当然大きくなってしまう。一方，出力エネルギーは，電気分解の段階のエネルギー変換効率（(η'）と1段階目の出力エネルギー（EO(1)）の積となる。この場合，たとえば第1段階の太陽電池システムについてのREFは，図2

中の式に示すように，EO（1）／EI（1）＞＞1となり，REF＞1を満たすことがより困難になってしまうのである。表1のような高いエネルギー変換効率（STH）が実現していてもすぐにソーラー水素プラントの実現とならないのはこのためである。これに対し，2段階による水素生成に比較して1段階で直接水素を作る方法がより意義深いことの意味はREFについての上記の考察からも明瞭である。

このようにエネルギー生産における変換効率と実用化条件の関係は実に厳しいものである。一方，価値を付加することのみを目的とした通常製品の実用化条件は，製造コスト以上の価格で売れれば良く，製品化にいくらエネルギーを投入しようとその収支は基本的には問題にしないので比較的簡単であった。いくら多量のエネルギー投入が必要になろうとも，その製品に価値を認めて購入する人がいればそれでOKなのである。再生可能エネルギーによるエネルギー製造を考えると，改めて考えると，人類がこれまで開発してきた文明の利器を含め多くの，新材料，新製品などのほとんどは，付加価値をつける際の製造コストに比べてそれ以上の価格で売れれば良い「良付加価値型」のものであることに気付く。

一方，これまでのエネルギー製造は化石資源をただ掘って燃やしてきただけのいわば自然採集型の極めて原始的な方法であった。人類はそこから一歩進んで，今，再生可能エネルギーシステムを実現するための科学技術開発に取り組んでいる。しかもその科学技術は，単なる付加価値型製品を開発するにとどまらず，REFを高めないと製品としての価値がないのである。このような製品開発は，人類にとって初めての経験とも言えるだろう。

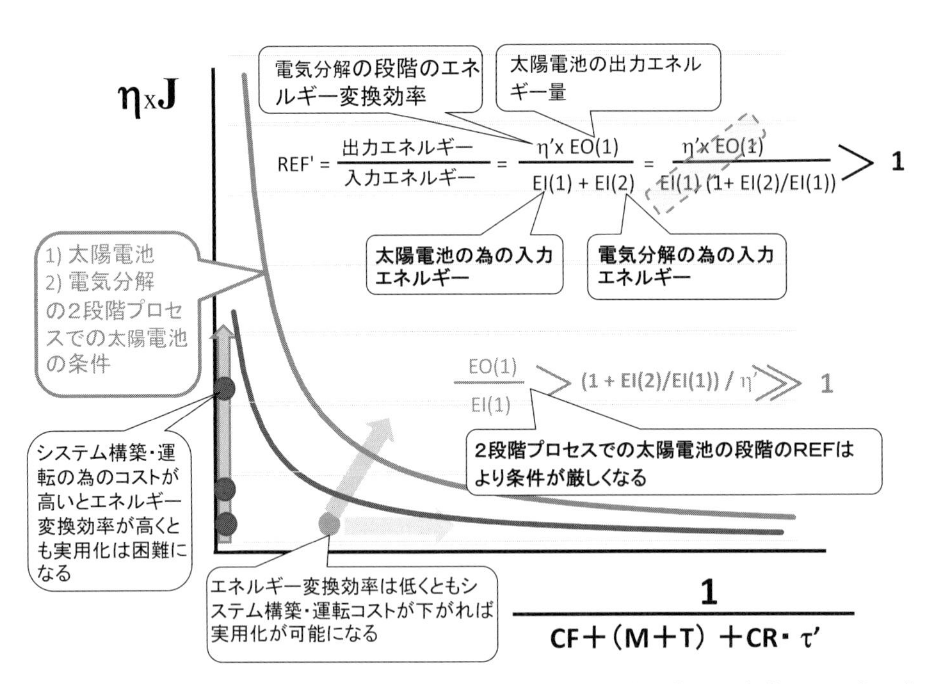

図2　実用化への条件：2段階プロセスはREF＞＞1となり実用化への条件が一層厳しくなる

3. 人工光合成実現のタイムラインは？

さて，人類にとって必要不可欠な再生可能エネルギー，人工光合成はいつ頃実現できるのか。科学技術は日進月歩であり，思わぬ発見，時代を切り開くブレークスルーがいつ出てきてもおかしくない。しかし，一方では楽観すぎる予想，期待も控えなければならない。研究最前線での確かな手ごたえと実感から導かれる展望が望まれる。

1日も早く人工光合成を実現すべきであるとの社会からの強い要請を背景に，研究最前線の国際的な潮流と展望から人工光合成実現へのタイムラインの目標設定を筆者は2050年と考える（**図3**）。日本政府も環境エネルギーイノベーション戦略2050で2050年を目標年と定めている。2020年頃までは，基礎研究段階における課題突破型の驚くような研究がまだまだ続出すると予想される。2020年頃には，それまでの多くの研究成果をいったん整理し，社会が俯瞰しながら研究事例を絞りつつ，次の科学技術展開への選択をするであろう。さらに2030年頃には，社会に適用可能な技術事例を複数に絞り込み，明確に出口から見た技術展開戦略の下に技術展開を図る。2040年頃には，既存の社会インフラを継続使用し得る技術展開と新規社会インフラを整備準備し，2050年には人工光合成を基盤とするエネルギーシステムが社会の必要とするエネルギーの3分の1を超える需要に対応できる体制を構築することを目指すことになるだろうと予測される。

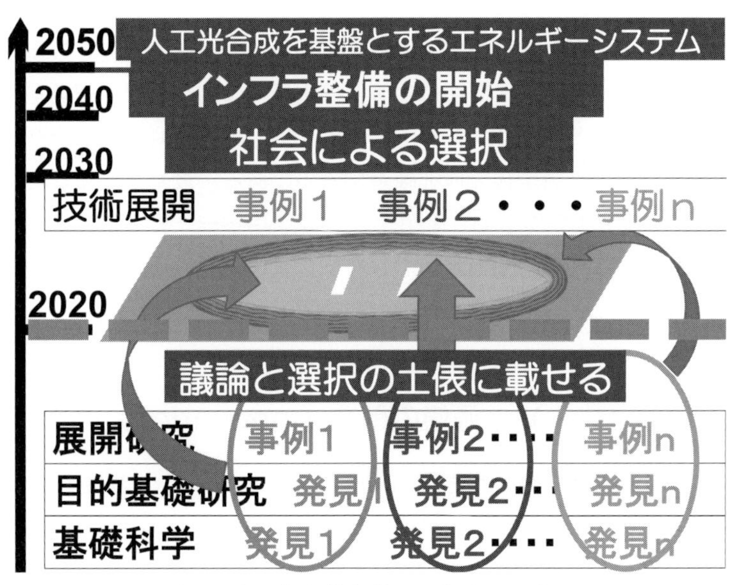

図3　人工光合成実現へのタイムライン

このような中長期的な取り組みにおける重要な視点として，①特に気候変動への懸念に対して，CO_2排出削減の具体的な手法をいかにして開発するか，②「持続する社会」を実現するための化学技術の視点から，それを実際の工業技術とするにはどうするか，の2点が特に重要である。なかでも，既存の産業，社会インフラとどう無理なくつないで転換していくか（既存技術やインフラとの互換性）や事業としての価値があるか，付加価値を与えられるか（経済合理性）は非常に重要となる。これらの実現は簡単なことではないが，国として戦略的に技術開発を実施し，将来の日本の大型輸出産業として戦略的に考えるべき課題であることは間違いない。

人工光合成の社会への適用までに，時間はたっぷりあるようにも見えるが，実はそれほど時間はないのである。遅くとも2030年頃には，社会が社会インフラの整備に向けた戦略を決定する必要があるので，それまでに人工光合成実現を可能にする再生可能エネルギー因子（REF）が1を超える現実的な技術開発事例を複数用意できていなければならない。社会が常に即効の「成果」を求めることを直截的に非難できるほど社会のダイナミズムは単純ではないし，科学者に与えられた自由時間も実はそれほど長くはない。科学技術者にとっては，まさに崖っぷちに立たされた状況と言える。

4. 次世代へのバトンを渡す

図3のタイムラインをもう一度見よう。2016年の時点から見ると，16歳の高校生は2050年には50歳になっている。50歳の年齢は一般的には社会の中心となるリーダー的存在なのである。35年計画で基礎研究から社会実装を計画する際に，最も重要なのは次世代の人材育成である。現在，研究最前線で活躍している人材が必ずしも35年後にも全員が研究最前線にいるとは限らない。陸上競技に例えれば，人工光合成の実現は1人のランナーがゴールテープを切るマラソンというよりは，区間ごとに最速で走り切りながら次のランナーにタスキを渡す駅伝競走のようなものと考えよう。駅伝の区間記録は未踏の山登りに例えれば，初登頂や新ルートの発見など，科学史に残る仕事として評価されるだろう。次の世代の研究者にそれまでの記録（研究成果）を引き継ぎながら社会全体で研究推進するのである。最も重要なことは，人工光合成の実現を目指す長期の駅伝レースには，現在，小学校，中学校，高等学校に在学中の若者が，参画するということであろう。目先の対応ではない，長期的視点による人材の育成策が必要なのである。

5. 知の創造（Creation）と価値の創造（Innovation）の視点

チャールズ・ダーウィンは『種の起源』(On the origin of species：1859年）でいわゆる生命進化の概念を提唱した。ダーウィンの説は進化論として**図4**に類似の「生命の樹」で理解されている。生命の発生から多くの生存環境の変化を受けて，変化に対応できた種が生き残りそれぞれの時点で分岐して発展した。たとえば，サルを長期間観察していればヒトになるのではない。それぞれの種はそれぞれの段階で生存環境の変化に対応して生命系統から分岐したのである。人工光合成科学技術の発展も実は，この生命の樹の発展に類似した「科学技術の樹」(図4)で考えることができる。縦軸は，新しい知を創造する方向であり，創造軸（Creation）と呼ぼう。横軸のそれぞれの種の発展軸は応用展開軸であるが，それぞれの種は進化していくので斜め上方向に価値の創造軸（Innovation）をとることができる。たとえば，石ころが坂道を転げ落ちるのを見てすぐに自動車ができたのではない。石ころが転げ落ちる現象には力学としての古典力学（ニュートン力学）が潜んではいるが，まずは輪が発明され，大八車が発明され，牛車や馬車，自動車が発明されたように，各段階の最先端技術の段階でそれぞれに分岐して技術は発展した。一方，科学者が日夜研究に没頭している基礎研究の結果，古典力学，熱力学，電磁気学，量子力学など，時代とともに知の創造軸を上ってきたのである。それに対し，実用化技術はその時点での社会の要請，期待に応えながら，その時点での最先端科学技術レベルでの応用を図ってきた。後の時代から見ると，いわば「見切り発車」でなんとか実用化して改良に改良をかさねながら発展してきたのである。この発展方向は，斜め上方向であり「価値の創造」を目指す軸としてイノベーションという言葉がふさわしい。産業革命という言葉のとおり，技術の大展開が実現するには，社会の要請と同時に知の創造軸を一段上った高い位置での科学技術の英知が準備されていなければ斜め上方向への大展開はないのである。図４からは基礎科学（知の創造）と技術の大展開（価値の創造）の関係がよく理解できるものと思う。人工光合成の科学技術はこの両方の軸を上りながらスパイラルアップ（螺旋的に進化上昇）していくのである。

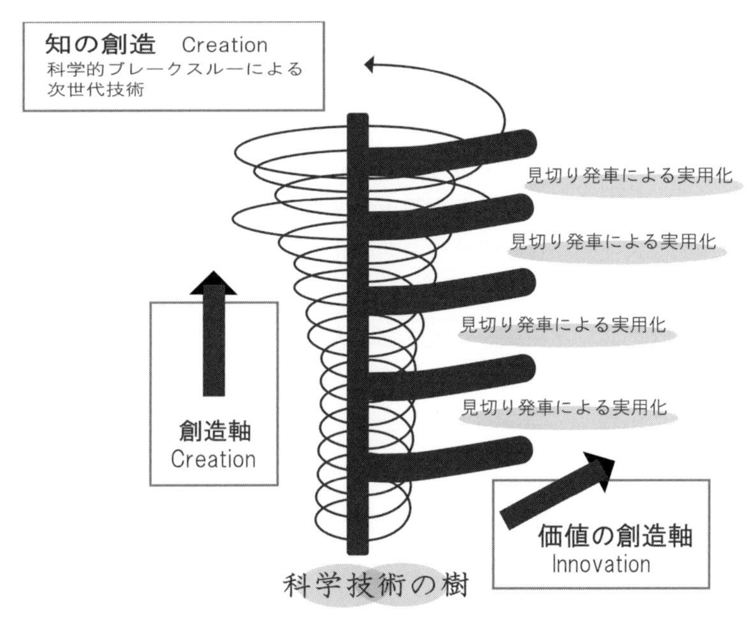

図４　科学技術の樹

文　献

1）S. A. Bonke, M. Wiechen, D. R. MacFarlane and L. Spiccia, *Energy Environ. Sci.*, **8**, 2791（2015）.

2）井上晴夫：高分子，64，193（2015）.

第2章　産の視点：技術の合理的方向性と経済的必然性の観点から

株式会社三菱化学科学技術センター　瀬戸山 亨

1. はじめに

人工光合成の波及効果を考える前提として，これから地球で起こること，日本が直面することをまず整理してみたい。その多くは人類社会にとって，決してハッピーな事象ではなく，明らかに災厄と分類できるものである。そうした災厄の被害を小さくする，抑止するという視点で，人工光合成の寄与・役割・可能性を考えるのが合理的ではないだろうか？

まず，21世紀の世界が直面する課題のうち，いわゆるClimate Changeにかかわる問題をまず整理してみよう。地球規模の気候変動に伴う人類の住環境，社会環境の劇的な変化，特に環境破壊については以下のようなことが起こり得る（というよりもすでに確実に進行していると思う）。

① 地球温暖化による気温の上昇
② 北極圏，南極圏，グリーンランドの氷河の融解，シベリアなどの永久凍土層の喪失による CH_4 の自然界への放出，これによる温暖化の加速
③ 海面上昇に伴う，特に港湾に面した大都市地域の被害
④ 降水量の地域的な大変動に伴う干ばつ，砂漠化，洪水被害などの拡大，それによる農業生産への大打撃
⑤ 海水温の上昇に伴いハリケーン・台風などの大型化・頻度上昇
⑥ 海水の酸性化による海洋生態系の劇的な変化，それを要因とする（まだ顕在化していない）さまざまな悪影響
⑦ 気温上昇を目標レベルまで（2℃以内の温度上昇）下げられないことによる，生活環境の悪化に対する適応型（Adaptation）社会への社会の質的変化

など，挙げればきりがない。

これに加えて，気候変動問題と間接的にかかわる大問題として

① 開発途上国の経済発展に伴い，個人の生活力・経済力の向上＋人口増加がこれら経済発展に支えられるため，エネルギー・消費材の規模拡大（生活が豊かになることを否定するわけにはいかない）
② さまざまな要因による飲料水，生活用水の不足
③ 世界全体の人口に見合った食糧規模の確保

といった問題も顕在化しつつある。

これに対し，世界経済という視点で見れば，以下のことは確実に起こると考えて良い。

① インド，東南アジア（インドネシア，フィリピン，ベトナム）などの産業規模が拡大する

② ①に続き，時間差をおいてアフリカ諸国の産業規模が拡大する
これらの地域では，産業規模拡大の原動力を安価なエネルギー・原料資源に立脚せざるを得ないため，結果的に石油，石炭に依存しやすい。

③ シェールガスに代表される非在来型の化石資源が採掘可能になったことにより，20世紀において繰り返し危機をあおった“oilピーク説”という概念は長期的視点では存在しにくい状況が続く（地域的な紛争，戦争などによる短期的な乱気流の発生は否定しない）。加えて，気候変動の主要因として国際的な認識を獲得した化石資源の燃焼によるCO_2排出は忌避される方向に向かう。

④ ③の結果，中東産油国の石油依存の財政は確実に脱石油の方向に向かう。1つの方向性として，石油の次は，太陽であるという視点は地理的条件を考えれば必然と考えて良い。

⑤ 北米，EUにおいて特に製造業は衰退していくだろう。製造業は労働力・低賃金の確保が容易で政治的に安定していると考えられる発展途上国での実施が中心になる。結果的に先進国は新たなビジネスモデルを構築せざるを得なくなる（最近のIoT，AI，Big Dataの活用が活発になっているのは，明らかにこの兆候を示している。情報を集め，人に先んじてモノを作らずに上前を撥ねるというような方法論）。

こうしたなかで日本は今後どのように変わっていくだろうか？　以下のように考えている。

① 少子高齢化は確実に日本の体力を奪っていく。人口減少，特に労働人口が減少していくことは，産業全体の活力を維持するうえで大問題であり，これに対する有効な対策を打てていない。

② バブル崩壊後，日本経済の世界経済のなかでの地盤沈下が続いている。国内消費が伸びない（国内市場は製造業からサービス業にシフトしており，これは国全体でみれば非生産的なマーケットへ移行したことを意味する）前提で考えれば，海外で事業展開できる技術力・事業展開力が必要だが，開発途上国の追い上げがあり，産業セクター別にみると極めて数が少ない（自動車産業と化学産業のみといって良い）。新しいビジネスモデルを構築して，経済成長の著しい国・地域での新しい事業を展開すべきだがこれといったものがなく，後手に回っている。

2. CO_2削減対策の現状

さてここで気候変動，特にCO_2削減対策の現状について考えてみよう。

IPCCの勧告によれば，今世紀末までの気温上昇を2℃以内に抑えようとすると**図1**に示すように，現在と比較して世界全体で2050年までに350億t/年程度のCO_2削減というとてつもない削減技術が必要になる。IEA（国際エネルギー機関）の構想での原燃料転換，省エネなどの技術革新は地道な努力によって進みえるだろうが，再生可能資源導入，CCS（Carbon dioxide Capture and Storage）などは大きな期待が寄せられている（寄せざるをえない）が，現状のバイオマス燃料，太陽光発電，海洋発電などの導入をどこまでできるかは，ひとえにその効率とコストに依存しているといって良い。現状の，補助金に頼る・償却に長期間を要するといった一時しのぎの方策では限界がある。またCCSは，もし実現すれば直接的に大気中のCO_2濃度

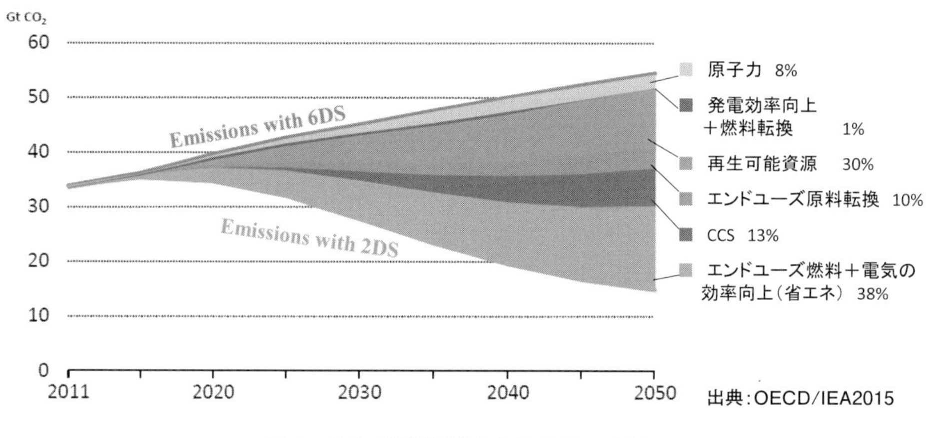

図1　CO_2 排出削減のための Road Map

を下げることができる魅力的な方式である。しかしながら開発が進むにつれて，設備導入に莫大な投資が必要でありしかも運転にエネルギーを使うだけで一切利益を生まないため，懐疑的な考え方も存在する。

以上のようにこれらの方式についてはCO_2削減のRoad Mapに従うだけの技術レベル，コストレベルにはない。今後一層の高効率化，低コスト化が必要であるし，新しいビジネスモデルおよびコンセプトが必要になってきている。

こうした状況下，CO_2の資源化（CCU：CO_2Utilization）というコンセプトが注目を集めている。すなわちCO_2を原料として有価物を作るという考え方である。このCO_2の資源化において太陽光と水を利用したものが人工光合成と定義することができる。太陽光のエネルギー量は地球表面で 1kW/m^2・時程度であり，この 1,2 割のエネルギーを取り出せるのが現在の太陽電池である。この直接的なエネルギー変換（光電変換）に対してCO_2の化学変換という一手間を加える人工光合成が，さらに高難度になることは容易に理解できる。高生産性の人工光合成技術が達成されるまでには時間がかかると考えるべきだろう。そういう視点でとらえれば，その途中段階でそれほど高生産性が達成されていない段階の人工光合成をどう活用するか？　人工光合成を受け入れやすくする環境をどう整備しておくかということが重要であろう。

3. 人工光合成活用のための環境づくり

人工光合成の区分として生化学的な手法と光半導体触媒 / 錯体触媒的な手法がある。それぞれについて今後どのような展開になるかを考えてみよう。

生化学的な手法での遺伝子，酵素などの改変によって糖類などの生産性を向上させる手法は，まさに人工光合成であり，バイオ燃料，穀物などの生産性向上は意義深い。たとえば，バイオエタノールなどのバイオ燃料をより効率的に作る / 安く作ることが可能になれば，化石燃料代替が加速するのは容易に想像できるが，その応用展開も考えられる。 その一例として，応用としてエタノール⇒エチレンというルート，さらに（エタノール）エチレン⇒プロピレン，ブテン類などが可能になれば，化学産業の原料転換がある。低級オレフィンはその後の各種の触媒反応によって機能化学品に転換可能である。化学品は燃料（エネルギー）に比較して高付加価値化が可能である。バイオ化学品が石油化学品と同等の製造コストで製造可能になれば，CO_2排出量が少ない，場合によってはcarbon neutralであるということは，競争力比較という点でバイオ化学品に軍配が上がる。その場合，さらに収益性が高い化学品であれば，民間企業にとって，バイオ化学品を生産することは大きなインセンティブを与える。エネルギー産業の化石資源使用規模と比較して，化学産業の規模は丁度一桁ほど小さいが，技術実証と収益性確保の両立がそれほど大きくない規模（投資）ということは，民間企業にとって事業化のハードルを低くできる。

バイオエタノール経由のエチレンが化石資源由来のエチレンと同等にできるか否かは，利用するバイオマス原料，製造方法，国としての政策などに大きく依存するため，これで十分ということは言いにくい。しかしながらブラジルのような国策でサトウキビを原料にする，アメリカのようにトウモロコシ由来でバイオエタノールを製造するなど，いずれの場合でも補助金や原料価格の評価法などの工夫によって市場に商品として流通できるレベルになることは十分，考慮に値するのではないか？　**表１**にいろいろなバイオマス生産性を見ると，最も生産性の低いトウモロコシですら，何とかやりくりできている（？）アメリカのバイオエタノールの状況を考えれば，トウモロコシの生産性の一桁上くらいに多糖類の生産性が向上すれば，必然的にバイオエタノールの利用は加速するだろう。トウモロコシがこれだけ低い生産性にもかかわらず利用され事業化できているのは，木質系バイオマスに比較し，バイオエタノール製造までのプロセスがはるかに単純であることに起因するところが大である。木質系バイオマスではリグニン成分の分離，セルロースの取り出し，分解工程が煩雑を極める。したがって生化学的人工光合成においては“**どのようなバイオマス**の生産性を向上させるか？”という視点が極めて重要である。生産性が高くて，燃料・化学原料に転換しやすい状況を作り出すことが，生化学的人工光合成の拡大のキーになるだろう。

表１　バイオマスの生産性比較

トウモロコシ	140	
大豆	450	
ヒマワリ油	960	
パーム油	6000	
マイクロAlgae	17500	[手取り収率]
マイクロ Algae	45000-140000	[理論値]

（ﾘｯﾄﾙ-oil／ﾍｸﾀｰﾙ・年）

4．光半導体触媒，錯体触媒による人工光合成

それでは光半導体触媒または錯体触媒による人工光合成はどうだろうか？　プロセス的視点でみれば，

①　水とCO_2からの直接的有価物製造

②　水の分解によるソーラー水素製造とその後段反応としてのソーラー水素とCO_2からの有価物の製造の２種類に大別できる。前者は化学式で表すと

$$CO_2 + H_2O \Rightarrow CO + H_2 + O_2 \quad (1)$$

$$CO_2 + H_2O \Rightarrow HCOOH + 0.5O_2 \quad (2)$$

$$CO_2 + 2H_2O \Rightarrow CH_3OH + 1.5O_2 \quad (3)$$

のように単純に表記できるが，このような反応に従ってプロセスを組もうとすると式(1)では生成ガス中にCO_2/CO/H_2/O_2が存在することになり，よほど高活性で供給されるCO_2が全て転換されるようなことができない限り，CO_2の分離＋大循環，完全に爆発範囲組成に入るCO/ H_2/O_2混合ガスになるので少なくともO_2は独立して生成させる必要があるだろう。式(2)はHCOOHは水溶液中に限りなく溶存できることに加え，O_2は気相部に抜けるので，気相部にはO_2とCO_2のみとなり，CO_2を循環させる前提で考えても，O_2/ CO_2の分離であれば将来的には輸送促進膜のような分離法によってプロセスとしては成立し得る。問題はどの程度の濃度まで高濃度化できるか？　それがどれだけのエネルギー密度を持ち，プロセスを通じてのH_2の経済価値をある程度見通すことができよう。 式(3)は一見，理想的に見えるが，ただでさえ6電子還元というマルチstepの還元過程を含んでおり，よほどのinnovativeな触媒ができない限り，低濃度でしかCH_3OHは生成できない。結果的にCO_2大循環と低濃度CH_3OH分離ということになる。これは細かい計算をするまでもなく経済性はない。光触媒化学としては興味深いが，当面学術研究の域から抜け出せないとみるのが妥当だろう。いずれにしても①の方法論は活性が向上するとCO_2分離・循環をどうすれば良いかというプロセス上，煩雑な課題に直面することになる。

②についてはどうだろうか？　この場合は水溶液内部からの自発的なガス発生であり，H_2/O_2しか発生しない。①で避けられないガス循環という課題は存在しない。H_2/O_2の分離をどうするかは課題であるが，H_2が得られればあとはすでに技術確立されたテクノロジー，プロセスを活用してCO_2の固定化が可能である。出口側の有価物を意識して分類すると以下のようになる。

4.1　化学原料製造のための製造ルート（エチレン，プロピレン，ブテンなど：下記の（CH_2）が該当）

ここでは下記のように直接ルートと間接ルートが存在する。

①　CO_2直接ルート

$$CO_2 + 3H_2 \Rightarrow (CH_2) + 2H_2O \quad (4)$$

$$\begin{aligned} &CO_2 + 3H_2 \Rightarrow CH_3OH + H_2O \\ &CH_3OH \Rightarrow (CH_2) + H_2O \end{aligned} \quad (5)$$

②　CO経由間接ルート

COの製造：$CO_2+H_2 \Rightarrow CO+H_2O$ (6)

$CO+2H_2 \Rightarrow (CH_2)+H_2O$ (7)

$CO+2H_2 \Rightarrow CH_3OH$
$CH_3OH \Rightarrow (CH_2)+H_2O$ (8)

化学式のうえではCO_2直接ルートがよりシンプロで合理的に見えるかもしれないが，メタノール合成触媒，オレフィン合成触媒ともにスチーム耐久性という点では必ずしも十分ではない。これらの実現には何らかの革新触媒プロセスが必要であり一定以上の開発期間を必要とするだろう。ソーラー水素が入手できる段階になった場合，すでに技術確立され実機プロセスの存在するCO経由間接ルートにソーラー水素を導入するべきだろう。

現在，全世界でのエチレン生産量は1.3億t/年，プロピレンは8千万t/年の規模であり，その一部が人工光合成に置き換わるということはCO_2削減の規模としては十分大きいのではないだろうか？

4.2　合成燃料製造ルート

ここでも上記の化学原料製造の場合と同様のCO_2直接ルートとCO経由間接ルートの２つが考えられるが，実現性の高い間接ルートを代表して記述すると

$CO_2+H_2 \Rightarrow CO+H_2O$ (9)

$CO+2H_2 \Rightarrow CH_3(CH_2)nH$（nは5～12程度のガソリン，Diesel油成分相当の混合物）(10)

となり，量的には①の化学原料に比較すると一桁程度大きくCO_2削減効果という意味では十分魅力的である。しかしながら，燃料の価値はそのエネルギー量（燃焼エネルギー）によって規定されるため，その本質的保有エネルギー以上の付加価値化は難しい。これに対し，化学品はオレフィンなどの触媒転換によってポリマー，化成品などへの高付加価値化が可能であり，経済的視点で見れば燃料合成よりもはるかに合理性がある。したがって人工光合成の社会実装という意味では，燃料製造よりも化学原料製造の方が先行しても良いだろう。

5. 人工光合成のためのインフラ整備

ここでもう１つ考えておくべきことは，人工光合成はたとえ技術的にできあがってもそれを社会実装するための社会インフラが現状存在しないということである。これまで述べてきたように太陽光エネルギーの利用は広い面積を必要とする。これは経済合理性を生みにくい。

一方，気候変動の問題は，CO_2排出量削減のためにその観点でよりましな原料，燃料を使用する方向に動くだろう。石炭，石油よりはCH_4，エタン，プロパンなどのH/Cがより大きい化石資源が好ましい。実際，　アメリカでは石炭火力発電から，シェールガス由来の天然ガス火力

発電への大転換が進んでいる。**図2**に CH_4，CH_4+CO_2，ソーラー水素$+CO_2$からの（CH_2）製造をエネルギー的視点で整理した。CO_2の資源化という視点では CH_4 はソーラー水素と同様に有意な資源である。しかしながら現状では図2に示すような CH_4 の活用はできていない。CH_4 の C-H 結合が非常に強いので，CH_4の改質反応は高温での吸熱反応で実施せざるを得ないからである。実際の CO_2 排出量を比較すると**図3**に示すように，原料採掘から製品の燃焼までの一貫 CO_2 排出量としてみると，明らかにナフサクラッカーの場合に比較してCH_4活用法はCO_2排出を低く抑えることが可能であり，かつCO_2との併用でその効果を大きくすることができる。すなわち人工光合成に先立ち，すでに世界各地で事業化されている CH_4 由来の化学品製造ルートに CH_4+CO_2 からの製造ルートを導入することを先行できるのではないかと考えている。CO_2 の資源化のための産業インフラの整備である。こうしたインフラ整備ができたあとであれば，完成度の高まった人工光合成プロセスが社会実装できる環境が整っているということができるのではないかと思う。これらの時間的な導入イメージを**図4**に示す。

1) **CH_4** と O_2を利用した理想ケース（短期的）

$CH_4 + 0.5O_2 \rightarrow (CH_2) + H_2O \quad \Delta H = -\mathbf{192}$ kJ/mol.

➡ CH_4から炭化水素とエネルギーをCO_2 排出無しに同時に生成

2) **CO_2**と CH_4の活用（中期的）

$0.75CH_4 + 0.25CO_2 + 0.5H_2O \rightarrow (CH_2) + H_2O \quad \Delta H = +8$ kJ/mol.

➡ CO_2 はCH_4と組み合わせてエネルギー投入なしで炭化水素を製造できる。

3) 再生可能資源由来 H_2 と CO_2の活用　（長期的）

$CO_2 + 3H_2 \rightarrow (CH_2) + 2H_2O \quad \Delta H = \mathbf{-114}$ kJ/mol.

➡ 再生可能資源由来 H_2とCO_2を原料にして炭化水素トエネルギーを同時に製造可能

図2　CH_4，CO_2，ソーラー水素からのオレフィン合成比較

図4には最終製品を高付加価値品としている。前述のように化学品は燃料・エネルギーに比

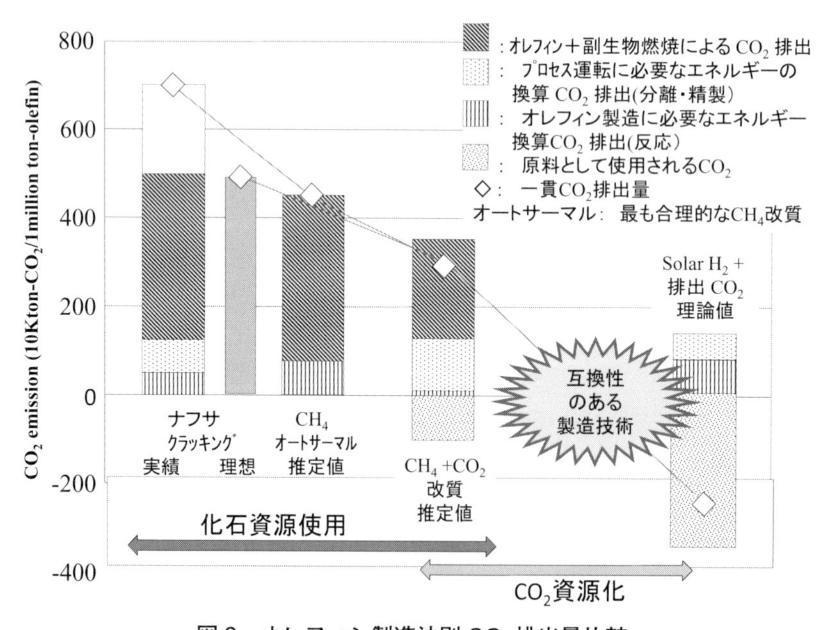

図3　オレフィン製造法別 CO_2 排出量比較

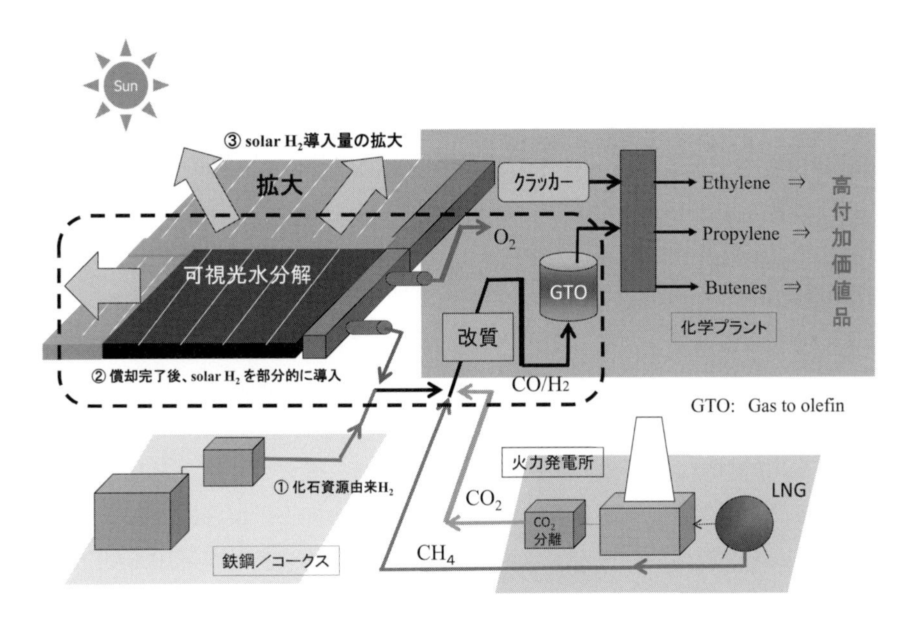

図4　CO_2 資源化という視点での人工光合成導入シナリオ

較して付加価値を与えやすい。このことはそれほど大規模でなくとも人工光合成プロセスの導入が可能であることを意味している。また化石資源由来と組み合わせた全体でのCO_2排出量という視点でみれば，エチレンなどのオレフィン類を人工光合成プロセスで製造し，機能化学品はそのまま化石資源由来で製造したプロセスを利用した場合，全体でのCO_2排出量は変わらないので，場合によっては機能化学品を人工光合成プロセスの原料を使った／あるいはCO_2排出量は人工光合成による排出量とみなすことも可能であろう。このことは付加価値が高く，さらにCO_2排出削減（sustainability）の価値が高いものを人工光合成由来の製品とみなすことを意味しており，企業にとって大きなインセンティブを与えることができるだろう。それほど大規模でなくとも人工光合成プロセスの技術実証・商業プラントの実績つくりという点で有効な戦略になるのではないだろうか？　**図5**に日本の化学産業のEnergy Intensity（一定の売上高あたりのエネルギー使用量（CO_2排出量））の国際比較を示す。このIntensityは低ければ低いほど良い。ドイツよりもアメリカよりもはるかに低く世界で最も水準である。国内のナフサクラッカーは，導入後長い年月を経たも

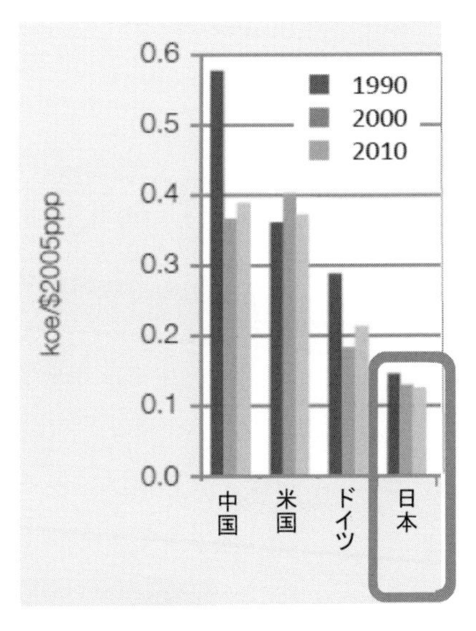

図5　化学産業のEnergy Intensityの国別比較

のであり，オレフィン製造効率としてみれば決して高水準ではない。すなわち，原料製造段階でのCO_2排出はこのEnergy Intensityにほとんど寄与していないと見るべきである。それにもかかわらず世界最高水準にあることは，高付加価値化（売れる高いものを作る）のたまものであろう。原料製造において人工光合成プロセスによってCO_2資源化を実現し，これに従来どおりの高付加価値化戦略を加えれば，世界のなかで圧倒的に低いEnergy Intensityが可能になり，このことは世界のどこもまねしようのない日本にしかできないCO_2排出削減と経済合理性の両立が可能になり，気候変動問題に対する有効な対策・戦略として日本が世界に向けて発信可能になるのではないだろうか？

さてこれまで何度も述べてきたことだが，太陽光利用は希薄なエネルギー利用であるので広い面積を必要とする。気候変動問題への寄与を真剣に考えるのであれば，化学品ではなく，エネルギー利用を目的とした燃料を対象にすることを考える必要があるだろう。図４に示したオレフィン製造とFT反応によるCO/H_2経由の燃料製造は，触媒プロセスとしての類似性が高いので人工光合成プロセスの普及が進み，太陽光変換効率の向上，反応器の低コスト化が実現していけば化学品から燃料への転換が実現するだろう。太陽光変換効率＝10%で全世界のエネルギー使用量全てをまかなうとした場合，50万km^2程度が必要となる。その実施はなるべく太陽光照射量が多く，日照時間が長い地域（サンベルト）が好まれることになる。**図６**に世界のサンベルト地帯の分布を示す。当然，緯度が低く，砂漠などの農業・工業に不向きな土地・地域が対象になり当然のことながら，地価が高く緯度の高い日本は該当しない。日本のとりうる有効な戦略の１つは，こうしたサンベルト地帯で実施可能な人工光合成プロセスを提供すること，これを大きなインフラ輸出技術とすることであろう。本稿の冒頭に気候変動にかかわる諸問題，世界の今後の必然性の高い経済動向予測，日本経済の今後について私見を述べた。特に

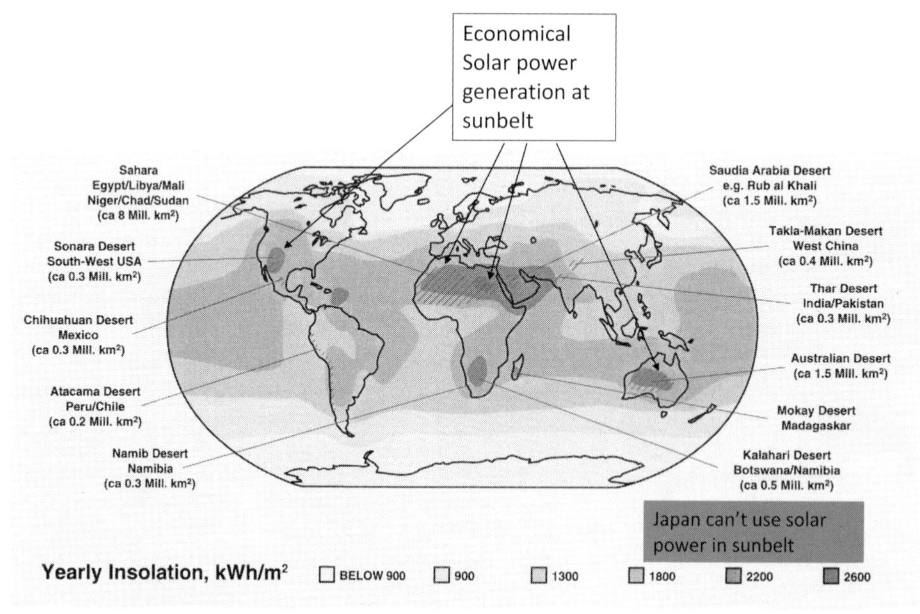

※カラー画像参照

図６　世界のサンベルト地帯分布

日本経済の今後という視点でみれば“売れるところに売れるものを売る”ということではないかと思う。

6. ソーラー水素の利用

さて，ここまでソーラー水素とCO_2の組み合わせで話を進めてきた。それ以外にソーラー水素は使い道はないのだろうか？　従来技術での水素製造はほとんど全て化石資源を原料としていた。ソーラー水素が利用可能になれば，そのぶん，化石資源を使わなくて済むことになる。そのなかで規模的に最大のものはアンモニア製造であろう。肥料用原料として20世紀の食糧増産に寄与したアンモニアは現在1.5億t/年以上の生産規模に達する最大生産量の化学品であるが，1913年に工業化されて以来，原料製造プロセスのコンセプトは一貫している。
厳密ではないが，主な反応だけ記述すると

水素製造　：　$CH_4+2H_2O \Rightarrow 4H_2+CO_2\downarrow$　(11)

窒素製造　：　$N_2+1/4O_2+1/8CH_4 \Rightarrow N_2+1/8CO_2\downarrow+1/4H_2O\downarrow$　(12)

NH_3製造　：　$N_2+3H_2 \Rightarrow 2NH_3$　(13)

のようになり，水素製造，窒素製造双方にメタン（化石資源）が使用される。実際は不純物の除去を含めるとかなり複雑なプロセスになっている。ここでソーラー水素が使用できるようになると

水素製造　：　$H_2O \Rightarrow H_2+1/2\ O_2$　(14)

窒素製造　：　$N_2+1/4\ O_2+1/2\ H_2 \Rightarrow N_2+1/2\ H_2O$　(15)

と原料ガス製造時に一切化石資源を使用しないで済むことになる。その生産量を考えればこのimpactは限りなく大きいだろう。化学プロセスでのH_2利用は多岐にわたるので，C＝C二重結合の水素化，芳香族化合物の核水素化，カルボン酸の水素化などで規模の大きいものもある。ソーラー水素の製造コスト，生産量によって，これらの反応に利用されることも視野に入るだろう。

また国内においては，水素社会の実現を目指す動きもある。燃料電池車の普及が進むか否かに依存するところが大きいし，その場合，水素ステーションの普及が課題になるだろう。高圧水素を使用するというのもどう考えても合理性に欠け，力づくの印象を受ける。しかしながら真に水素社会の実現を目指そうとするならば，いつまでも化石資源由来の水素を使うべきではないだろうし，LCA（ライフサイクルアセスメント）的な意味で作るべき水素の方向性をよく考えるべきだろう。

7. おわりに

以上，いろいろなことを考察し，経済的観点から人工光合成の今後の進むべき方向性，期待できることを紹介してきた。人工光合成について将来，未来が語れるようになってきたということだろう。**図7**の21世紀における人工光合成の社会実装のロードマップをイメージ化した。人工光合成は実現すれば，限りなく大きなインパクトを社会に与える可能性はあるが，技術が完成すれば当然のように社会実装できるというものではない。そこに至るまでの道程はきちんと戦略的に設計すべきものだと思う。産の視点からという本稿であるが，この問題は産官学が結集して取り組むべき課題であるし，さらに国際間の協力で共同作業で取り進められるべきものだという思いを強くした。今後の大いなる発展的展開を切に願う。

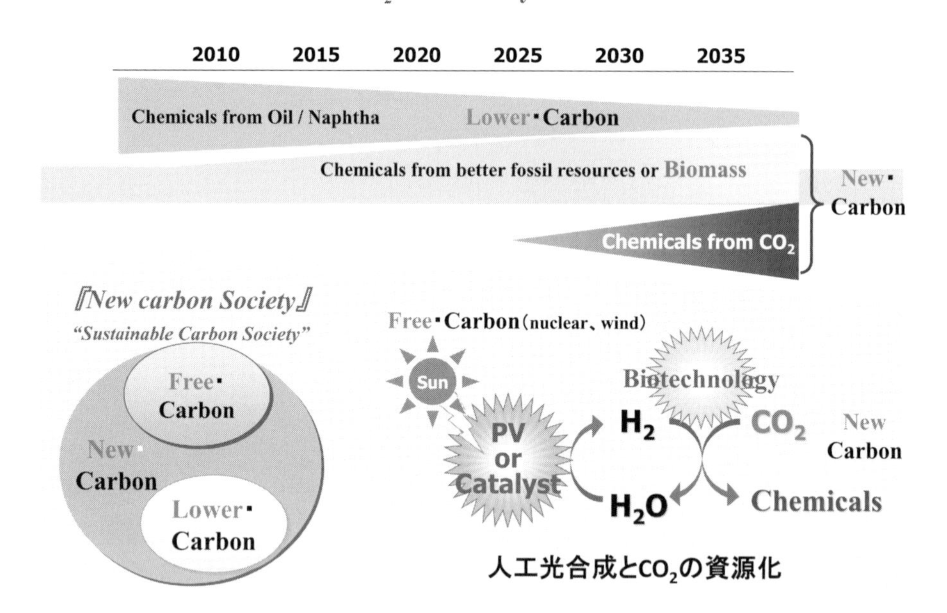

図7　人工光合成と CO_2 資源化の社会実装のシナリオ

索　引

数字

アルファベット

記号

あ

い

え

お

か

き

く

け

こ

さ

し

す

せ

そ

た

ち

つ

て

と

な

に

ね

は

ひ

ふ

へ

ほ

ま

み

光触媒／光半導体を利用した人工光合成

―最先端科学から実装技術への発展を目指して―

発　行　日	2017年1月23日　初版第一刷発行
監　修　者	堂免　一成　　瀬戸山　亨
発　行　者	吉田　隆
発　行　所	株式会社エヌ・ティー・エス 〒102-0091　東京都千代田区北の丸公園2-1 科学技術館2階 TEL.03-5224-5430　http://www.nts-book.co.jp
印刷・製本	開成堂印刷株式会社

ISBN978-4-86043-477-9